“十四五”职业教育河南省规划教材

高等职业教育畜牧兽医专业新形态教材

畜禽生产环境卫生与控制技术

（第2版）

王国强　李　伟　主　编

中国农业大学出版社
·北京·

内 容 简 介

《畜禽生产环境卫生与控制技术》依据高等职业教育的人才培养目标和人才培养模式的基本特征，围绕畜禽生产对环境卫生与控制岗位群的能力要求，给畜禽创造舒适的生产环境而编写。本教材内容包括畜禽舍环境控制技术、畜禽场环境保护技术、畜禽场环境管理技术、畜禽场建场设计技术。本教材突出基础理论知识的应用和实践能力的培养，强调实用性和针对性。本教材既可作为高等职业教育规划教材、中等职业教育规划教材、新型职业农民培育教材，也可作为养殖企业管理等在职人员的专业培训教材。

图书在版编目(CIP)数据

畜禽生产环境卫生与控制技术/王国强，李伟主编．--2版．--北京：中国农业大学出版社，2024.6

ISBN 978-7-5655-3146-0

Ⅰ.①畜… Ⅱ.①王…②李… Ⅲ.①畜禽舍－环境卫生－环境管理－高等职业教育－教材 Ⅳ.①S851.2

中国国家版本馆 CIP 数据核字(2024)第 017774 号

书　　名　畜禽生产环境卫生与控制技术　第 2 版

作　　者　王国强　李　伟　主编

策划编辑　张　玉　　**责任编辑**　张　玉

封面设计　李尘工作室

出版发行　中国农业大学出版社

社　　址　北京市海淀区圆明园西路 2 号　　**邮政编码**　100193

电　　话　发行部 010-62733489，1190　　读者服务部 010-62732336

编辑部 010-62732617，2618　　出　版　部 010-62733440

网　　址　http://www.caupress.cn　　**E-mail**　cbsszs@cau.edu.cn

经　　销　新华书店

印　　刷　河北朗祥印刷有限公司

版　　次　2024 年 6 月第 2 版　　2024 年 6 月第 1 次印刷

规　　格　185 mm×260 mm　　16 开本　　14.75 印张　　368 千字

定　　价　42.00 元

第2版编审人员

主　编　王国强　南阳农业职业学院
　　　　李　伟　南阳农业职业学院

副主编　张天伟　南阳农业职业学院
　　　　付云娜　广东茂名农林职业技术学院
　　　　魏　沛　南阳农业职业学院
　　　　刘耀东　南阳农业职业学院
　　　　董淑红　徐州生物工程职业学院
　　　　张光友　怀化职业技术学院

参　编　（依姓氏笔画排序）
　　　　王　君　南阳农业职业学院
　　　　王立瑞　河南省驻马店农业学校
　　　　王玲莉　周口市农业技术推广中心
　　　　王铁军　南阳农业职业学院
　　　　田卫华　周口市农业技术推广中心
　　　　孙秋枝　南阳市宛城区畜牧发展中心
　　　　周　俊　广东茂名农林职业技术学院
　　　　康永刚　徐州生物工程职业学院
　　　　甄艳红　武汉市农业学校

主　审　黄万世　茂名农林职业技术学院

第1版编写人员

主　编　王国强　李玉冰

副主编　赵朝志　李　伟　吴春琴　魏彩霞　孙思宇

编　者　（按姓氏笔画排序）

王　巍　武汉市农业学校
王玉珍　武汉市农业学校
王国强　南阳农业职业学院
孙思宇　温州科技职业学院
李　伟　南阳农业职业学院
吴春琴　温州科技职业学院
张京和　北京农业职业学院
赵朝志　南阳农业职业学院
崔恩慧　南阳农业职业学院
甄艳红　武汉市农业学校
魏　沛　南阳农业职业学院
魏彩霞　温州科技职业学院

第 2 版前言

本教材是在教育部《“十四五”职业教育规划教材建设实施方案》、国务院《国家职业教育改革实施方案》等文件精神指导下，结合我国畜禽生产环境卫生实际情况和未来畜禽生产环境卫生的发展方向，在“十四五”职业教育河南省规划教材《畜禽生产环境卫生与控制技术》的基础上修订编写的。教材以习近平新时代中国特色社会主义思想进教材、进课堂、进头脑为指导，在每一个模块中融入生态文明思想的思政元素，在具体内容编写上，充分反映产业最新进展和市场需求，吸收比较成熟的新技术、新工艺、新规范等，更新了部分生产数据和图片，保证了教材的先进性。

党的二十大报告提出，“加快发展方式绿色转型。推动经济社会发展绿色化、低碳化是实现高质量发展的关键环节。”“实施全面节约战略，推进各类资源节约集约利用，加快构建废弃物循环利用体系。”畜禽生产环境卫生与控制涉及动物生产、环境卫生、畜禽舍建筑及配套设施、环境监测与自动控制、污染物处理等知识，是环保生态养殖的重要环节，对养殖业实现“绿色转型”起着关键作用。

本教材遵循职业教育人才成长规律，坚持以立德树人为根本，以服务发展为宗旨，密切结合我国畜禽生产实际，针对畜禽生产环境卫生与控制岗位的技术任务需求，以畜禽生产环境卫生与控制技术实践操作为主线，以“怎样给畜禽创造最好的环境”为主体，按照“影响畜禽生产的环境因素＋怎样控制这些环境因素＋怎样保护好畜禽环境”的思路编写。教材编写时，始终本着“以实践操作为主体，以知识链接为补充”的精神，充分体现了“工学结合”的职业教育特点。同时，在各任务的实施中，也注重培养学生具有诚实、守信、肯干、敬业、善于与人沟通和合作的职业品质，提升学生分析问题和解决问题的能力。教材充分做到与国家职业技能鉴定并轨，融入国家最新的相关专业政策，呈现课程的职业性、实用性和开放性。本教材内容深入浅出、通俗易懂，具有很强的针对性和实用性，适合作为各类职业教育和新型职业农民培训教材使用，也可作为养殖企业管理人员的参考用书。

本教材由南阳农业职业学院王国强和李伟共同主编；副主编为张天伟、魏沛、刘耀东（南阳农业职业学院）、付云娜（广东茂名农林职业技术学院）、董淑红（徐州生物工程职业学院)和张光友(怀化职业技术学院);参加编写的人员有南阳农业职业学院王君、王铁军,广东茂名农林职业技术学院周俊,徐州生物工程职业学院康永刚,武汉市农业学校甄艳红,河南省驻马店农业学校王立瑞,周口市农业技术推广中心王玲莉、田卫华,南阳市宛城区畜牧发展中心孙秋枝。

由于编者水平有限,书中难免有不妥之处,恳请广大读者及同行指出,以便修订和完善,进一步提高教材质量。

编　者

2023 年 8 月

微课:课程导入

第1版前言

《畜禽生产环境卫生与控制技术》是养殖专业类核心课教材之一。本教材构思新颖，内容丰富，结构合理，定位于高等职业教育，紧扣岗位要求，以行动导向的教学模式为依据，以学习性工作任务实施为主线，以学生为主体，通过学习性工作任务中“教、学、训”一体化来组织教学，物化了本门课程历年来相关职业院校教育教学改革中所取得的成果，并统筹兼顾了高等职业教育的学习特点。

本教材根据项目驱动式教学的需要，以引导学生主动学习为目的，进行体例架构设计，密切结合我国畜禽生产实际，针对畜禽生产环境卫生与控制岗位的技术任务需求，以畜禽生产环境卫生与控制技术实践操作为主线，以“怎样给畜禽创造最好的环境”为主体，按照“影响畜禽生产的环境因素＋怎样控制这些环境因素＋怎样保护好畜禽环境”的思路编写。教材编写时，始终本着“以实践操作为主体，以知识链接为补充”的精神，充分体现了“产学结合”的职业教育特点。同时，在各任务的实施中，也注重了培养学生具有诚实、守信、肯干、敬业、善于与人沟通和合作的职业品质以及具有分析问题和解决问题的能力。教材中积极融进专业新理念、新技术、新方法，与国家职业技能鉴定并轨，也融入国家最新的相关专业政策，呈现课程的职业性、实用性和开放性。

本教材内容深入浅出、通俗易懂，具有很强的针对性和实用性，适合作为各类职业教育和新型职业农民培训教材使用，也可作为养殖企业管理等在职人员的参考用书。

本教材由南阳农业职业学院王国强和北京农业职业学院李玉冰共同主编；南阳农业职业学院赵朝志、李伟和温州科技职业技术学院吴春琴、魏彩霞、孙思宇为副主编；参加编写的教师有北京农业职业学院张京和，南阳农业职业学院魏沛、崔恩慧，武汉市农业学校甄艳红、王玉珍、王巍。农业部科技教育司寇建平处长和原农民教育培训中心陈肖安等同志对教材编写提供了宝贵意见和建议，在此一并表示感谢。

由于编者水平有限，加之时间仓促，教材中存在着不同程度或不同形式的错误和不妥之处，衷心希望广大读者及时发现并提出，更希望广大读者对教材编写质量提出宝贵意见，以便修订和完善，进一步提高教材质量。

编　者

2017年10月

目 录

模块一 畜禽舍环境控制技术

项目一 畜禽舍温度与湿度控制 …… 3

任务1 畜禽舍防暑降温控制 …… 3
任务2 畜禽舍防寒保暖控制 …… 11
任务3 畜禽舍温度测定 …… 16
任务4 畜禽舍湿度控制 …… 23

项目二 畜禽舍采光与通风控制 …… 28

任务1 畜禽舍采光控制 …… 28
任务2 畜禽舍通风控制 …… 37

项目三 畜禽舍有害物质控制与监测 …… 49

任务1 畜禽舍有害气体控制 …… 49
任务2 畜禽舍有害微生物控制 …… 59
任务3 畜禽舍噪声控制 …… 62
任务4 畜禽舍应激原控制 …… 65

生态环境与畜禽养殖污染 …… 71

思考与训练 …… 72

模块二 畜禽场环境保护技术

项目一 畜禽场环境污染治理 …… 75

任务 1 畜禽场雾霾控制 …… 75
任务 2 畜禽场粪污厌氧发酵处理 …… 79
任务 3 畜禽场发酵床技术 …… 82
任务 4 畜禽场粪尿污染治理措施 …… 87
任务 5 畜禽场粪肥利用技术 …… 90

项目二 畜禽场水源与土壤保护技术 …… 96

任务 1 畜禽场给水方式和水源保护 …… 96
任务 2 水质卫生指标检查 …… 97
任务 3 畜禽场污水治理效果测定 …… 98
任务 4 畜禽场土壤卫生评价 …… 115

生态环境与畜禽养殖污染 …… 118

项目三 畜禽场绿化技术 …… 120

任务 1 畜禽场绿化带建设 …… 120
任务 2 畜禽场绿化植物的选择 …… 121

生态养殖 …… 124

思考与训练 …… 125

模块三 畜禽场环境管理技术

项目一 畜禽场环境消毒技术 …… 129

任务 1 畜禽场环境消毒方法 …… 129
任务 2 畜禽场常规消毒管理 …… 132
任务 3 畜禽场环境消毒药物的选择与应用 …… 137

项目二 畜禽场杀虫灭鼠…… 144

任务 1 畜禽场的灭鼠方法 …… 144
任务 2 畜禽场消灭蚊蝇的措施 …… 148

项目三 畜禽饲养密度与畜禽舍垫料控制…… 152

任务 1 畜禽饲养密度控制 …… 152
任务 2 畜禽舍垫料控制 …… 154

项目四 病死畜禽尸体无害化处理…… 157

任务 1 病死畜禽尸体深埋无害化处理方法 …… 157
任务 2 病死畜禽尸体焚烧无害化处理方法 …… 159
任务 3 病死畜禽尸体化尸池发酵无害化处理方法 …… 161
任务 4 病死畜禽尸体化制法无害化处理 …… 162

生态环境保护…… 169

思考与训练…… 169

模块四 畜禽场建场设计技术

项目一 畜禽场建场规划与布局…… 173

任务 1 选择畜禽场场址 …… 173
任务 2 畜禽场规划与布局 …… 177

项目二 畜禽舍建造…… 188

任务 1 畜禽生产工艺设计 …… 188
任务 2 畜禽舍建造设计 …… 190
任务 3 猪舍建筑设计 …… 192
任务 4 鸡舍建筑设计 …… 198
任务 5 牛舍建筑设计 …… 201

生态文明建设…… 208

思考与训练…… 208

模块一　畜禽舍环境控制技术(试卷) …………………………… 209

模块二　畜禽场环境保护技术(试卷) …………………………… 213

模块三　畜禽场环境管理技术(试卷) …………………………… 216

模块四　畜禽场建场设计技术(试卷) …………………………… 219

参考文献 …………………………………………………………… 222

数字资源目录

1. 微课:满足动物的福利要求 …… 49

2. 微课:养殖场恶臭控制技术 …… 50

3. 微课:国内外养殖废弃物的处理利用现状 …… 71

4. 微课:养殖场废弃物产生的危害(一) …… 73

5. 微课:养殖场废弃物产生的危害(二) …… 73

6. 微课:养殖场废弃物的种类及组成 …… 73

7. 微课:养殖场雾霾控制措施 …… 75

8. 微课:畜禽场沼气池建设 …… 79

9. 微课:畜禽场发酵床建设技术 …… 82

10. 微课:畜禽场粪污处理工艺 …… 87

11. 微课:畜禽场粪肥利用技术 …… 90

12. 微课:用水环境的控制浪费 …… 96

13. 微课:养殖污水氨氮检测 …… 101

14. 微课:养殖污水化学需氧量检测 …… 104

15. 微课:养殖场废弃物对土壤的污染及危害 …… 115

16. 微课:养殖场消毒 …… 129

17. 微课:灭蝇防鼠 …… 144

18. 动画:猪场废弃物处理体系 …… 157

19. 微课:填埋法 …… 157

20. 微课:焚烧法 …… 159

21. 微课:化制法 …… 162

22. 微课:高温法和硫酸分解法 …… 163

模块一

畜禽舍环境控制技术

导读

提高养殖经济效益,必须营造畜禽生长、繁育的舒适环境。本模块为畜禽舍环境控制技术,学生应学会畜禽舍温度与湿度控制、畜禽舍采光与通风控制、畜禽舍有害物质控制与监测的实践操作技术。

项目一　畜禽舍温度与湿度控制

任务1　畜禽舍防暑降温控制

学习目标

针对畜禽舍管理岗位技术任务要求，学会畜禽舍防暑降温的建筑设计方法、畜禽舍防暑降温措施的实施等实践操作技术。

任务实施

一、畜禽舍防暑降温建筑设计方法

（一）畜禽舍外围结构设计防暑降温

1. 屋顶隔热设计

在炎热的夏季，由于强烈的太阳辐射热和高温，屋面温度可达到60～70 ℃，甚至更高。由此可见，屋顶隔热性能的好坏，对舍内温度影响很大。

（1）屋顶隔热构造。选择隔热材料和确定合理屋顶构造，应选择导热系数较小、热阻较大的建筑材料用于屋顶建造，以加强隔热。但单一材料往往不能有效隔热，必须从结构上综合利用几种材料，以形成较大热阻，达到良好隔热的效果。屋顶隔热的原则是屋面的最下层铺设导热系数较小的材料，中间层为蓄热系数较大的材料，最上层是导热系数大的建筑材料。这样的多层结构的优点是，当屋面受太阳照射变热后，热传导蓄热系数大的材料层蓄积起来，而下层由于传热系数较小、热阻较大，使热传导受到阻抑，缓和了热量向舍内的传播。当夜晚来临时，被蓄积的热又通过其上导热性较大的材料层迅速散失，从而避免舍内白天升温而过热。这种结构设计只适用于冬暖夏热的地区。对冬冷夏热的地区，将屋面上层的传热性较大的建筑材料，换成导热性较小的建筑材料。根据我国自然气候特点，屋顶除了具有良好的隔热结构外，还必须有足够的厚度。常用屋顶隔热设计措施有以下几种。

①选用隔热性能好的材料。隔热材料能阻滞热流传递的材料，又称热绝缘材料。传统绝热材料如玻璃纤维、石棉、岩棉、膨胀聚苯板（EPS板）、挤塑聚苯板（XPS板）、充气PE膜等，新型绝热材料如气凝胶毡、真空板等。

②确定合理的结构。根据当地气候特点和材料性能保证足够的厚度;充分利用几种材料合理确定多层结构屋顶,其原则是在屋顶的最下层铺设导热系数小的材料;其上为蓄热系数比较大的材料;最上层为导热系数大的材料。此种结构适宜冬暖夏热的地区。在夏热冬寒的地区,应将最上层导热系数大的材料换成导热系数小的材料较为有利(图 1-1、图 1-2)。

图 1-1 保温猪舍外墙

图 1-2 保温猪舍内部

③增强屋顶反射。增强屋顶反射,减少太阳辐射热。舍外表面以色浅而平滑的材料为主,对辐射热吸收少而反射多,反之则吸收多而反射少。

④采用通风屋顶(图 1-3)和屋顶通风设施(图 1-4)。将屋顶设计成双层,靠中间层空气的流动而将屋顶传入的热量带走,或者在屋顶利用通风设备加强通风。

图 1-3 猪舍通风屋顶

图 1-4 屋顶无助力风机

(2)通风屋顶设计。将屋顶修成双层及带夹层的屋顶,空气可从中间流通。屋顶上层接受综合温度作用而温度升高,使间层空气被加热变轻并由间层上部开口流出,温度较低的空气由间层下部开口流入,在间层中形成不断流动的气流,将屋顶上层接受的热量带走,大大减少了通过屋顶下层传入舍内的热量。猪舍的屋顶如果没有吊顶,存在漏风和不耐腐蚀等问题时,可以采用发泡剂喷涂保温。使用较多的发泡剂喷涂保温材料聚氨酯,可以达到国家 A 级防火标准,高温下不融化、无滴落物、低烟雾等特性,在现代化猪场建设中较多使用,见图 1-5、图 1-6、图 1-7。

为了保证通风间层隔热良好,要求间层内壁必须光滑,以减少空气阻力,同时进风口尽量与夏季主风方向一致,排风口应设在高处,以充分利用风压与热压。间层的风道应尽量短直,以保证自然通风畅通；同时间层应具有适宜的高度，如坡屋顶间层高度为 12～20 cm，平屋顶间层高度为 20 cm。夏热冬寒和寒冷地区不宜采用通风屋顶，因为冬季舍内温度大大高于舍外综合温度，通风间层的下层吸收热量加剧间层空气形成气流，从而加速舍内热量的散失，不利于保温。

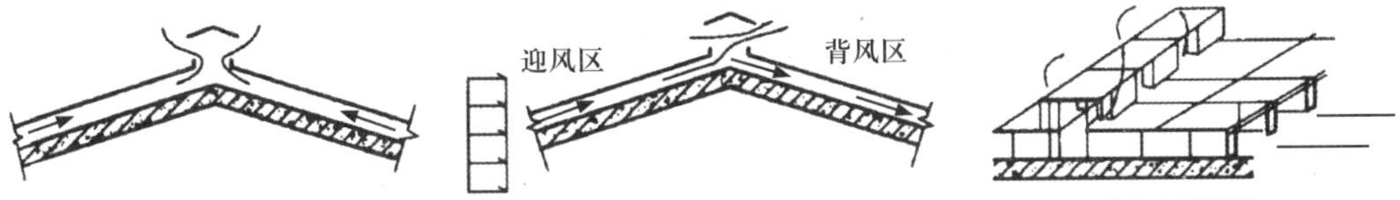

(a)热压作用　(b)风压作用　(c)平顶通风

图 1-5　通风屋顶设计

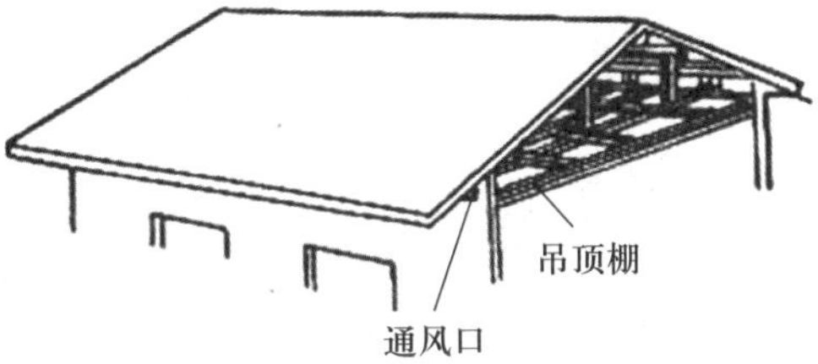

图 1-6　通风层设在屋顶结构下面的保温隔热屋顶

图 1-7　聚氨酯发泡喷涂保温隔热屋顶

2. 墙壁隔热设计

猪舍墙壁要求坚固耐用，承重墙的承载力和稳定性必须满足结构设计要求。墙内表面要便于清洗和消毒，地面以上 1.0～1.5 m 高的墙面应设水泥墙裙，以防冲洗消毒时溅湿墙面和防止猪弄脏、损坏墙面。同时，墙壁应具有良好的保温隔热性能，这直接关系到舍内的温湿度状况。据报道，猪舍总失热量的 35%～40%是通过墙壁散失的。我国墙体的材料多采用黏土砖。砖墙的毛细管作用较强，吸水能力也强，为保温和防潮，同时为提高舍内照度和便于消毒等，砖墙内表面宜用白灰水泥砂浆粉刷。保温砂浆是常用的建筑外墙保温材料。墙体保温砂浆主要分为无机保温砂浆和有机保温砂浆两种。因有机保温砂浆（胶粉聚苯颗粒保温砂浆）具有良好的保温隔热性能而被广泛使用。墙壁的厚度应根据当地的气候条件和所选墙体材料的热力特性来确定，既要满足墙的保温要求，同时也要尽量降低成本和投资，避免造成浪费。墙壁的失热仅次于屋顶，普通红砖墙体必须达到足够厚度，用空心砖或加气混凝土块代替普通红砖，用空心墙体或在空心墙中填充隔热材料等均能提高猪舍的防寒保温能力。北方的畜禽舍，在建设过程中外墙还可以采用聚乙烯板等隔热材料，这样能够起到很好的隔热保温效果。

(二)畜禽舍周围绿化覆盖防暑降温

绿化除具有净化空气、防风、遮阳、改善小气候状况、美化环境等作用外,还具有吸收太阳辐射、降低环境温度的重要作用(图 1-8、图 1-9)。绿化降温的作用表现为:

(1)通过植物的蒸腾作用和光合作用,吸收太阳辐射热以降低气温。树林的树叶面积是树林种植面积的 75 倍,草地上草叶面积是草地面积的 25～35 倍。这些比绿化面积大几十倍的叶面积通过蒸腾作用和光合作用,大量吸收太阳辐射热,从而可显著降低空气温度。

(2)通过遮阳以降低辐射。草地上的草可遮挡 80%的太阳光,茂盛的树木能挡住 50%～90%的太阳辐射热。因此,绿化可使建筑物和地表面温度显著降低。绿化了的地面比裸地的辐射热低 4～5 倍。

(3)通过植物根部所保持的水分,可从地面吸收大量热能而降低空气温度。绿化可使空气“冷却”,使地表温度降低,从而减少辐射到外墙、屋面和门、窗的热量。有数据表明,绿化地带比非绿化地带可降低空气温度 10%～30%。

图 1-8　猪舍间绿化

图 1-9　猪场绿化

(三)畜禽舍遮阳设计防暑降温

1. 挡板遮阳

挡板遮阳指阻挡正射到窗口处阳光的一种方法。适于东向、南向和接近此朝向的窗户。畜禽舍内的温度升高主要通过舍外的热量传入舍内,畜禽舍的门窗、墙壁和屋顶都是热量的传播渠道,畜禽舍顶部的结构与舍内温度密切相关,要切实做好畜禽舍顶部的隔热措施,主要采用遮阳网、遮阳棚。有条件的养殖场种植遮阳植物或采取树木隔离带,防止阳光直射进入畜禽舍内。在畜禽活动和休息的运动场、喂养场搭建遮阳棚,遮阳棚以东西走向为宜,棚高 4 m 为宜,棚顶选用隔光、隔热性能好的遮阳材料,利于遮阳和空气流通。没有运动场的养殖场、户,在畜禽舍窗户上方安装遮阳板或遮阳网减少阳光对畜禽舍的热辐射。

2. 水平遮阳

水平遮阳指阻挡从窗口上方射来的阳光的方法。适于南北和接近此朝向的窗户。

3. 综合式遮阳

利用水平挡板、垂直挡板阻挡由窗户上方射来的阳光和由窗户两侧射来的阳光的方法。适于南向、东南向、西南向及接近此朝向窗口。此外,可通过加长挑檐、搭凉棚、挂草帘等措施达到遮阳的目的。实验证明,通过遮阳可在不同方向的外围护结构上使传入舍内的热量减少 17%～35%。

4. 湿帘进风口遮阳

湿帘在使用的过程中要加装遮阳板或者遮阳网(图 1-10)。首先是防止阳光直晒,减少对湿帘的损伤和对水分的不必要蒸发,增加湿帘的使用年限和提高工作效率。其次,使用遮阳板和遮阳纱网,也可以减少灰尘、柳絮等对湿帘的堵塞,防止湿帘直接淋浴,而缩短使用寿命。同时,湿帘采用遮阳措施,可以防止藻类在长期潮湿的水帘边面滋生。

图 1-10　湿帘遮阳网

二、畜禽舍防暑降温措施

(一)喷雾降温

利用机械设备向舍内直接喷水或在进风口处将低温的水喷成雾状,借助汽化吸热效应而达到畜体散热和畜禽舍降温的作用(图 1-11、图 1-12)。采用喷雾降温时,水温越低、空气越干燥,则降温效果越好,但此种降温方法在湿热天气不宜使用。因喷雾能使空气湿度加大,对畜体散热不利,同时还有利于病原微生物的滋生和繁衍,加重有害气体的危害程度。

图 1-11　鸡舍喷雾降温

图 1-12　猪舍喷雾降温

(二)喷淋降温

此种方法主要适用于猪、牛等畜禽舍在炎热条件下的降温。喷淋降温要求在舍内设喷头或钻孔水管,定时或不定时地对畜禽进行淋浴。喷淋时,水易于湿透被毛而湿润皮肤,可直接从畜体及舍内空气中吸收热量,故利于畜体蒸发散热而达到降温的目的(图 1-13、图 1-14)。

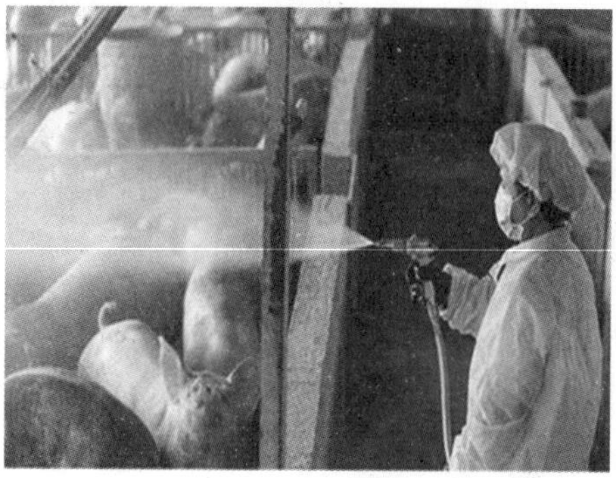

图 1-13　育肥舍喷淋降温

图 1-14　猪舍屋顶喷淋降温

(三)湿帘降温

湿帘降温又称水帘通风系统。该装置主要部件由湿垫、风机、水循环系统及控制系统组成。由水管不断向蒸发垫淋水,将蒸发垫置于机械通风的进风口,气流通过时,由于水分蒸发吸热,降低进入舍内的气流温度(图 1-15、图 1-16)。

图 1-15　猪舍净道湿帘

图 1-16　猪舍污道风机

当畜禽舍采用负压式通风系统时,将湿帘安装在通风系统的进气口,空气通过不断淋水的蜂窝状湿帘降低温度。湿帘是工厂生产的定型设备,也可以自行制作刨花箱,箱内充填刨花,以增加蒸发面,构成蒸发室,在箱的上方由开小孔的喷管向箱内喷水,箱的下方由回水盘收集多余的水。供水由水泵维持循环。当排气风机排除舍内的污浊空气,使舍内形成负压时,舍外高温空气便通过刨花箱进入舍内,这样,当热空气通过蒸发箱时,箱内水分蒸发吸收空气中的大量热量,从而使通过的空气得以降温。舍外空气越干燥,温度降低幅度越大。实验表明,外界温度高达 35～38 ℃的空气通过蒸发冷却后温度可降低 2～7 ℃。

(四)冷风设备降温

冷风机是喷雾和冷风相结合的一种新型设备。冷风机技术参数各生产厂家不同,一般通风量为 6 000～9 000 m^3/h,喷雾雾滴可在 30 μm 以下,喷雾量可达 0.15～0.2 m^3/h。舍内风速为 1.0 m/s 以上,降温范围长度为 15～18 m,宽度为 8～12 m。这种设备国内外均有生产,降温效果比较好(图 1-17、图 1-18)。

图 1-17　冷风机主机

图 1-18　冷风机舍内送风道

知识链接

一、畜禽生产适宜环境温度

环境温度是影响畜禽生产性能的重要因素。适宜的温度条件，能提高畜禽的生产性能，但经济效益并不高。而生产环境温度是指在生产中尚不至于导致畜禽生产力明显下降以及健康状况明显变化的温度。在一般的条件下，生产环境温度通过科学的畜禽舍设计及设备和管理措施是可以达到的。因而，生产环境温度应该是畜牧业生产中环境控制依据的参数。主要畜禽所需的环境温度参数见表 1-1，猪舍通风量与风速见表 1-2。

表 1-1　主要畜禽所需的环境温度参数

畜禽		适宜温度/℃	生产环境温度/℃
猪	妊娠母猪	13～20	10～25
	哺乳母猪	17～20	15～25
	初生仔猪	32～34	27～32
	后备母猪	15～21	10～25
	肥育猪	15～20	10～30
牛	成年公牛	0～20	5～30
	肉用母牛	8～10	5～30
	乳用母牛	5～25	5～30
	犊牛	12～18	12～25
	青年牛	5～20	0～30
	肉牛	10～24	5～30
	小阉牛	15～24	10～30
绵羊	成年绵羊	3～23	5～25
	初生绵羊羔	27～30	27～30
	哺乳绵羊羔	15～20	10～25

续表1-1

畜禽		适宜温度/℃	生产环境温度/℃
山羊	成年山羊	5～25	0～30
	初生山羊羔	27～30	27～30
	哺乳山羊羔	15～25	10～30
鸡	成年鸡	13～20	10～30
	雏鸡 (1)1～30 日龄 (2)31～60 日龄	 20～31 18～20	 20～31 18～20
	青年鸡(31～60 日龄)	16～18	16～18
	肉用仔鸡	18～23	18～25
火鸡	(1～21 日龄平养)	22～27	22～27
	(21～120 日龄平养)	18～20	18～20
	成年火鸡(平养)	12～16	10～20
鸭鹅	1～30 日龄(平养)	20～30	18～30
	大于 31 日龄(平养)	15～25	15～25

表 1-2 猪舍通风量与风速

猪舍类别	通风量/[m^3/(h·kg)]			风速/(m/s)	
	冬季	春、秋季	夏季	冬季	夏季
种公猪舍	0.35	0.55	0.70	0.30	1.00
空怀妊娠母猪舍	0.30	0.45	0.60	0.30	1.00
哺乳猪舍	0.30	0.45	0.60	0.15	0.40
保育猪舍	0.30	0.45	0.60	0.20	0.60
育肥猪舍	0.35	0.50	0.65	0.30	1.00

注:1. 通风量是指每千克活猪每小时需要的空气量。2. 风速是指猪只所在位置的夏季适宜值和冬季最大值。3. 在月平均温度≥28 ℃的炎热季节,应采取降温措施。

二、影响畜禽舍环境温度的因素

畜禽舍温度状况取决于舍内热量的来源和散失情况。畜禽舍内空气的热量主要来源于畜体、太阳辐射、流入的空气、供暖设备、粪肥和垫草发酵等;畜禽舍内空气散热的主要途径是外围护结构传热、通风失热、舍内水分蒸发耗热等。无供暖和降温设备的畜禽舍,其气温的变化受外界气温的制约。凉棚式、开放式和半开放式畜禽舍的气温及其变化与舍外无显著差别。密闭式(有窗或无窗)畜禽舍的气温取决于舍外气温、畜禽舍外围护结构的保温隔热性能、通风量、容纳畜数的情况等。一天之中,白天温度高、波动大,夜间温度低、较稳定。舍内温度水平分布,一般是畜禽舍中央较高,靠近门窗和外墙处较低;其垂直分布,一般是畜禽舍顶部及安置畜禽的地方较高,中间较低。畜禽舍外围护结构的保温隔热性能越好,舍内温度分布越均匀。

以垂直温度梯度不大于0.5～1.0℃/m，外墙内表面温度低于舍内空气温度不宜超过3.0℃，或当空气湿度较大时不低于舍内空气露点。不同种类的动物，适宜温度和生产温度的范围不同。适宜温度是指对畜禽生活和生产有利的环境温度。在适宜温度范围内，动物的生产性能最高，饲料能量和物质的转化率也最高。但是，要将畜禽舍环境控制在适宜温度范围内，需要较多的设备和基建投资，经济上往往是不行的。

任务2 畜禽舍防寒保暖控制

学习目标

针对畜禽舍管理岗位技术任务要求，学会畜禽舍防寒保暖设计方法、畜禽舍的采暖方法、畜禽舍防寒保暖措施的实施等实践操作技术。

任务实施

一、畜禽舍防寒保暖设计方法

(一)屋顶和天棚防寒保暖设计

在畜禽舍外围护结构中，散失热量最多的是屋顶与天棚，其次是墙壁、地面。充分利用畜禽代谢产生的热能，加强屋顶的保温设计，对减少热量散失具有十分重要的意义。

在寒冷地区，天棚是一种重要的防寒保温结构，它的作用在于在屋顶与畜禽舍空间之间形成一个不流动的封闭空气间层，减少了热量从屋顶的散失，对畜禽舍保温起到重要作用。如在天棚设置保温层(炉灰、锯末等)是加大屋顶热阻值的有效措施。

屋顶和天棚的结构必须严密，不透气。透气会破坏空气缓冲层的稳定，降低天棚的保温性能，而且水汽侵入会使保温层变潮或在屋顶下挂霜、结冰，对建筑物有破坏作用。随着建材工业的发展，用于天棚隔热的合成材料有玻璃棉、聚苯乙烯泡沫塑料、聚氨酯板等。

在寒冷地区设置天棚可降低畜禽舍净高，有助于改善舍内温度状况。寒冷地区趋向于采用2～2.8 m的净高。

(二)墙壁防寒保暖设计

墙壁是畜禽舍的主要外围护结构，散失热量仅次于屋顶。因此，在寒冷地区为建立符合畜禽需要的适宜的畜禽舍环境，必须加强墙壁的保温设计，根据应有的热力指标，选择导热系数最小的材料，确定最合理的隔热结构，精心施工，就有可能提高畜禽舍墙壁的保温能力。如选空心砖代替普通红砖，墙的热阻值可提高41%，而用加气混凝土块，则热阻可提高6倍。采用空心墙体或在空心中充填隔热材料，也会大大提高墙的热阻值。如果施工不合理，往往会降低墙体的热阻值，如由于墙体透气、变潮都可导致对流和传导散热的增加。

(三)门、窗防寒保暖设计

在寒冷地区,在受寒风侵袭的北侧、西侧墙应少设窗、门,并注意对北墙和西墙加强保温,以及在外门加门斗、设双层窗或临时加塑料薄膜、窗帘等,对加强畜禽舍冬季保温均有重要作用。

(四)地面防寒保暖设计

与屋顶、墙壁比较,地面散热在整个外围护结构中虽然位于最后,但由于畜禽直接在地面上活动,所以畜禽舍地面的热力状况直接影响畜体。夯实土及三合土地面在干燥状况下,具有良好的温热特性,适用于鸡舍、羊舍等使用。

水泥地面具有坚固、耐久和不透水等优良特点,但水泥地面又硬又冷,在寒冷地区对畜禽不利,直接用作畜床最好加铺木板、垫草或厩垫。保持干燥状态的木板是理想的温暖地面——畜床,但实际上木板铺在地上往往吸水而变成良好的热导体,很冷也不结实。为了克服混凝土地面凉和硬的缺点,可采用橡胶或塑料材质的厩垫,以提高地面的隔热性能。

(五)选择有利于防寒保暖的畜禽舍形式

畜禽舍形式与保温有密切关系,在热力学设计相同的情况下,大跨度畜禽舍、圆形畜禽舍的外围护结构的面积相对的比小型畜禽舍、小跨度畜禽舍小。所以,大跨度畜禽舍和圆形畜禽舍通过外围护结构的总失热量也小,所用建筑材料也少,同时,畜禽舍的有效面积大,利用率高,便于采用先进生产技术和生产工艺,以实现畜牧业生产过程的机械化和自动化。

多层畜禽舍除顶层屋顶与首层地面之外,其余屋顶和地面不与外界接触,冬季基本上无热量散失,既有利于畜禽舍环境的控制,又有利于节约建筑材料和土地。故在寒冷地区修建多层畜禽舍,是解决保温和节约燃料的一种办法,我国一些地方实行二层舍养猪、养鸡,效果很好。但多层畜禽舍投资大,转群及饲料、粪污和产品的运进、运出均需靠升降设备。

二、畜禽舍的采暖方法

(一)局部采暖

在舍内单独安装供热设备,如电热板(图 1-19、图 1-20)、红外线保温灯(图 1-21)、保温伞(图 1-22)和火炉等。在雏鸡舍常用火炉、烟道、保温伞、电热育雏笼等设备供暖;在仔猪栏铺电热板或上面悬挂红外线保温灯供暖。

图 1-19 猪舍电热板

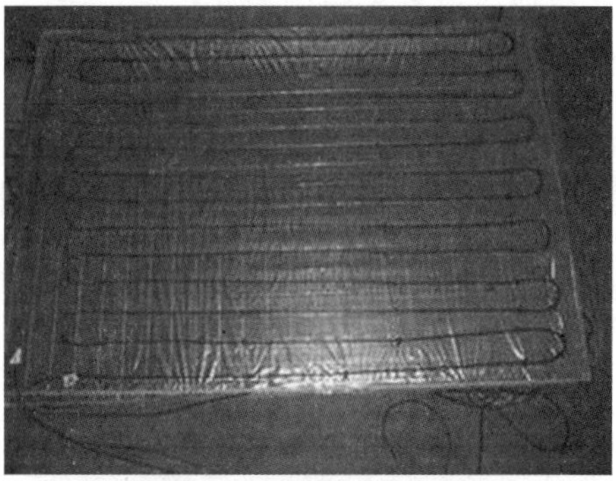

图 1-20 电热板内部结构

图 1-21 猪舍产房红外线保温灯

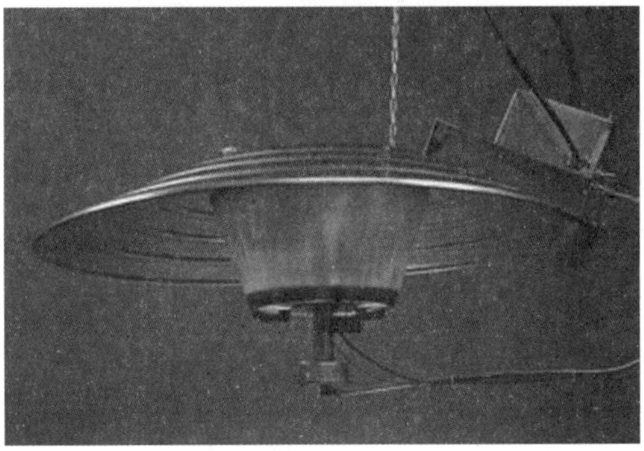
图 1-22 燃气保温伞

1. 红外线保温灯

在母猪分娩舍采用红外线灯照射仔猪效果较好，一般一窝一盏（125～250 W），这样既可保证仔猪所需较高的温度，又不至于影响母猪。保温区的温度与红外线灯悬挂的高度和功率有着密切的关系，在灯泡功率一定条件下，红外线灯悬挂高度越高，地面温度越低。

2. 电热板与电热地板

电热板平铺在地面上（或产床保温箱内），为安全和工作方便电源插销应置于走廊一端，插上插销接通电源后，此时红色指示灯亮，将高低挡开关置于“高”档（速热档）预热 0.5 h，抚摸电热板表面或观察仔猪状态，以不扎堆为宜，然后将开关转于“低”档（保温档），不必追求高温。

电热地板是在仔猪躺卧区地板下铺设电缆线，每平方米供给电热 300～400 W，电缆线应铺设在嵌入混凝土内 38 mm，均匀隔开，电缆线不得相互交叉和接触，每 4 个栏设置一个恒温器。

（二）集中采暖

集中式采暖是指集约化、规模化畜牧场，可采用一个集中的热源（锅炉房或其他热源），将热水、蒸汽或预热后的空气，通过管道输送到舍内或舍内的散热器（图 1-23）。主要设备有热风炉、暖风机、锅炉等，有效解决了通风与保暖问题（图 1-24）。

图 1-23 猪舍地坪热水供暖

图 1-24 锅炉供暖

1. 热风炉式空气加热器

由通风机、加热炉和送风管道组成，风机将热风炉加热的空气通过管道送入畜禽舍，属于正压通风(图 1-25)。

2. 暖风机式空气加热器

加热器有蒸汽(或热水)加热器和电加热器两种。暖风机有壁装式和吊挂式两种形式,前者常装在畜禽舍进风口上,对进入畜禽舍的空气进行加热处理;后者常吊挂在畜禽舍内,对舍内的空气进行局部加热处理。也有的是由风机将空气加热并由风管送入畜禽舍,此加热器也可以通过深层地下水用于夏季降温(图 1-26)。

图 1-25 热风炉式(燃气式)空气加热器

图 1-26 暖风机式空气加热器

3. 太阳能式空气加热器

太阳是取之不尽、用之不竭的能源。太阳能空气加热器就是利用太阳辐射能来加热进入畜禽舍空气的设备,是畜禽舍冬季采暖经济而有效的装置,相当于民用太阳能热水器。其特点是投资大,供暖效果受天气状况影响,在冬季的阴天,几乎无供暖效果(图 1-27)。

图 1-27 太阳能式空气加热器

4. 直燃式热风机

直燃式热风机分为燃油和燃气两种,燃油类主要是柴油热风机,燃气类有液化气和天然气两种。在各种采暖方式中,空气采暖是比较舒适的,对整个空间加热有温度均匀、加热迅速和热量流通快等优点(图 1-28、图 1-29)。

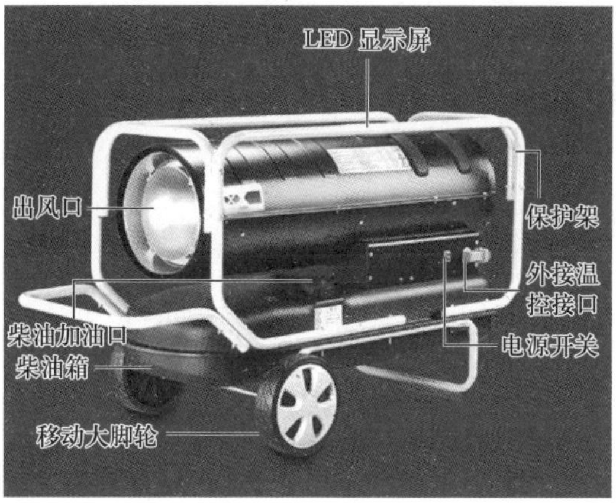

图 1-28　柴油直燃式热风机

图 1-29　(天然气)直燃式热风机

三、畜禽舍防寒保暖措施

在我国东北、西北、华北等寒冷地区,冬季气温低,持续期长(建筑设计的计算温度一般在－25～－15 ℃,黑龙江省甚至在－30 ℃左右),四季及昼夜气温变化大。低温寒冷会对畜牧业产生极为不良的影响。因此,寒冷是制约我国北方地区畜牧业发展的主要限制因素。在寒冷地区修建隔热性能良好的畜禽舍,是确保畜禽安全越冬并进行正常生产的重要措施。对于产仔舍和幼畜禽舍,除确保畜禽舍隔热性能良好之外,还需通过采暖以保证幼畜所要求的适宜温度。

(一)增加饲养密度

在不影响饲养管理及舍内卫生状况的前提下,适当增加舍内畜禽的饲养密度,等于增加热源,这是一项行之有效的辅助性防寒保温措施。

(二)除湿防潮

采取一切措施防止舍内潮湿是间接保温的有效方法。由于水的导热系数为空气的 25 倍,因而潮湿的空气、潮湿的墙壁、地面、天棚等的导热系数往往要比干燥状况的空气、墙壁等的导热系数增大若干倍。换言之,畜禽舍内空气中水汽含量增高,会大大提高畜体的辐射、传导散热;墙壁、地面、天棚等变潮湿都会降低畜禽舍的保温能力,加剧畜禽体热的消耗。由于舍内空气湿度高,不得不通过加大换气量排除,而加大换气量又必然伴随大量热能的散失。所以,在寒冷地区设计、修建畜禽舍不仅要采取严格的防潮措施,而且要尽量减少饲养管理用水,同时也要加强畜禽舍内的清扫与粪尿的排出,以减少水汽产生,防止空气污浊。

(三)利用垫草垫料

利用垫草改善畜体周围小气候,是在寒冷地区常用的另一种简便易行的防寒措施。铺垫草不但可以改善冷硬地面的温热状况,而且可在畜体周围形成温暖的小气候。铺垫草也是一项防潮措施。但除肉鸡场之外,由于垫草体积大、重量大,很难在集约化畜牧场应用。

(四)加强畜禽舍的维修保养

入冬前认真仔细地进行越冬御寒准备工作,包括封门、封窗、设挡风障、堵塞墙壁、屋顶缝隙、孔洞等。这些措施对于提高畜禽舍防寒保温性能都有重要的作用。

任务3　畜禽舍温度测定

学习目标

针对畜禽场畜禽舍管理岗位技术任务要求，学会温度计构造与测温原理、畜禽舍温度计的放置、温度计的测温观察、温度测定点的选择等实践操作技术。

任务实施

一、温度计构造与测温原理

温度计依照其测量原理不同可分为直接式温度计和间接式温度计，常用的大都是直接式温度计，可分为玻璃管温度计、压力式温度计、双金属温度计、热电阻温度计、热电偶温度计等；间接式有光学温度计、辐射温度计等。直接式温度计与间接式温度计相比，优点是简单、可靠、价廉，精确度较高，一般能测得真实温度；缺点是滞后时间长，易受腐蚀，不能测极高温度。

（一）玻璃管温度计

玻璃管温度计是利用热胀冷缩的原理来实现温度的测量的。由于测温介质的膨胀系数与沸点及凝固点的不同，所以我们常见的玻璃管温度计主要有煤油温度计、水银温度计、红墨水温度计（图1-30）。它的优点是结构简单，使用方便，测量精度相对较高，价格低廉。缺点是测量上下限和精度受玻璃质量与测温介质的性质限制，且不能远传，易碎。

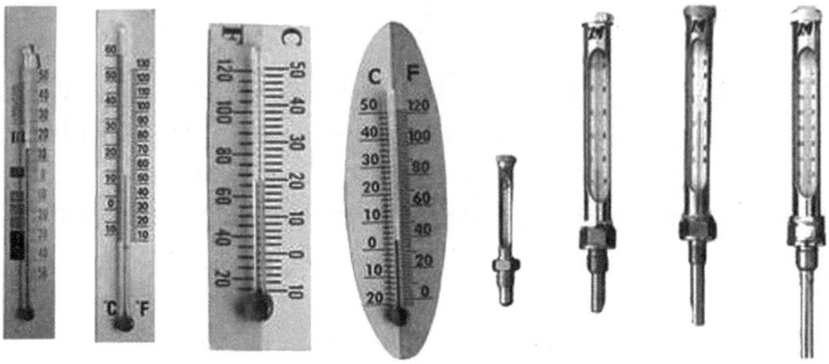

图1-30　玻璃管温度计

（二）压力式温度计

压力式温度计是利用封闭容器内的液体、气体或饱和蒸汽受热后产生体积膨胀或压力变化作为测温信号。它的基本结构是由温包、毛细管和指示表三部分组成的（图1-31）。它是最早应用于生产过程温度控制的方法之一。压力式测温系统现在仍然是就地指示和控制温度中应用十分广泛的测量方法。压力式温度计的优点是结构简单，机械强度高，不怕振动，价格低廉，不需要外部能源。缺点是测温范围有限制，一般在 80～400 ℃，热损失大，响应时间较慢，仪表密封系统（温包、毛细管、弹簧管）损坏难以修理，必须更换，测量精度受环境温度、温包安装位置影响较大，精度相对较低，毛细管传送距离有限制。

（三）双金属温度计

双金属温度计是利用两种膨胀系数不同，彼此又牢固结合的金属受热产生几何位移作为测温信号的一种固体膨胀式温度计（图 1-32）。优点是结构简单，价格低，维护方便，比玻璃温度计坚固、耐震、耐冲击，视野较大。缺点是测量精度低、量程和使用范围均有限，不能远传等。

图 1-31　压力式温度计

图 1-32　双金属温度计

（四）热电阻温度计

热电阻温度计是利用金属导体的电阻值随温度变化而变化的特性来进行温度测量的。作为测温敏感元件的电阻材料，要求电阻与温度呈一定的函数关系，温度系数大，电阻率大，热容量小。在整个测温范围内应具有稳定的化学物理性质，而且电阻与温度之间关系复现性要好。常用的热电阻材料有铂、铜、镍等，成型仪表是铠装热电阻。铠装热电阻是将温度检测原件、绝缘材料、导线三者封焊在一根金属管内，因此它的外径可以做得较小，具有良好的机械性能，不怕振动。同时具有响应时间快、时间常数小的优点。铠装热电阻除感温元件外，其他部分都可制缆状结构，可任意弯曲，适应各种复杂结构场合中的温度测量。热电阻温度计在化工生产中应用最为广泛（图 1-33）。它的优点是测量精度高，再现性好，保持多年稳定性、精确度，响应时间快，与热电偶温度计相比不需要冷端补偿。缺点是价格比热电偶温度计贵，需外接电源，热惯性大，避免在有机械振动的场合使用。

（五）热电偶温度计

热电偶温度计是由两种不同材料的导体 A、B（热电极）焊接而成的。热端插入被测介质中，另一端与导线连接，形成回路。若两端温度不同，回路中就会产生热电势，热电势两端的差即反映温度，热电偶温度计在工业测温中占了较大比重，生产过程远距离测温很大部分使用热电偶温度计（图 1-34）。它的优点是体积小，安装方便，信号传送远，便于远距离测量、自动记录及多点测量；与压力式温度计相比响应时间少，测温范围宽（尤其体现在测高温），价格低，再现性好，精度高。缺点是热电势与温度之间呈非线性关系，精度比热电阻低，在同样条件下，热电偶接点容易老化，冷端需要补偿。

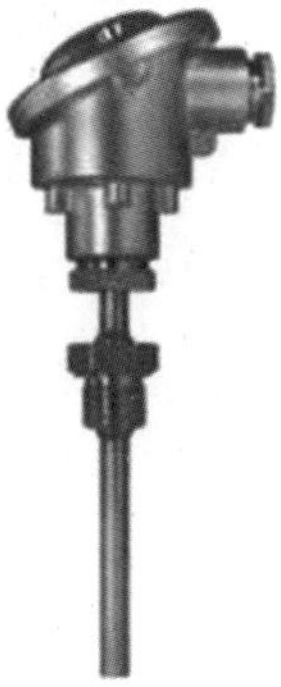

图 1-33　热电阻温度计

图 1-34　热电偶温度计

(六)热成像检测仪

红外热成像科技在军民两方面都有应用,最开始起源于军用,逐渐转为民用。在民用中一般叫热成像仪,主要用于工业检测与设备维护中,在防火、夜视以及安防中也有广泛应用。现代化猪场中也大量采用了热成像检测仪,主要用来检测猪舍的密封性、检查有无热桥和冷桥的存在、检查水帘降温的均匀性等(图 1-35、图 1-36)。

图 1-35　畜禽舍隔热效果热成像

图 1-36　猪舍密封性热成像

二、畜禽舍温度计的放置

(一)牛舍

温度计放在畜禽舍中央距地面 1～1.5 m 高处,固定于各列牛床的上方;散养舍固定于休息区。

(二)猪、羊舍

温度计固定在舍中央猪床的中部,高度为 0.2～0.5 m。

(三)鸡舍

笼养鸡舍为笼架中央高度,中央通道正中鸡笼的前方;平养鸡舍为鸡床上方 0.2 m 高处。

由于畜禽舍各部位的温度有差异,因此,除在畜禽舍中心测定外,还应在四角距两墙交界 0.25 m 处进行测定,同时沿垂直线在上述各点距地面 0.1 m、畜禽舍高 1/2 处、天棚下 0.5 m 处进行测定。

三、温度计的测温观察

观察温度表的示数应在温度表放置 10 min 后进行。为了避免发生误差,在观察温度表示数时,应暂停呼吸,尽快先读小数,后读整数,视线应与示数在同一水平线上。畜禽舍内气温应每天测 3 次,即早晨 6:00—7:00,下午 14:00—15:00,晚上 22:00—23:00。

四、温度测定点的选择

畜禽环境测试,所测得数据要具有代表性,例如猪的休息行为占 80%以上,故而厚垫草养猪时,垫草内的温度才是具有代表性的环境温度值。所以一定要具体问题具体分析,选择适宜的温度测定点。

知识链接

一、气温对畜禽生产的影响

(一)气温与畜体的热调节

当气温高时,皮肤血管扩张,大量的血液流向皮肤,使皮温升高,以增加皮温与气温之差,提高非蒸发散热量。同时,汗腺分泌加强,呼吸频率加快,以增加机体的蒸发散热量。随气温的升高,非蒸发散热逐渐减少,而以蒸发散热代之;当气温等于皮温时,非蒸发散热完全失效,全部代谢产热需由蒸发散热;如果气温高于皮温,机体还以辐射、传导和对流的方式从环境得到的热量,这时蒸发作用需排除体内的产热和从环境得到的热量,才能维持体温正常。只有汗腺机能高度发达的人和其他灵长类动物才有这种能力。一般畜禽很难维持体温的恒定,在高温条件下,畜禽一方面增加散热;另一方面还需要减少产热。首先表现为采食量减少或拒食,生产力下降,肌肉松弛,嗜睡懒动,继而内分泌机能开始变化,最明显的是甲状腺分泌减少。当上述热调节失效时,则热平衡破坏,引起体温的升高。

与高温相反,当气温下降时,皮肤血管收缩,皮肤的血液流量减少,皮温下降,使皮温与气温之差减少,汗腺停止活动,呼吸变深,频率下降,非蒸发和蒸发散热量都显著减少。同时,肢体蜷缩、群集,以减少散热面积,竖毛肌收缩,被毛逆立,以增加被毛内空气缓冲层的厚度。当气温下降到临界温度以下时,表现为肌肉紧张度提高,颤抖,活动量和采食量增大。

(二)气温对畜禽生产力的影响

1. 气温对繁殖力的影响

畜禽的繁殖活动,除了受光照影响外,气温也是影响繁殖的一个重要因素。气温过高对许多畜禽的繁殖都有不良的影响。

(1)对种公畜的影响。正常条件下,公畜的阴囊有很强的热调节能力,使得阴囊的温度低于体温 3～5 ℃。持续高温环境会引起精液品质下降,对牛的影响更为明显。一般在高温影响消除后 7～9 周才能使精液品质恢复正常水平。高温还会抑制畜禽的性欲。正因为如此,盛夏之后,秋天配种效果常常很差。由于低温可促进新陈代谢,一般有益无害。

(2)对种母畜的影响。首先,高温能使母畜的发情受到抑制,表现为不发情或发情不明显。其次,高温还会影响受精卵和胚胎的存活率。高温对母畜生殖的不良作用主要在配种前后一段时间内,特别是在配种后胚胎附植于子宫前的若干天内,是引起胚胎死亡的关键时期。受精卵在输卵管内对高温很敏感,且在附植前容易受高温刺激而死亡。高温对母畜受胎率和胚胎死亡率影响的关键时期为:绵羊在配种后 3 d 内,牛在配种后 4～6 d,猪在配种后 8 d 内,受胎后 11～20 d 及妊娠 100 d 以后。

妊娠期处于高温期内的母畜,一般仔畜初生重较轻、体型略小,生活力较低,死亡率高。引起这一现象的原因是:①在高温条件下,母体外周血液循环增加,以利于散热,而使子宫供血不足,胎儿发育受阻;②高温时母畜采食量减少,本身营养不良,也会使胎儿初生重和生活力下降。

2. 气温对生长肥育的影响

气温对畜禽生长肥育的影响主要在于改变饲料转化率。每种动物都有最佳的生长、肥育环境温度,一般此时饲料利用率较高,生产成本较低。该温度一般即在其等热区内,所以凡可影响畜禽等热区的因素,均可影响其最佳生长肥育温度。大量试验表明,畜禽处于不利的温热环境(炎热或寒冷)下,其生产率均下降。当温度低于临界温度时,畜禽进食量会随气温的下降而迅速增加,但因维持能量需要增加,因此,增重速度逐渐下降,如果自由采食,下降较慢。温度过高,畜禽采食量迅速减少,增重速度和饲料转化率也随之降低,虽然有时饲料转化率会因采食量的减少而有所提高,但得不偿失。

鸡的适宜生长温度随日龄增加而下降。1 日龄为 34.4～35 ℃,逐渐下降到 18 日龄的 26.7 ℃,至 32 日龄可进一步降到 18.9 ℃。生长鸡小范围的适当低温和变化,对生产不仅无害,反而可使生长加快,死亡率下降,但饲料利用率略有下降。肥育肉鸡从 4 周龄起,18 ℃生长最快,24 ℃饲料利用率最高,要达到到两者兼顾,以 21 ℃最为适合。

猪生长、肥育的适宜温度范围在 12～20 ℃。当气温超过 30 ℃、低于 10 ℃时,增重率明显下降(表 1-3、表 1-4)。牛的生长肥育温度以 10 ℃左右最佳。

表 1-3　猪在各生长阶段对温度的要求

猪类型	生长阶段									
	公猪	分娩母猪	1 周龄猪	7～11 日龄	11～22 日龄	22～45 日龄	45～60 日龄	60～91 日龄	91～110 日龄	空怀猪及怀孕猪
大致气温/℃	18～21	16～24	32～36	27～35	25～32	23～29	20～27	19～24	18～21	18～21

续表1-3

猪类型	生长阶段									
	公猪	分娩母猪	1周龄猪	7～11日龄	11～22日龄	22～45日龄	45～60日龄	60～91日龄	91～110日龄	空怀猪及怀孕猪
有效温度/℃	16±24	21±2.0	34±1.0	30±2.0	26±2.0	22±2.0	18±2.0	17±2.0	16±3.5	16±2.0
温度变化/℃	±8.3	±2.8	±2.8	±2.8	±2.8	±5.6	±5.6	±5.6	±8.3	±8.3

表1-4　温度对70～100 kg猪采食量、生长速度和饲料转化效率的影响

温度/℃	每日摄入/(DE/MJ)	饲料/增重	平均日增重/kg	总产能/kJ	热能利用率/%
0	64.5	9.5	0.54	12.5	19.4
5	47.7	7.1	0.53	12.3	24.7
10	44.4	4.4	0.80	18.5	41.7
15	40.0	4.0	0.79	18.3	44.8
20	40.9	3.8	0.85	19.7	48.2
25	33.4	3.7	0.72	16.7	50.1
30	28.0	4.9	0.45	10.4	37.1
35	19.3	4.9	0.31	7.2	37.4

3. 气温对产蛋的影响

在一般的饲养管理条件下，各种家禽产蛋的适宜温度为13～23 ℃，下限温度为7～8 ℃，上限温度为29 ℃。气温持续在29 ℃以上，鸡的产蛋量下降，蛋重降低，蛋壳变薄。温度低于8 ℃，产蛋量下降，饲料消耗增加，饲料利用率下降（表1-5）。

表1-5　不同温度下鸡的饲料消耗和产蛋量

环境温度/℃	日采食干物质量/g	日食入代谢能/kJ	产蛋率/%	平均蛋重/g	鸡日产蛋量/g
7.2	101.5	1 301	76.2	64.9	49.4
14.6	93.3	1 197	86.3	59.3	51.0
23.9	88.4	1 138	84.1	59.6	50.6
29.4	83.3	1 075	82.1	60.1	49.5
35.0	76.1	98.3	79.2	58.5	46.2

4. 气温对产奶量和奶质的影响

牛的体型较大，其临界温度较低，特别是高产奶牛，可低达－12 ℃，所以在一定范围内的低温对牛的生产性能影响较小，而高温则有较大的影响。中国荷斯坦牛生产性能高，采食量大，不仅是一个耐寒不耐热的品种，而且热增耗大，生产产热多。高温对其生产性能影响尤为突出。牛舍温度从10 ℃逐渐升高到41 ℃，其产乳量从21 ℃开始明显下降，41 ℃时仅剩

15%。高产奶牛由于产热量大,则更为严重。所以,随着育种技术、饲养水平等的提高,产乳量的提高,也对环境的控制及其对策不断提出新的要求。

二、畜禽舍温度智能监测系统

畜禽舍温度等环境智能监测系统主要由上位机管理系统、自动化控制系统、数据采集系统、现场传感器等部分组成。可实现动物养殖场的综合监控,包括室内外的温度、湿度、二氧化碳浓度、氧气浓度、光照强度、压力等,并对温度、湿度、有害气体浓度、光照度进行自动或手动控制,现场传感器与传感器之间,现场传感器和监控中心电脑之间通过工业 485 总线传输。监控室工控机可以进行数据存储、报表打印、控制输出、报警监控等分析工作。监控软件采用工业组态监控软件开发,软件操作简单易学,可加上现场电子地图,各方位参数、状态可在地图界面上直观明了地体现(图 1-37)。

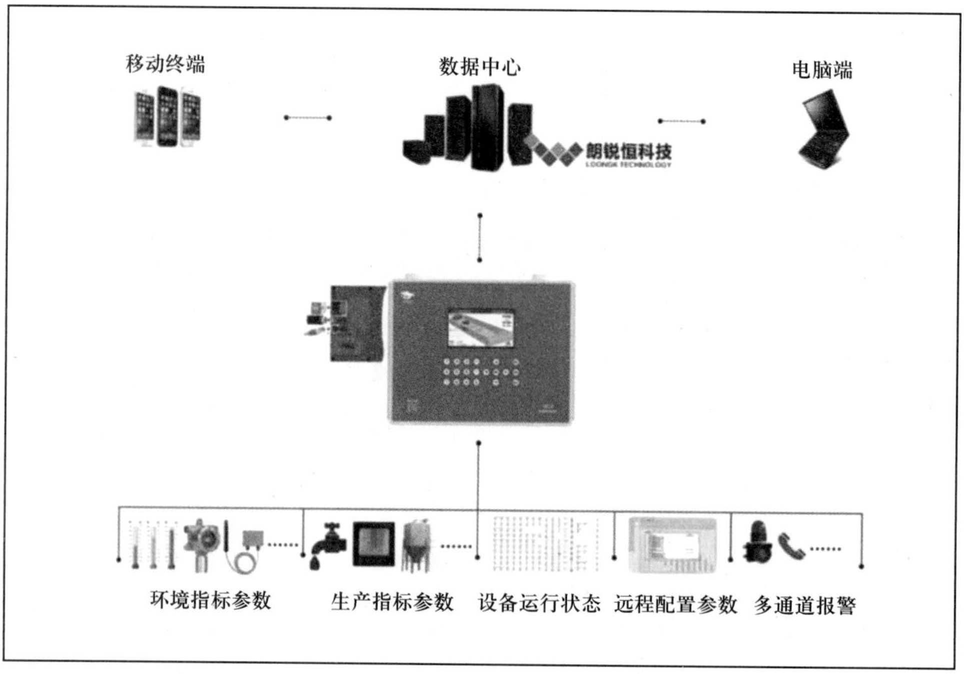

图 1-37　畜禽舍温度智能监测系统

(一)智能监控系统

由上位机软件、温湿度一体传感器、智能控制器等组成,通过数据总线形式将畜禽舍内环境温度、湿度等数据上传到上位机,由上位机设定控制环境,从而去命令智能控制器实现对畜禽舍内设备的控制。

(二)监测平台

监测平台为管理人员提供实时监测数据,并为其及时做出相关养殖调整和制定新的规划方案提供数据支持。①提供每个监测点的温湿度、氨气、二氧化碳浓度、光照度、大气压力数值。②提供历史数据查询,支持过去任一时段的数据查询,对一些突发事件提供数据依据。

③提供历史曲线查看，通过对过去某一时段的变化趋势观察，可以总结出相应的变化规律，从中可以总结出一些宝贵经验。④提供实时报警功能，当监测到的任一个参数达到报警条件时，监测平台会提供声音和相应数值闪烁报警，为相关管理人员提供报警提示。⑤数据自动储存，可长期保存，方便日后查找和参考。⑥监测平台采用工业组态平台，具有性能稳定、扩展方便、便于维修的优点。可以根据畜禽舍分布提供软件界面，在界面上区分畜禽舍位置、布局、每个监测点位置等，按照实际布局安排，实现监测界面的生动形象，同时也为实际监测提供方便。

任务 4　畜禽舍湿度控制

学习目标

针对畜禽场畜禽舍管理岗位技术任务要求，学会畜禽舍湿度控制措施、畜禽舍湿度测定方法等实践操作技术。

任务实施

一、控制畜禽舍湿度措施

(一)控制畜禽舍排水系统

1. 传统式排水系统

当粪便与垫料混合或粪尿分离，呈半干状态时，常用人力小推车、地上轨道车、单轨吊罐、牵引刮板、电动或机动铲车等清粪。畜禽舍污水排出系统一般由畜床、排尿沟、沉淀池、地下排水管及污水池组成。

2. 漏缝地板式排水系统

在采用漏缝地板地面时，畜禽的粪便和污水混合，粪水一同排出舍外，流入化粪池，定期或不定期用污水泵抽入罐车运走。该法由漏缝地板、粪沟、粪水清除设施和粪水池组成。

(二)畜禽舍湿度控制

畜禽舍湿度控制主要是根据畜禽舍环境的需要进行降湿或加湿处理。目前，降湿的主要方法有：通风换气、加温除湿和冷凝除湿 3 种。

1. 通风换气

通风换气是降低畜禽舍空气湿度的最有效方法，通风换气量大小由湿平衡方程来确定。

2. 加温除湿

加温除湿是基于在一定的室外气象条件下，舍内相对湿度与室温呈负相关的原理实现的，在严寒的冬季采用加温措施适当提高畜禽舍温度也能有效地降低舍内湿度。

3. 冷凝除湿

冷凝除湿主要利用冷热空气在不同的界面上接触产生冷凝而进行降湿，目前畜禽舍常用热交换器或除湿装置，利用舍内外的温度差使舍内高湿空气在热交换器的膜面上结露达到除湿的目的。

当畜禽舍内的空气湿度低于40%时，常需要增加湿度。加湿的主要方法有：①喷水加湿，通过将水喷洒到地面，增加舍内湿度；②喷雾加湿，采用低压喷雾系统，将喷头相间排列于畜禽舍进行喷雾加湿，或将喷头置于畜禽舍两端的负压间用风机将雾化的湿空气送入舍内加湿；③湿垫—风机加湿降温系统；④加湿器加湿，运用蒸汽蒸发或超声波原理对畜禽舍局部或整体进行加湿，这种装置易于实现湿度的精确控制，但成本较高。畜禽舍可根据不同情况加以选用。

二、畜禽舍湿度测定

（一）干湿球温湿度表结构及原理

干湿球温湿度表是利用水蒸发要吸热降温，而蒸发快慢（即降温多少）和当时空气的相对湿度有关这一原理制成的。其构造是用两支温度计，其一在球部用白纱布包好，将纱布另一端浸在水槽里，即由毛细作用使纱布经常保持潮湿，此即湿球。另一未用纱布包而露置于空气中的温度计，谓之干球（干球即表示气温的温度）。如果空气中水蒸气量没饱和，湿球的表面便不断地蒸发水汽，并吸取汽化热，因此湿球所表示的温度都比干球所示要低。空气越干燥（即湿度越低），蒸发越快，不断地吸取汽化热，使湿球所示的温度降低，而与干球间的差增大。相反，当空气中的水蒸气量呈饱和状态时，水便不再蒸发，也不吸取汽化热，湿球和干球所示的温度即会相等。使用时，应将干湿计放置距地面1.2～1.5 m的高处。读出干、湿两球所指示的温度差，由该湿度计所附的对照表就可查出当时空气的相对湿度。因为湿球所包之纱布水分蒸发的快慢，不仅和当时空气的相对湿度有关，还和空气的流通速度有关。所以干湿球温度计所附的对照表只适用于指定的风速，不能任意应用。例如设干球温度计所示的温度是22 ℃，湿球温度计所指示的是16 ℃，两球的温度差是6 ℃，可先在表中所示温度一行找到22 ℃，又在温度一行找到6 ℃，再把22 ℃横向与6 ℃竖行对齐，找到数值54。它的意思就是相对湿度是54%（图1-38）。

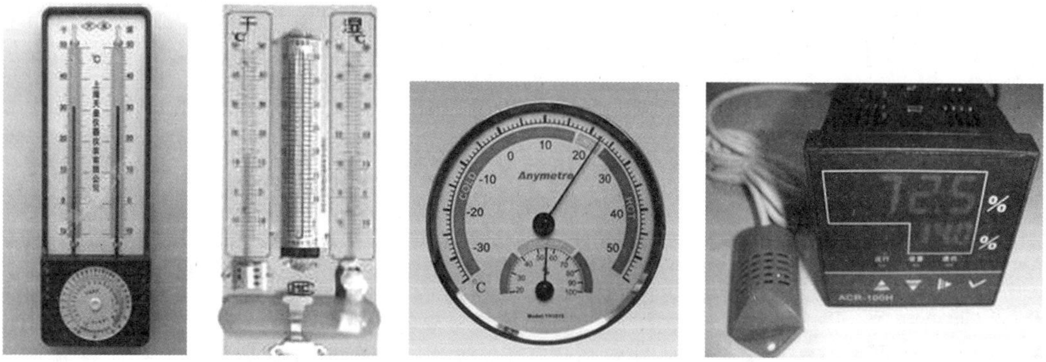

图1-38　各式干湿球温湿度表

（二）干湿球温湿度表的测定方法

（1）先向水槽内注入1/3～1/2的清洁水，再将纱布浸于水中，挂在空气缓慢流动处，10 min

后，先读湿球温度，再读干球温度，计算出干湿球温度的差数。

(2)转动干湿球温度计上的圆筒，在其上端找出干湿球温度的差数。

(3)在实测干球温度的水平位置作水平线与圆筒竖行干湿差相交点读数，即为相对湿度。

(三)通风干湿球湿度表的测定方法

(1)用吸管吸取蒸馏水送入湿球湿度计套管盒，湿润温度计感应部的纱条。

(2)用钥匙上满发条，将仪器垂直挂在测定地点，如用电动通风干湿表则应接通电源，使通风器转动。

(3)通风 5 min 后读干湿温度表所示温度。先读干球温度，后读湿球温度，然后按公式计算绝对湿度。

$$K=E-\mathrm{a}(t-t')p$$

式中，K 为绝对湿度；E 为湿球所示温度时的饱和湿度；a 为湿球系数(0.000 67)；t 为干球所示温度；t' 为湿球所示温度；p 为测定时的气压。

夏季测量前 15 min，冬季 30 min，将仪器放置测量地点，使仪器本身温度与测定地点温度一致。

知识链接

一、湿度的表示方法

(一)水汽压

大气压是由各种气体分压的综合作用形成的。由水汽所产生的那部分压强称为水汽压。不容易测得，一般通过间接计算得出，单位为“帕”。

(二)绝对湿度

绝对湿度指单位体积的空气中所含的水汽质量，用 g/m^3 表示。它直接表示空气中水汽的绝对含量。

(三)相对湿度

即空气中实际水汽压与同温度下饱和水汽压之比，以百分率来表示。相对湿度说明水汽在空气中的饱和程度，是一个常用的指标。

$$相对湿度=空气中实际水汽压/同温度下的饱和水汽压\times100\%$$

(四)饱和差

饱和差指一定的温度下饱和水汽压与同温度下的实际水汽压之差。饱和差越大，表示空气越干燥，反之，则表示空气越潮湿。

(五)露点

空气中水汽含量不变且气压一定时，未饱和空气因冷却而达到饱和时的温度称“露点”。空气中水汽含量越多，则露点越高，否则反之。

二、畜禽舍相对湿度

相对湿度是指空气中实际水汽压与同温度下饱和水汽压之比，用百分率来表示。湿度是影响畜禽生长的一个重要环境指标，在生产中常用相对湿度来衡量。畜禽舍空气中水分的主要来源有 3 个：一是随舍外空气进入舍内，进入的数量决定于舍外空气湿度的高低，这部分占10%～15%；二是由畜禽自身排出，畜禽可通过呼吸道和皮肤不断向外散发水分，这部分占70%～75%；三是由地面、潮湿的垫草、墙壁、水槽及设备表面的蒸发产生的水汽，占 20%～25%。湿度对畜禽的影响总是与环境温度紧密联系在一起的，当气温处于适宜范围时，舍内空气湿度对畜禽的生产性能影响不太显著；在高温环境下，机体主要靠蒸发散热，如此时舍内湿度较大，则畜禽蒸发散热难以实现，便会加剧高温环境对畜禽生产性能的影响；在低温环境中，如处高湿情况下，由于潮湿空气导热性大，体表热阻减少，畜禽失热增加，容易引起感冒、肺炎等多种疾病。此外，潮湿的环境还会助长微生物的生长和繁殖，使畜禽皮肤病、呼吸道、消化道疾病增加。反之，低湿环境，也容易使畜禽水分蒸发过大，皮肤及外露黏膜干裂，呼吸道疾病增加等。畜禽适宜的相对湿度为 60%～70%，生产中可允许范围扩大到 50%～80%。

三、畜禽舍湿度标准

(一)猪舍湿度标准

试验表明，若温度适宜，相对湿度从 45%变到 95%，猪的增重无异常。这时，常出于其他的考虑，来限制相对湿度。例如，考虑到相对湿度过低时猪舍内容易飘浮灰尘，过低的相对湿度还对猪的黏膜和抗病力不利；相对湿度过高会使病原体易于繁殖，也会降低猪舍建筑结构和舍内设备的寿命。所以就算是处于较佳温度范围内，舍内空气的相对湿度也不应过低或过高。

当舍内环境温度较低时，相对湿度大，会使猪增加寒冷感。这是由于猪的毛、皮吸附了潮湿空气中的水分后，导热性增大，使猪体散热量增大。同时，随着通风换气，使蕴含于水汽中的大量潜热流失到舍外，降低了舍温。因此，较低舍温时，相对湿度大，会影响猪的生产性能，这一点对幼猪更为敏感。例如，据试验，在冬季相对湿度高的猪舍内的仔猪，平均增重比对照组低 48%左右，且易引起下痢、肠炎等疾病。

当舍内环境温度较高时，舍内相对湿度大，同样也会影响猪的生产性能。猪原本适应湿度变化的能力较强，即使相对湿度超过 85%对生长性能影响也不大，但高温下的高湿，会妨碍猪的蒸发散热，从而加剧了高温的危害。如果温度超过适宜温度，相对湿度从 40%升高到 70%，便会减缓猪的增重。这一点成年猪更为敏感，因为成年猪的适宜生长温度比仔猪要低。

综合考虑，适宜猪生活的相对湿度为 60%～80%。在某些地区或季节，舍内相对湿度偏高而无法降低时，应采取措施增加或降低舍温及做好卫生防疫工作，这样也能确保猪只的正常生产。

(二)鸡舍湿度标准

最适宜的湿度为 60%～70%。如果舍内湿度太低，蛋鸡表现呆滞，羽毛紊乱，皮肤干燥，羽毛和喙、爪等色泽暗淡，并且极易造成鸡体脱水，引起鸡群发生呼吸道疾病。潮湿空气的导热性为干燥空气的10倍，冬季如果舍内湿度过高，就会使鸡体散发的热量增加，使鸡更加寒冷；夏季舍内湿度过高，就会使鸡呼吸时排散到空气中的水分受到限制，鸡体污秽，病菌大量繁殖，易引发各种疾病，引起产蛋量下降。生产中可采用加强通风和在室内放生石灰块等办法降低舍内湿度。

（三）牛舍湿度标准

牛舍空气中湿度过大，就会影响牛的呼吸，降低空气流动性，长时间如此，牛舍的空气质量下降，影响肉牛体内热量的散发，直接影响肉牛的身体健康，产生呼吸道疾病，也会导致肉牛体温升高、呼吸困难，引起空气中微生物的滋生，为各种寄生虫的繁殖发育提供了良好条件，引起一些疾病产生。湿度过低，空气就显得干燥，也不利于牛的生长。

项目二　畜禽舍采光与通风控制

任务1　畜禽舍采光控制

学习目标

针对畜禽场畜禽舍管理岗位技术任务要求，学会畜禽舍自然光照控制方法、畜禽舍人工光照控制、采光系数的测定、照度的测定、人工光照的管理措施等实践操作技术。

任务实施

一、畜禽舍自然光照控制方法

自然光照是让太阳的直射光或散射光通过畜禽舍的开露部分或窗户进入舍内以达到采光的目的。在一般条件下，畜禽舍都采用自然采光。夏季为了避免舍内温度升高，应防止直射阳光进入畜禽舍；冬季为了提高舍内温度，并使地面保持干燥，应让阳光直射在畜床上。影响自然光照的因素很多，主要有如下一些。

(一)畜禽舍的方位

畜禽舍的方位直接影响畜禽舍的自然采光及防寒防暑，为增加舍内自然光照强度，畜禽舍的长轴方向应尽量与纬度平行。

(二)畜禽舍外状况

畜禽舍附近如果有高大的建筑物或大树，就会遮挡太阳的直射光和散射光，影响舍内的照度。因此，在建筑物布局时，一般要求其他建筑物与畜禽舍的距离，应不小于建筑物本身高度的2倍。为了防暑而在畜禽舍旁边植树时，应选用主干高大的落叶乔木，而且要妥善确定位置，尽量减少遮光。舍外地面反射阳光的能力，对舍内的照度也有影响。据测定，裸露土壤对阳光的反射率为10%～30%，草地为25%，新雪为70%～90%。

(三)畜禽舍玻璃

玻璃对畜禽舍的采光也有很大影响，一般玻璃可以阻止大部分的紫外线，脏污的玻璃可以阻止15%～50%可见光，结冰的玻璃可以阻止80%的可见光。

(四)畜禽舍采光系数

采光系数是指窗户的有效采光面积与畜禽舍地面面积之比(以窗户的有效采光面积为1)。采光系数越大,则舍内光照度越大。畜禽舍的采光系数,因畜禽种类不同而要求不同(表1-6)。

表1-6　不同种类畜禽舍的采光系数

畜禽舍种类	采光系数	畜禽舍种类	采光系数
乳牛舍	1∶12	种猪舍	1∶(10～12)
肉牛舍	1∶16	肥育猪舍	1∶(12～15)
犊牛舍	1∶(10～14)	成年绵羊舍	1∶(15～25)
种公马厩	1∶(10～12)	羔羊舍	1∶(15～20)
母马及幼驹厩	1∶10	成禽舍	1∶(10～12)
马厩	1∶15	雏禽舍	1∶(7～9)

(五)入射角

畜禽舍地面中央一点到窗户上缘(或屋檐)所引直线与地面水平线之间的夹角(图1-39)。入射角越大,越有利于采光。为了保证舍内得到适宜的光照,入射角应不小于25°。从防寒防暑的角度考虑,我国大多数地区夏季都不应有直射的阳光进入舍内,冬季则希望阳光能照射到畜床上。这些要求,可以通过合理设计窗户上、下缘和屋檐的高度而达到。当窗户上缘外侧(或屋檐)与窗台内侧所引的直线同地面水平线之间的夹角小于当地夏至的太阳高度角时,就可防止太阳光线进入畜禽舍内;当畜床后缘与窗户上缘(或屋檐)所引的直线同地面水平线之间的夹角等于当地冬至的太阳高度角时,就可使太阳光在冬至前后直射在畜床上。

(六)透光角

畜禽舍地面中央一点向窗户上缘(或屋檐)和下缘引出两条直线所形成的夹角(图1-39)。如果窗外有树或其他建筑物等遮挡时,引向窗户下缘的直线应改向遮挡物的最高点,透光角大,透光性好。只有透光角不小于5°,才能保证畜禽舍内有适宜的光照强度。

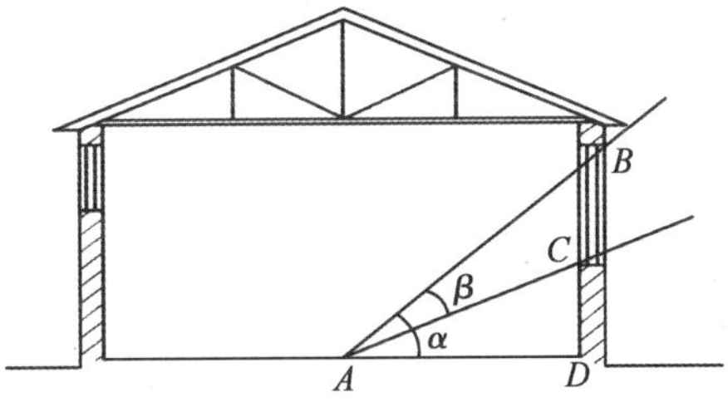

图1-39　入射角(α)和透光角(β)示意图

(七)舍内反光面

畜禽舍内物体的反射情况对进入舍内的光线也有很大影响。当反射率低时,光线大部分被吸收,畜禽舍内就比较暗;当反射率高时,光线大部分被反射出来,舍内就比较明亮。据测定,白色表面的反射率为85%,黄色表面为40%,灰色为35%,深色仅为20%,砖墙约为40%。由此可见,舍内的表面(主要是墙壁和天棚)应当平坦,粉刷成白色,并经常保持清洁,以利于提高畜禽舍内的光照强度。

(八)舍内设施及畜栏构造与布局

舍内设施如笼养鸡、兔的笼体与笼架以及饲槽,猪舍内的猪栏栏壁构造和排列方式等对舍内光照强度影响很大,故应给予以充分考虑。

二、畜禽舍人工光照控制

利用人工光源发出的可见光进行的采光称为人工照明。除无窗封闭畜禽舍必须采用人工照明外，人工照明一般作为畜禽舍自然采光的补充。在通常情况下，对于封闭式畜禽舍，当自然光线不足时，需补充人工光照，夜间的饲养管理操作须靠人工照明。

（一）光源

畜禽一般可以看见 400～700 μm 的光线，故白炽灯或荧光灯皆可作为畜禽舍照明的光源。白炽灯发热量大而发光效率较低，安装方便，价格低廉，灯泡寿命短（750～1 000 h）。荧光灯则发热量低而发光效率较高，灯光柔和，不刺眼睛，省电，但一次性设备投资较高，值得注意的是，荧光灯启动时需要适宜的温度，环境温度过低，影响荧光灯启动。

（二）光照强度

各种畜禽需要的光照强度，因其种类、品种、地理与畜禽舍条件不同而有所差异。近年来，光照对禽类（尤其是蛋鸡）的影响研究资料较多，一般认为，如雏禽光照偏弱，易引起生长不良，死亡率增高；生长阶段光照较弱，可使性成熟推迟，并使禽类保持安静，能防止或减少啄羽、啄肛等恶癖。肉用畜禽育肥阶段光照弱，可使其活动减少，有利于提高增重和饲料转化率。各种家禽所需要的光照强度见表 1-7、表 1-8。

表 1-7　不同畜禽所需光照强度

畜禽		光照时间/h	光照强度/lx
猪	妊娠母猪	14～18	75
	分娩母猪	14～18	175
	带仔母猪	14～18	75
	初生仔猪	14～18	75
	后备母猪	14～18	75
	肥育猪	8～12	50
牛	成年公牛	16～18	75
	肉用母牛	16～18	75
	乳用母牛	16～18	75
	犊牛	16～18	100
	青年牛	14～18	50
	肉牛	6～8	50
	小阉牛	6～8	50
绵羊	成年绵羊	8～10	75
	初生绵羊羔	8～10	100
	哺乳绵羊羔	8～10	100
山羊	成年山羊	8～10	75
	初生山羊羔	8～10	100
	哺乳山羊羔	8～10	75

续表1-7

畜禽		光照时间/h	光照强度/lx
蛋鸡	成年鸡	14～17	20～25
	雏鸡 (1)0～3 日龄 (2)4～30 日龄 (3)31～42 日龄	 23 逐渐减至 8 8	 25 5～10 5～10
肉鸡	青年鸡	8	5～10
	肉用仔鸡	光照与黑暗 2 h 交替	5～10
火鸡(平养)	1～21 日龄	14～16	5～10
	22～120 日龄	14～16	5～10
	成年火鸡	14～16	5～10
鸭鹅(平养)	1～30 日龄	14～16	5～10
	大于 31 日龄	14～16	5～10

表 1-8　每平方米畜禽舍地面积设 1 W 光源可提供的照度

光源	白炽灯	荧光灯	卤钨灯	自镇流高压水银灯
光照照度(lx/W)	3.5～5.0	12.0～17.0	5.0～7.0	8.0～10.0

(三)光色

光色对畜禽生产具有重要的影响。家禽对光色比较敏感,尤其是鸡。根据众多学者对鸡的研究,显示出比较一致的结果,即在红光下鸡趋于安静,啄癖减少,成熟期略迟,产蛋量稍有增加,蛋的受精率较低。在蓝光、绿光或黄光下,鸡增重较快,性成熟较早,产蛋量较少,蛋重略大,饲料利用率降低;公鸡交配能力增强,啄癖极少(表 1-9、表 1-10)。但在多数情况下,光颜色的影响是微小的,故通常采用白色光。

表 1-9　光色对鸡生产的影响

作用	红	橙	黄	绿	蓝	作用	红	橙	黄	绿	蓝
促进生产				△	△	减少啄癖	△				△
降低饲料利用率			△	△		增加产蛋量	△	△			
缩短性成熟年龄				△	△	减少产蛋量			△		
延长性成熟年龄	△	△	△			增加蛋重			△		
使眼睛变大					△	提高雄性繁殖率				△	△
减少神经过敏	△					降低雄性繁殖率	△				

表 1-10　光色对母鸡产蛋的影响　%

光色	红光	蓝光	白光	绿光
产蛋率	78	73	69	68

在光谱或颜色方面，猪易见范围是在 439（蓝色）～556 nm（绿色）；>650 nm 的红色猪是没有感觉的；白天自然光线通常指 380～580 nm 范围。人类最能识别绿色和黄色光谱区，而猪敏感的是蓝和绿，对红光视为黑暗，因此，乳猪的红外线灯并不会影响其休息，而只是保温。

（四）照明设备的安装

1. 确定灯的高度

灯的高度直接影响地面的光照强度。光源一定时，灯越高，地面的光照强度就越小，为在地面获得 10 lx 光照强度，需要的白炽灯瓦数和安装高度为：15 W 灯泡时 1.1 m，25 W 时 1.4 m，40 W 时 2.0 m，60 W 时 3.1 m，75 W 时 3.2 m，100 W 时 4.1 m。

2. 确定灯的数量

灯数量=［畜禽舍地面面积×(a/b)］/c，其中 a 为畜禽舍所需的光照强度，b 为 1 W 光源为每平方米地面积所提供的光照强度，如表 1-8 所示，c 为每只灯的功率，一般取 40 W 或 60 W。

3. 灯的分布

为使舍内的光照比较均匀，应适当降低每个灯的瓦数，增加舍内的总装灯数。鸡舍内装设白炽灯时，以 40～60 W 为宜，不可过大。灯泡与灯泡之间的距离，应以灯泡距地面高度的 1.5 倍为宜。舍内如果装设两排以上灯泡，应交错排列，靠墙的灯泡，与墙的距离应为灯泡间距的一半。灯泡不可使用软线吊挂，以防被风吹动而使畜群受惊。

三、采光系数的测定

采光系数是指窗户有效采光面积和舍内地面有效面积之比（表示为 1∶x）。即以窗户所镶玻璃面积为 1，求得其比值。

窗户有效采光面积的测定方法。先计算畜禽舍窗户玻璃块数，然后测量每块玻璃的面积，只计窗户玻璃，不计门和外面的运动场，不计窗框及畜禽舍内地面有效面积（包括清粪道及喂饲通道的面积）。

采光系数是衡量采光性能的一个主要指标，但只能说明采光面积而不能说明窗户的高低和采光程度。因为窗户的形状对采光也有影响，当窗户高时采光更好，所以要进一步测定入射角和透光角。

窗户面积越大采光越好，但不利于保温，为考虑防寒作用，所以不同畜禽舍的采光系数不同。

图 1-40　数字式照度计

四、照度的测定

（一）原理

当光照到光电池时，形成光电流，通过仪表显示出来。即应用“光电效应”原理制成（图 1-40）。

光线照度应包括 3 方面内容：照度或强度，光谱范围或颜色，光照时间或周期。其中，光照强度是一种物理术语，指单位面积上所接受可见光的光通量，简称照度，单位勒克斯（lx），用于指示光照的强弱和物体表面积被照明的程度。专门测量光度、亮度的仪器仪表称照度计(或称勒克斯计)。例如,夏天明朗的室内光线照度为 100～550 lx,夜间满月下为 0.2 lx;白炽灯每瓦大约可发出 12.56 lx 的光线照度;1 m^2 面积上需 2.7 W 灯泡可提供 10.76 lx 光线照度。

(二)使用方法

(1)将接收器的插头插入仪表输入口(INPUT),接收器置于被测点。

(2)将电源开关拨向“开(ON)”位置。

(3)打开接收器遮光罩,则仪表显示屏就显示出被测点的照度读数。读数时需注意。显示屏的右方有四个箭头(在任何情况下只有一个箭头显示出来),当箭头指在 10^{-1} 挡位时,应将显示屏上的读数乘以 10^{-1} 倍后才是被测点的照度值,其他同理。箭头指在哪一挡上是由被测点的照度值决定的。

(4)若测量场合的照度多变时,为了便于读数,可将读数保持开关拨向“HOLD”一端,即可使显示屏上的读数保持不变。

(5)当仪器显示“LOBAT”,则供电电源电压已不足。

(6)仪器使用完毕,应将电源开关拨向“OFF(关)”位置,以防电池空耗。

五、人工光照的管理措施

一般来说,动物在产仔期、哺乳期、生长发育期及繁殖期需要较长时间光照,在肥育期需要较短时间光照,例如,肥育舍(牛、羊、猪)光照时间一般要求为 8 h/d,非肥育舍光照时间则为 16～18 h/d。常采用的人工控制光照制度有:

(一)恒定光照制度

恒定光照制度是培育小母鸡的一种光照制度,即自出雏后第 2 天起直到开产时为止(蛋鸡 20 周龄、肉鸡 22 周龄),每日用恒定的 8 h 光照;从开产之日起光照骤增到 13 h/d,以后每周延长 1 h,达到 15～17 h/d,保持恒定。

(二)递减光照制度(渐减渐增光照制度)

递减光照制度是利用有窗鸡舍培育小母鸡的一种光照制度。先预计自雏鸡出壳至开产时(蛋鸡 20 周龄、肉鸡 22 周龄)的每日自然光照时数,加上 7 h,即为出壳后第 3 天的光照时数,以后每周光照时间递减 20 min,到开产时恰为当时的自然光照时数,此后每周增加 1 h,直到光照时数达到 15～17 h/d,保持恒定。

(三)间歇光照制度

间歇光照制度是用无窗鸡舍饲养肉用仔鸡的一种光照制度。即把一天分为若干个光周期,如光照与黑暗交替时数之比为 1∶3 或 0.5∶2.5 或 0.25∶1.75 等。较常用的为 1∶3,光照期供鸡采食和饮水,黑暗期供鸡休息。这种光照制度有利于提高肉鸡采食量、日增重、饲料利用率和节约电力,但饲槽、饮水器的数量需要增加 50%。

(四)持续光照制度

持续光照制度是在肉用仔鸡生产中采用的一种光照制度,在雏鸡出壳后数天(2～5 d)光照时间为 24 h/d,此后每日黑暗 1 h,光照 23 h,直至肥育结束。

(五)恒定单期光照制度

恒定单期光照制度是对蛋鸡实行的一种光照制度,通常在鸡开始产蛋后一直采用 16 h/d 的光照。当自然光照短于 16 h 时,以人工照明补足 16 h。

(六)超期光照制度

超期光照制度是对蛋鸡采用的一种光照制度,即光照的明暗周期合计时间大于或小于 24 h。也有单期光照和间歇光照之分。通常光照周期长于 24 h,超期光照可使蛋形变大,减少破壳率,多适用于蛋鸡产蛋后期。短于 24 h 的超期光照(如 15.75L∶5.25D,13L∶9D 等)多用于蛋鸡的培育期。目前,人工光照在养鸡行业应用得较多,表 1-11 列出了一种便于操作的蛋鸡舍光照管理方案。

表 1-11　蛋鸡舍光照管理方案

商品蛋鸡		父母代种鸡	
周龄	光照时间/(h/d)	周龄	光照时间/(h/d)
0～1	23	0～1	23
2～17	8	2～19	8
18	9	20	9
19	10	21	10
20	11	22	11
21	12	23	12
22	13	24	13
23	14	25	14
24	15	26	15
25～68	16	27～64	16
69～76	17	65～70	17

知识链接

一、畜禽舍光照

舍内光照可分自然光照和人工光照。除无窗畜禽舍必须采用人工光照外,其他形式的畜禽舍均为自然光照,或以自然光照为主,人工光照为辅。采用自然光照的畜禽舍,舍内光照和光照时间,取决于地理纬度、季节、时间、天气情况、畜禽舍周围的地形地物等和畜禽舍的式样、跨度、朝向和门窗的大小、形式、数量、位置以及透光材料的种类与清洁程度。非密闭式畜禽舍的光照度较大,密闭有窗式畜禽舍内的光照远比舍外低,其照度的分布情况也因上述诸因素的影响而各不相同。跨度越大,畜禽舍中央照度越小。舍内设备情况也明显影响照度的分布,面窗一侧光照较强，背窗一侧较差。门窗透光材料对畜禽舍内光照影响也很大，如窗扇无玻璃时，窗台上散射光照度为 4 500 lx，装上玻璃后为 4 000 lx，玻璃不洁净时，则降至 2 000 lx 以下。鸡舍外有棚架绿化遮阴，将使舍内照度降低。采用人工光照的畜禽舍，舍内的光照及其分布取决于光源的发光材料、光源的清洁程度及舍内设备的安置情况、墙和顶棚的颜色等。人工光源的光谱组成和阳光不同，白炽灯光谱中红外线占 60%～90%，可见光占 10%～40%，其中蓝紫光占 11%，黄绿光占 29%，橙红光占 60%，没有紫外线。荧光灯的可见光光谱与自然光照相对较接近，蓝紫光占 16%，黄绿光占 39%，橙红光占 45%。由于光照度、光照持续时间、明暗更替变化，可引起畜禽生命活动的周期性变化。所以，常在畜禽生产实践中采用人工控制光照度、光照时间和明暗变化的方法，以提高畜禽生产力、繁殖力和产品品质，消除或改变畜禽生产的季节性。畜禽舍自然采光以透光面积与舍内地面面积之比计算采光系数，一般以 1∶(10～20)为宜；人工光照因畜禽类别不同而采用 5～50 lx 不等。

二、太阳辐射对畜禽的主要作用

(一)紫外线的作用

1. 有益作用

(1)杀菌作用　紫外线的杀菌作用，是因为紫外线能透入细菌的细胞核引起化学效应使细菌核蛋白变性、凝固而死亡。紫外线杀菌作用决定于波长、强度、作用时间以及微生物的抵抗力。波长较短的紫外线杀菌效果较好，其中以 253 nm 为最强，波长大于 300 nm 的紫外线基本上没有杀菌能力。增加紫外线的照射时间或照射强度，可增强杀菌作用。

不同细菌对紫外线具有不同的敏感性。在空气中白色葡萄球菌对紫外线最敏感，而黄色八叠球菌耐受能力强。真菌对紫外线的耐受能力要比细菌强，紫外线对某些病毒(如流感病毒)及毒素也有破坏作用。但处在灰尘颗粒中的微生物，对紫外线的耐受程度大大加强。因此，在应用紫外线消毒物体时，必须首先把物体洗净。紫外线杀菌多用于手术室、消毒室或畜禽舍内的生产消毒，也可用于饮水消毒和临床上治疗表面感染。生产实践证明，用 20 W 的低压汞灯悬于 2.5 m 的高处，1 W/m^2，每天照射 3 次，50 min/次，能大大降低畜禽的染病率和死亡率。

(2)抗佝偻病作用　紫外线的照射，能使皮肤中的 7-脱氢胆固醇转变成维生素 D_3，植物和酵母中的麦角固醇转变为维生素 D_2，最大转换效率出现在 283～295 nm。

维生素 D 的作用是促进动物肠道对钙的吸收，保证骨骼的正常发育。当缺乏紫外线照射时，维生素 D 的合成受阻，动物对钙的吸收减少，血中无机磷含量降低，导致钙、磷代谢紊乱，幼畜出现佝偻病，成畜表现为软骨症。畜禽白色皮肤皮层较黑色皮层容易被紫外线穿透，因此形成维生素 D 的能力较强。在相同饲养管理条件下，饲料中缺乏维生素 D 时，则黑皮肤的畜禽较白皮肤的畜禽易患佝偻病或软骨症。

在集约化的养殖业中，畜禽常年见不到阳光，极易发生维生素 D 的缺乏，应注意饲料中维生素 D 的补充。也可以通过对畜禽进行紫外线照射来防治佝偻病或软骨症，但必须选用波长 280～295 nm 的紫外线，不能用一般杀菌灯来代替。纬度高的地区，在冬季常用 15～20 W 的保健紫外线灯(波长 280～340 nm)照射畜禽来提高生产性能。

(3)增强机体免疫力和抗病力作用　紫外线的适量照射，可刺激体液和细胞免疫活性，加强机体免疫反应，增强机体对感染的抵抗力，因而畜禽舍设计时，应合理地确定畜禽舍的方位、各建筑物之间的距离，以保证畜禽舍有充足的阳光。在管理上，要保证畜禽有一定的舍外逗留与运动时间，使畜禽接受日光的照射。冬季到达地面的紫外线仅是夏季的1%，更应补充紫外线照射，以促进幼畜的生长发育，提高禽类的产蛋率。

(4)色素沉着作用　色素沉着是动物的皮肤在阳光照射下，皮肤颜色变深的现象。皮肤的色素沉着可增加皮肤对紫外线的吸收能力，防止大量的光辐射透入深部组织造成伤害。

2. 有害作用

过量的紫外线照射能对机体产生有害作用。强烈的紫外线照射可使皮肤发生光照性皮炎，皮肤上出现红斑、水泡和水肿等症状，甚至会使皮肤基层的基底细胞肿胀，引发皮肤癌。照射眼睛可引起光照性眼炎，表现为眼病、流泪、失明等症状。紫外线与某些光敏物质的联合作用，可引起光敏性皮炎；如果动物体内含有某些光敏物质，如采食含有叶红质的燕麦、三叶草、苜蓿等植物，或机体本身产生了异常代谢物，或感染病灶吸收了毒素等，在受到紫外线照射时，就能引起皮肤炎症或坏死。特别是白色皮肤及少毛、无毛部位尤为严重。这种现象多见于猪和牛。

(二)红外线的作用

1. 有益作用

适量红外线照射可使局部组织温度升高，血管扩张，促进血液循环，使物质代谢加速，细胞增生，有消炎、镇痛、降低血压及神经兴奋性的作用。临床上，可利用红外线治疗冻伤、某些慢性皮肤疾患、关节炎和神经痛等疾病。在畜牧生产中，常用红外线灯作为热源，对雏鸡、仔猪、羔羊进行保温御寒，同时改善机体的代谢，促进生长发育。

2. 有害作用

过度的红外线照射可使动物皮肤血液循环增加，内脏血液循环减少，导致胃肠道的消化力及对特异性传染病的抵抗力下降。过强的红外线照射可使皮肤温度达40 ℃或更高，皮肤表面发生变性，甚至形成严重烧伤。红外线能穿透颅骨，使脑内温度升高，引起日射病。波长1 000～1 900 nm的红外线长时间照在眼睛上，可使水晶体及眼内液体的温度升高，引发白内障、视网膜脱落等眼睛疾病。所以运动场应设遮阳棚或植树，夏季放牧畜禽在中午应避免阳光照射。

(三)可见光的作用

1. 光的波长(光色)

光波长对畜禽影响不是很大。鸡对光色比较敏感，生产中发现鸡的啄癖与光色有关。鸡在红光下比较安静，啄癖极少，成熟期略迟，产蛋量稍有增加，蛋的受精率较低；在蓝光、绿光或黄光下，鸡增重较快，成熟较早，产蛋较少，蛋重略大。因此，在养禽业常用红光来防止鸡的啄癖。

2. 光照强度

家禽对可见光的感觉很低。当亮度较低(＜10 lx)时，鸡群比较安静，生产性能和饲料利用率均较高；若光照过强(＞10 lx)时，容易引起啄癖和神经质；如果突然增加光照，还易引起母鸡的泄殖腔外翻。因此，无论肉鸡或蛋鸡，光照度均不能过高。一般蛋鸡和种鸡光照度可保持在10 lx，肉鸡5 lx即可。

光照强度对家畜生产影响较大。暗光下(5～10 lx),公猪和母猪生殖器官的发育较正常光照下的猪差;仔猪生长缓慢,成活率降低;犊牛的代谢机能减弱。因此,一般认为生长期的幼畜和繁殖用的种畜,光照度应较高,公母猪舍、仔猪舍 60～100 lx 为宜。肥育家畜,过强的光照会引起神经兴奋,减少休息时间,增加甲状腺的分泌,提高代谢率,从而影响增重和饲料利用率,因此应减弱光照度。肥育猪舍、肉牛舍的光照度以 40～50 lx 为最好。

3. 光周期

光照时数随季节的变化而呈周期性变化,称为光周期。光周期对动物最明显的影响体现在繁殖性能上。许多动物的繁殖活动具有规律性变化。春、夏季节的日照时间逐渐延长,环境温度也逐渐升高,一些动物如马、驴、野生食肉动物、食虫动物及禽类等的性机能活动旺盛,开始表现发情、交配、生育、产蛋,这些动物称为“长日照动物”;而某些动物如绵羊、山羊、鹿等野生反刍动物等则在秋、冬季节即日照逐渐缩短和温度下降时进行交配。此外,有些动物(牛、猪、兔)对光周期不敏感,全年都能配种。

家禽对光周期最敏感。在逐渐延长光照条件下,促进性腺的发育。相反,在逐渐缩短的光照条件下,抑制性腺的发育。因此,生产上常常采用人工控制光照的措施来控制蛋禽生殖器官的成熟,达到适时开产、增加产蛋的目的。比如,成年鸡光照少于 10 h/d,产蛋量就会下降,光照 8 h/d 以下,产蛋就停止。但超过 17 h/d 的光照易使家禽产生疲劳,产蛋量反而减少,故蛋鸡舍的光照以 14～16 h/d 为宜。

光照时数对畜禽的生长、肥育的影响不是很大,不同的光照时数影响畜禽的运动量。一般认为,种用动物的光照时数宜长一些,以利于增加活动量而增强体质,肥育畜禽宜短一些光照,以利于肥育。

哺乳动物的产乳量呈现季节性变化,一般是春季最多,5—6 月份达到高峰,7 月份大幅度跌落,10 月份又慢慢回升。这与牧草干枯和温度高低有着直接关系,但光照时数的变化也是重要原因。

羊毛的生长也有明显的季节性,一般是夏季生长快,冬季生长慢。试验证实,逐渐缩短光照时数,可使羊毛的生长速度减慢;逐渐延长光照时数则可使之加快,而且这种变化与温度无关。动物被毛的成熟也与光照有密切的关系,秋季光照时数渐缩短,动物的皮毛随之成熟。到冬季,皮毛的质量达到优质。

畜禽的被毛,每年在一定季节内脱落更换,这一现象同温度固然有一定的关系,但主要影响因素是光周期的变化。例如,在自然条件下,鸡是每年秋季换羽。现代鸡场多实行 14～16 h 的恒定光照制,致使光周期没有变化,鸡的羽毛不能正常脱落更换。因此,生产中用缩短光照等措施进行人工强制换羽。

任务 2 畜禽舍通风控制

学习目标

针对畜禽场畜禽舍管理岗位技术任务要求,学会畜禽舍通风设计、畜禽舍通风换气方法等实践操作技术。

任务实施

一、畜禽舍通风设计

畜禽舍夏季通风应尽量排除较多的热量与水汽，以减少畜禽的热应激，增加动物的舒适感。而冬季由于舍外气温较低，畜禽舍的通风换气与畜禽舍通风系统的设计、使用以及畜禽舍热源状况密切相关。

畜禽舍冬季通风换气效果主要受舍内温度的制约。由于空气具有保持水分的能力，就使得通过通风换气排除水汽成为可能。但是，空气的含水能力随空气温度下降而降低。也就是说，升高舍内气温有利于通过加大通风量来排除畜禽产生的水汽，也有利于潮湿物体和垫草中的水分进入空气中而被驱散；反之，舍内温度偏低，舍外空气温度又显著低于舍内气温，换气时必然导致畜禽舍温度剧烈下降，使空气相对湿度增加，甚至出现水汽在外围护结构内发生结露。在这种情况下，如无补充热源，就无法组织有效的通风换气。所以，寒冷地区通风换气效果，既取决于畜禽舍外围护结构的保温、防潮性能，也取决于畜禽舍的热源状况。如果将舍外空气加热后使其变得温暖，更加干燥并保持新鲜，进入舍内后既可供暖、除湿，又可排除污浊空气，这只能用正压通风系统来实现。

（一）通风换气的方式

根据气流形成的动力的不同，可将畜禽舍通风换气分为自然通风与机械通风两种。在实际应用中，开放舍和半开放舍以自然通风为主，在炎热的夏季辅以机械通风，在封闭式畜禽舍，则以机械通风为主。

1. 自然通风

（1）自然通风。自然通风的动力是风压或热压。风压是指气流作用于建筑物表面而形成的压力。当气流经过建筑物时，迎风面形成正压，背风面则形成负压，气流由正压区开口流入，由负压区开口排出。只要有气流存在，建筑物的开口（或窗孔）两侧就有压差，就必然有自然通风，如图 1-41 所示。

（2）热压通风。由于舍内空气受热而比重（密度）变小，从而使畜禽舍上部气压大于舍外，下部气压则小于舍外。当舍外气温低于舍内且畜禽舍围护结构上、下有开口时，则舍内气流由上开口流出，舍外空气由下开口流入，空气压力产生变化而形成气流运动。一般表现为，当舍外温度较低的空气进入畜禽舍内，遇热变轻而上升，于是在畜禽舍内近屋顶、天棚处形成较高的压力区（正压区），这时屋顶如有孔隙，空气就会逸出舍外。与此同时，畜禽舍下部空气由于不断变热上升，就形成了稀薄的空气空间（负压区），畜禽舍外较冷的空气就会不断渗入舍内，如此周而复始，形成了热压作用的自然通风，如图 1-42 所示。

进行自然通风时，冬季往往是风压和热压同时发生作用，夏季舍内外温差小，在有风时风压作用大于热压作用，无风时，自然通风效果差。在无管道自然通风系统中，靠近地面的纵墙上设置地窗，可增加热压通风量，有风时在地面可形成“穿堂风”，这有利于夏季防暑。地窗可设置在采光窗之下，按采光面积的 50％～70％设计成卧式保温窗。如果设置地窗仍不能满足夏季通风要求，可在屋顶设置天窗或通风屋脊，以增加热压通风。

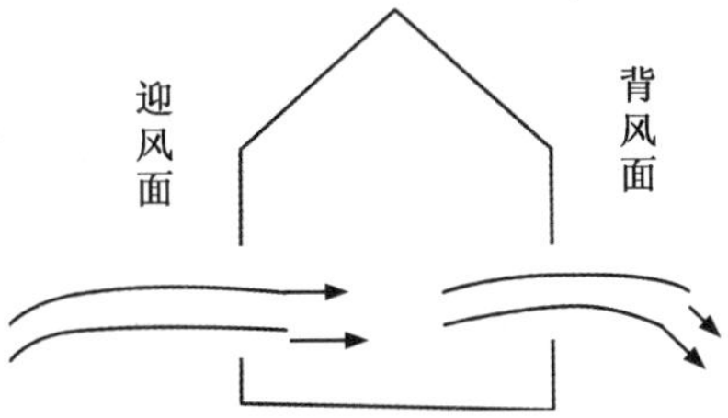

图 1-41　畜禽舍风压通风

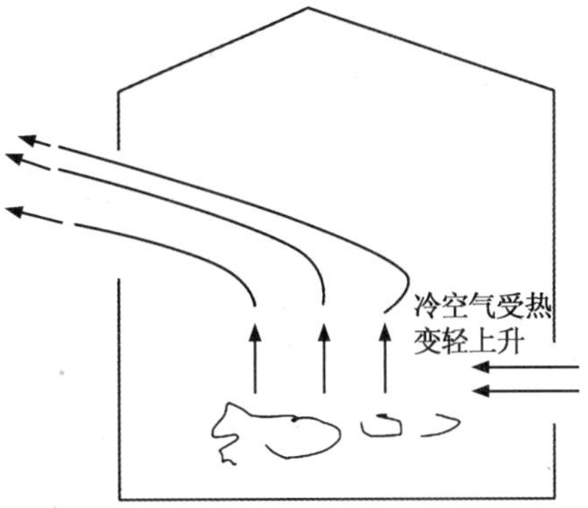

图 1-42　热压通风

如果在畜禽舍的墙壁上开窗，则开窗的位置对热压力通风有显著影响。有以下 3 种情况。

①如果窗户开在墙壁的中间，则等压面处于窗中间，进入舍内的冷空气和从舍内排出的热空气流动比较顺畅，有利于通风和防热。如图 1-43 所示。

②如果窗开设在墙壁靠上，则等压面下移，舍内热空气容易从窗口的上部流出，但舍外空气进入舍内不畅，对热压通风也有影响。如图 1-44 所示。

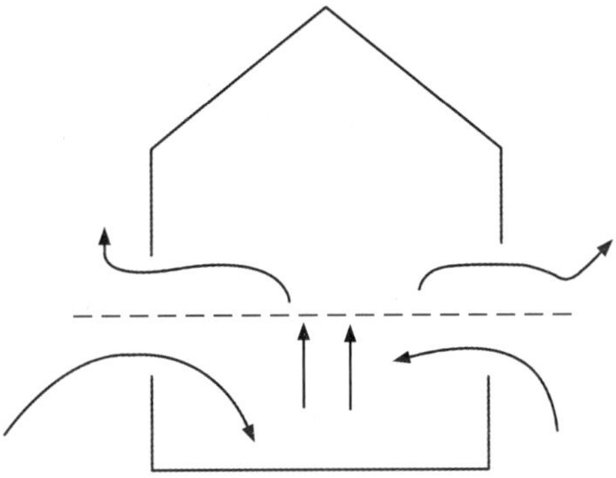

图 1-43　窗开在墙中间，等压面处于窗中间

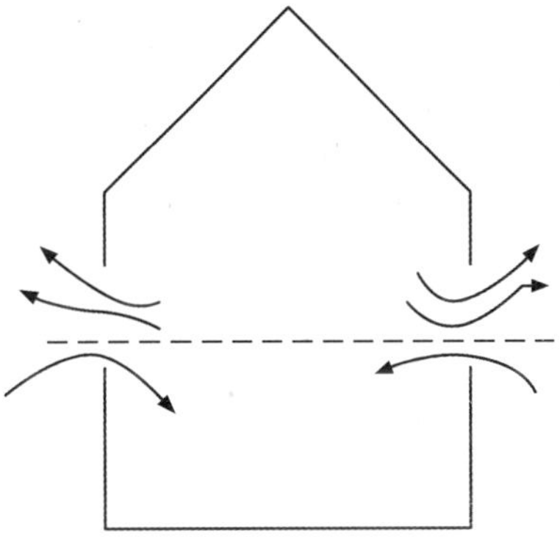

图 1-44　窗开在墙壁上部时，等压面下移

③当窗开在墙壁靠下时，等压面上移，则舍内热空气和污浊空气排出不畅，则对热压通风同样不利。如图 1-45 所示。

(3)自然通风的进气管和排气管的选择。自然通风分为两种，一种是无专门进气管和排气管，依靠门窗进行的通风换气，适用于在温暖地区和寒冷地区的温暖季节使用。另一种是设置有专门的进气管和排气管，通过专门管道调节进行通风换气，适用于寒冷地区或温暖地区的寒冷季节使用。

进气管。用木板制成，断面呈正方形或矩形，通常均匀地镶嵌在纵墙上，其与天棚的距离为 40～50 cm，在纵墙两窗之间的上方。墙外受气口向下弯或加“＜”形板，以防冷空气或降水直接侵入。墙内侧

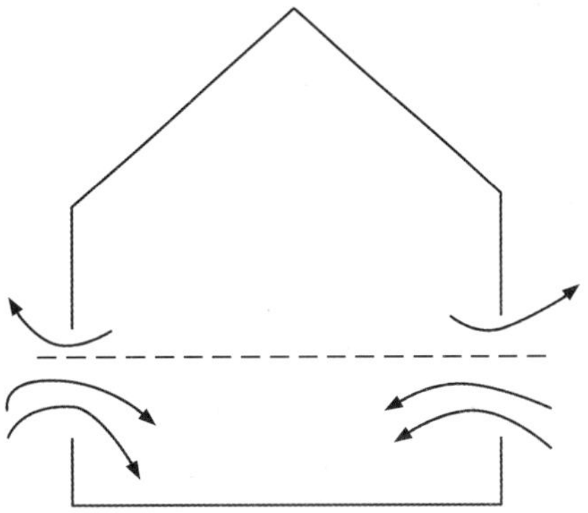

图 1-45　窗开在墙下部时，等压面上移

的受气口上应装调节板，用以将气流挡向上方，避免冷空气直接吹到畜体，并可以调节进气口大小，以控制换气量，在畜禽舍不需要气流时可以将进气口关闭。

进气管彼此之间的距离应为 2～4 m。进气口的位置对换气效果影响较大。在炎热地区，进气管设置在墙的下部有利于在畜禽生活活动区形成对流，以缓和高气温的不良影响。而在寒冷地区，则在冬季尽量避免冷气流直接吹到畜体，故进气管应设在墙的上部。

排气管。用木板制成，断面呈正方形，要求管壁光滑、严密、保温(要有套管，内充保温材料)。排气管沿畜禽舍屋脊两侧交错垂直安装在屋顶上。下端从天棚开始，上端伸出屋脊 0.5～0.7 m，再上为百叶窗式导风板，顶部为风帽。两个排气管的间距为 8～12 m，原则上以设在舍内粪水沟上方为好。管内有调节板，以控制风量。

排气管的高度与通风效果有关，原因是排气量的动力为热压，而热压的有效值取决于排气管的高度与舍内外温差。对于排气管的高度，推荐采用 4～6 m 高的排气管，要保证这样的高度，必须将排气管设于顶楼。顶楼不仅有利于保温，而且也有利于通风换气。由此可见，排气管越短，排气效果越差，故排气管应保持一定高度，如果高度不够，应加大排气管横断面积。在北方地区，为防止空气水汽在管壁凝结，可在总断面面积不变的情况下，适当增加每个排气管的面积，而减少排气管的数量。

风帽。风帽是排气管上端的附加装置，作用是防止雨雪降落和利用风压加强通风效果。风帽工作的原理：当风吹向风帽从其周围绕过时，在风帽四周形成风压较低的负压区，于是管内气流通过风帽迅速排出。风帽的形式较多，常用的为屋顶式风帽和百叶式风帽。其构造基本相同，百叶式风帽既可以有效防止降水落入管缝隙，又可以加大排气管内的气流速度。

在炎热地区的小跨度畜禽舍，通过自然通风，一般可以达到换气的目的。畜禽舍两侧的门窗对称设置，有利于穿堂风的形成。在寒冷地区，由于保暖需要，门窗关闭难以进行自然通风，需设置进气口和排气口以及通风管道，进行有管道自然通风。在寒冷地区，畜禽舍余热越多，能从舍外导入的新鲜空气越多。

2. 机械通风

机械通风也叫强制通风或人工通风，它不受气温和气压变动的影响，能经常而均衡地发挥作用。由于自然通风受许多因素，特别是气候与天气条件的制约，不可能保证封闭式畜禽舍经常进行充分的换气。为了给畜禽生产创造良好的环境，应在封闭畜禽舍设置机械通风。

(1)负压通风。也称排风式通风或排风，是指利用风机将封闭舍内的污浊空气抽出，使舍内压力相对小于舍外。而新鲜空气通过进气口或进气管流入舍内而形成舍内外气体交换(图 1-46)。畜禽舍通风多采用负压通风。采用负压通风，具有设备简单、投资少、管理费用低的优点。

根据风机安装的位置，负压通风可分为：

①屋顶排风式。风机安装于屋顶，将舍内的污浊空气、灰尘从屋顶上部排出，新鲜空气由侧墙风管或风口自然进入。这种通风方式适用于温暖和较热地区、跨度在 12～18 m 以内的畜禽舍或 2～3 排多层笼鸡舍使用，若停电时，可进行自然通风。

②侧壁排风形式。单侧壁排风形式为风机安装在一侧纵墙上，进气口设置在另一侧纵墙上，畜禽舍跨度在 12 m 以内；双侧壁排风则为在两侧纵墙上分别安置风机，新鲜空气从山墙或屋顶上的进气口进入，经管道分送到舍内的两侧。这种方式适用于跨度在 20 m 以内的畜禽舍或舍内有五排笼架的鸡舍。对两侧有粪沟的双列猪舍最适用，而不适用于多风地区。

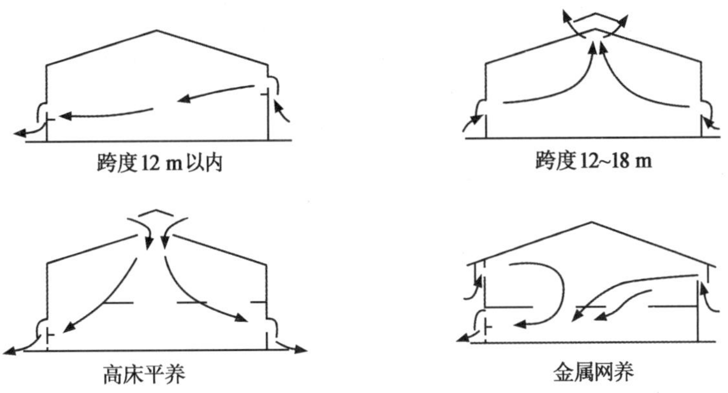

图 1-46 负压通风的示意图

③地下风道排风。当畜禽舍内建筑设施较多时,如猪舍内有实体围栏,鸡舍内有多排笼架,由于通风障碍影响进入气流分布时,宜采用地下风道排风。在这种情况下,地下风道建筑设施应有较好的隔水措施,否则,一旦积水就会完全破坏畜禽舍通风换气。

(2)正压通风。也称进气式通风或送风,是指利用风机向封闭畜禽舍送风,从而使舍内空气压力大于舍外,舍内污浊气体经排气管(口)排出舍外。正压通风的优点在于可对进入的空气进行预处理,从而可有效地保证畜禽舍内的适宜温湿状况和清洁的空气环境,在严寒、炎热地区均可适用。但其系统比较复杂、投资和管理费用大。

根据风机安装位置,正压通风可分为(图 1-47):

①侧壁送风。又分一侧送风和两侧送风。前者为穿堂风形式,适用于炎热地区和 10 m 内小跨度的畜禽舍,而两侧壁送风适于大跨度畜禽舍。

②屋顶送风。屋顶送风是指将风机安装在屋顶,通过管道送风,使舍内污浊气体经由两侧壁风口排出。这种通风方式,适用于多风或气候极冷或极热地区。

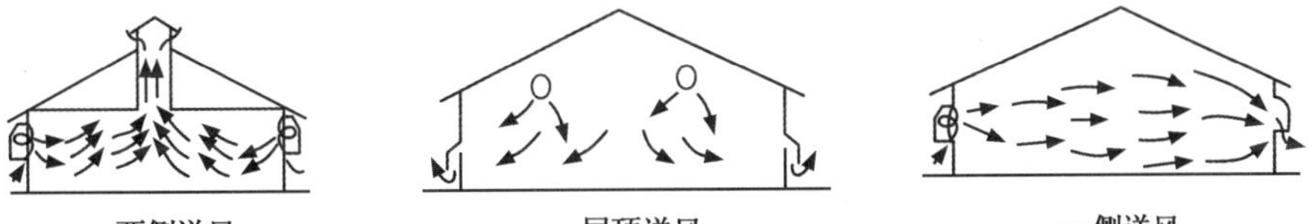

图 1-47 正压通风示意图

(3)联合通风。联合通风是一种同时采用机械送风和机械排风的通风方式。在大型封闭畜禽舍,尤其是在无窗封闭畜禽舍,单靠机械排风或机械送风往往达不到通风换气的目的,故需采用联合式机械通风。联合通风效率要比单纯的正压通风或负压通风效果好。联合式机械通风系统的风机安装形式主要有:

①将进气口设在墙壁较低处,在进气口装设送风风机,将舍外的新鲜空气送到畜禽舍下部,即畜禽活动区;而将排气口设在畜禽舍上部,由排风机将聚集在畜禽舍上部的污浊空气抽走。这种通风方式有助于通风降温,适用于温暖和较热地区。

②将进气口设在畜禽舍上部,在进气口设置送风风机,该风机由高处往舍内送新鲜空气;将排气口设在较低处,在排气口设置排风机,风机由下部抽走污浊空气。这种方式既可避免在寒冷

季节冷空气直接吹向畜体，又便于预热、冷却和过滤空气，故对寒冷地区或炎热地区都适用。

根据气流在畜禽舍流动的方向，将畜禽舍机械通风分为两种形式：一种是横向通风，另一种是纵向通风。

所谓横向通风是指风机安装在一侧纵墙上，进气口设置在另一侧纵墙上，气流沿畜禽舍横轴方向而流动。横向通风如图 1-48 所示，横向通风适用于小跨度畜禽舍，通风距离过长，易导致舍内气温不均。

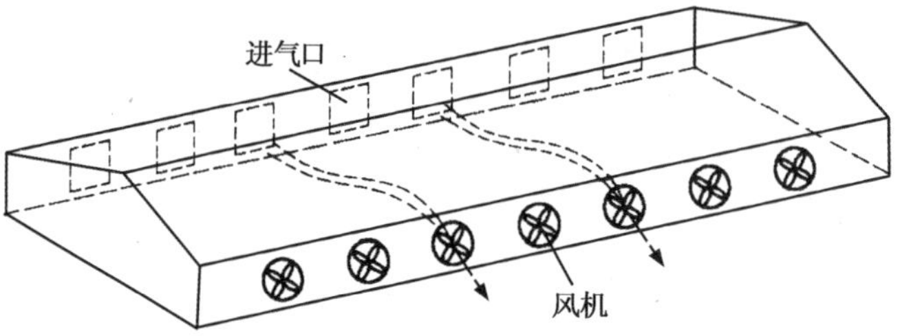

图 1-48　横向通风示意图

所谓纵向通风是指将风机安装在畜禽舍的一端山墙或一侧山墙附近的纵墙上，进气口设置在另一端山墙或另一侧山墙附近的纵墙上，气流沿畜禽舍纵轴（长轴）而流动，称为纵向通风，如图 1-49 所示。纵向通风常用离心式风机，产生风压大，适用于纵向长距离送风或排风。纵向通风适用于大跨度畜禽舍和具有多列笼具的畜禽舍。在大跨度畜禽舍和具有多排笼具的畜禽舍，由于通风距离长和笼具的阻滞作用，使横向通风气流不均匀，留有死角，有些部位无气流，影响畜禽舍通风换气的效果。因此，在这类畜禽舍，往往采用纵向通风，这样可以使空气流动比较均匀而不留死角。当畜禽舍纵向距离过大时，可将风机安装在两端或中部，进气口设置在畜禽舍的中部或两端。将畜禽舍其余部位的门和窗全部关闭，使进入畜禽舍的空气沿纵轴方向流动，将舍内污浊空气排出到舍外。

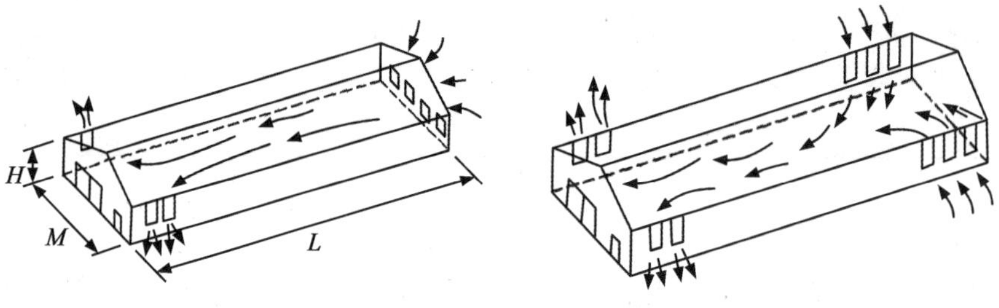

图 1-49　纵向通风示意图

垂直通风。垂直通风来自欧美国家，主要是通过风管和风道等模式，将风从天花板或地沟送入舍内，然后通过负压将舍内空气排出，让气流在舍内形成从上至下或从下至上的两种垂直的通风模式。最有代表性的垂直通风模式有，美国的 Airworks 垂直通风和法国 I-TEK。

美国的 Airworks 垂直通风（图 1-50）：Airworks，英文直译是“空气工作”，中文说法叫垂直通风系统，它最大的亮点是“让空气来帮助我们工作！”完全颠覆以往猪舍水平通风换气模式，新鲜的空气直接从屋顶垂直进入漏粪地板，栏舍里新鲜空气无死角，每头猪都能呼吸到新鲜空气。相关人士介绍说，该系统应用之后，猪舍里闻不到猪粪味，干燥、干净、清爽。猪只的健康深受环境影响，美国最著名的育种公司华特希尔最先将 Airworks 应用到猪场栏舍的建设中。实践证明，应用 Airworks 垂直通风系统建设猪场，栏舍干燥，空气清新，能有效降低料肉比，降低死亡率，提早上市，更多出栏，降低用药和人工成本。

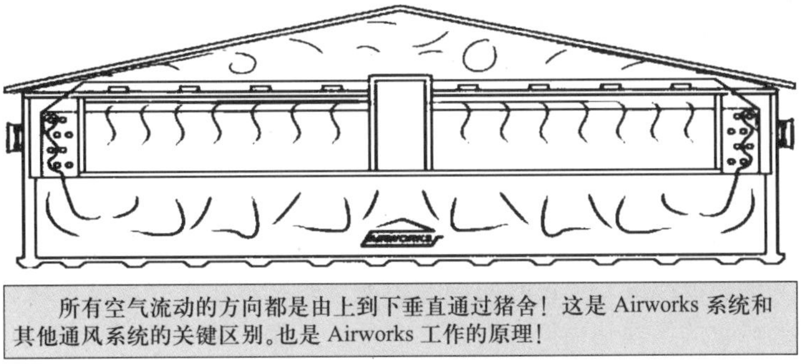

图 1-50 Airworks 垂直通风原理

法国 I-TEK 公司，采用了世界先进的垂直通风模式，其工作原理如图 1-51 所示。室外新鲜空气先进入气室；经气室集中调节(加热或降温)后，进入地下通风道；再从地下通风道分配到各通风立柱中，通过通风立柱调节猪舍所需的进气量；外界新鲜空气再通过通风立柱进入猪舍，并在室内上部空间与猪舍内原有的热空气完成混合；混合完成后的气体从漏缝地板的缝隙流到漏缝地板下方的粪槽中；最后空气被抽风机从粪槽中抽出，排到室外。

a. 新鲜空气的进入

b. 空气流入地下通风道

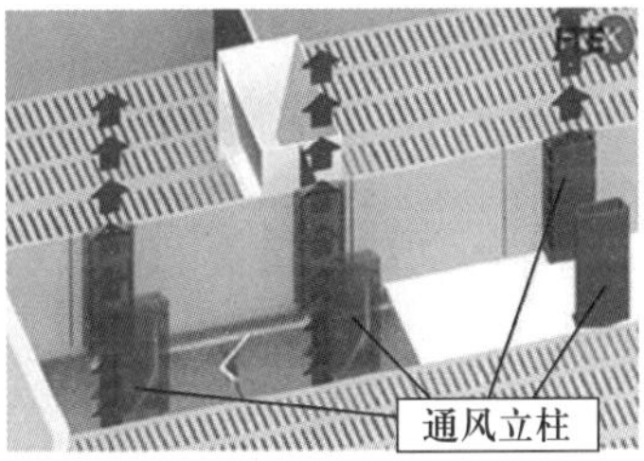

c. 空气分配到各个通风立柱

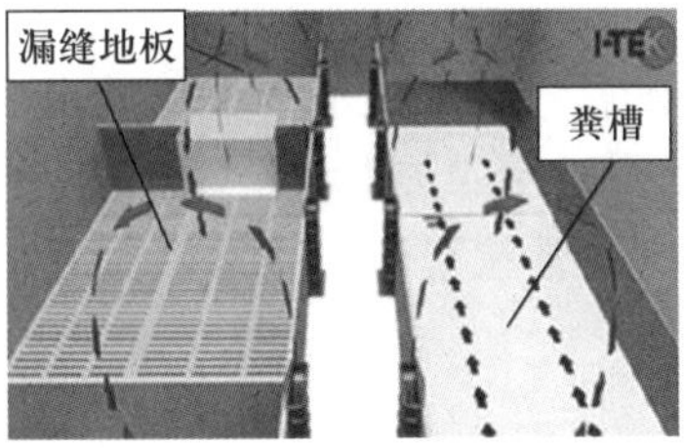

d. 空气从通风立柱流入室内

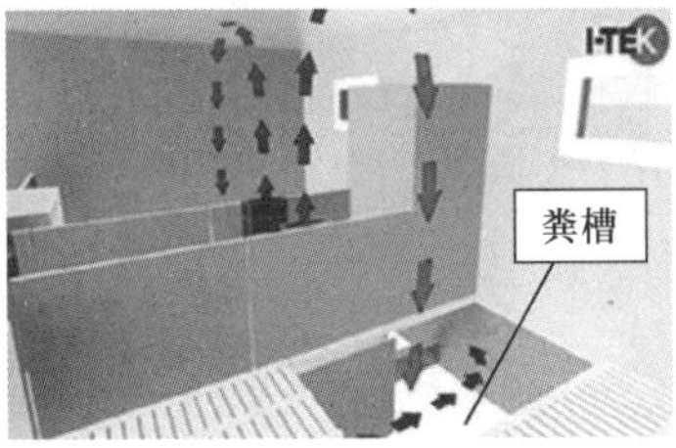

e. 舍内空气流入粪槽

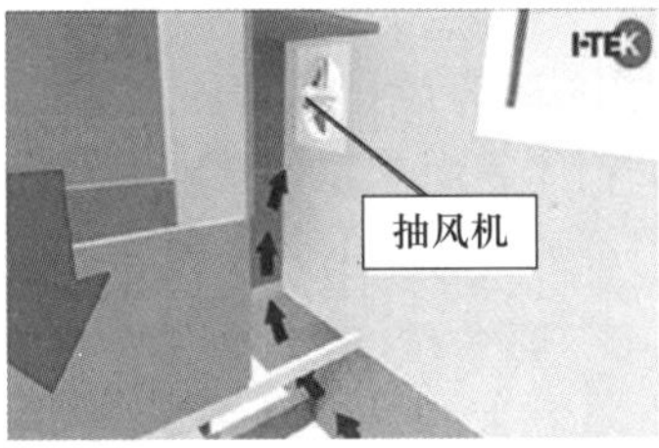

f. 粪槽中的空气被排出

图 1-51 I-TEK 垂直通风原理

垂直通风模式有如下特点：

垂直通风模式防止病菌在猪舍中大面积传播，降低了养殖风险。

垂直通风模式流入猪只活动区的新鲜空气分布更加均匀、无死角，并且粪便在粪槽中产生的有害气体直接被抽风机抽出，排到室外，降低了猪舍内有害气体的浓度，为猪只提供了更加舒适的生长环境。

垂直通风模式使猪舍内温度分布更加均匀，并可充分利用地下通风道的地温，节省能源。

垂直通风模式对猪舍的密封性要求较高、设备投资及猪场建设成本高。

(二)通风换气量的确定

确定畜禽舍通风换气量的依据是将畜禽舍温度、湿度、舍内有害气体的含量控制在适宜或允许范围内，将水汽、余热和有害气体等排出畜禽舍外。通风换气系统的首要任务是排除畜禽舍内产生过多的水汽和热能，其次是驱走舍内产生的有害气体与臭味。所以，通风换气量的确定，主要根据畜禽舍内产生的二氧化碳、水汽和热能计算而得。

1. 根据舍内二氧化碳含量计算通风量

二氧化碳作为畜禽营养物质代谢的终产物，与空气有害气体含量密切相关。因此，二氧化碳可以间接反映空气的污浊程度。单位时间内各种畜禽的二氧化碳呼出量可从有关资料中查出。用二氧化碳计算通风量的原理是根据舍内畜禽产生的二氧化碳总量，求出每小时由舍外导入多少新鲜空气，可将聚集在畜禽舍内二氧化碳稀释到畜禽环境卫生学规定范围。其公式为：

$$L=\frac{mK}{C_1-C_2}$$

式中：L 为通风换气量(m^3/h)；K 为每头畜禽的二氧化碳产量[L/(h·头)]；m 为舍内畜禽的头数；C_1 为舍内空气中二氧化碳允许的含量($1.5\ L/m^3$)；C_2 为舍外的大气中二氧化碳含量($0.3\ L/m^3$)。

2. 根据水汽计算通风换气量

畜禽在舍内不断产生大量水汽，畜禽舍潮湿物体表面也有水分蒸发，这些水汽如不排除就会聚集下来，导致舍内潮湿，故需借通风换气系统不断将水汽排除。用水汽计算通风换气量的依据，就是通过由舍外导入比较干燥的新鲜空气，将舍内空气水分稀释到卫生学允许范围内，根据舍内外空气中所含水分之差异而求得排除舍内所产的水汽所需要的通风换气量。其公式为：

$$L=\frac{Q}{q_1-q_2}$$

式中：L 为应排除舍内产生的水汽的换气量(m^3/h)；Q 为畜禽在舍内产生的水汽量以及由潮湿物体表面蒸发的水汽量(g/h)；q_1 为舍内空气湿度保持适宜范围时所含的水汽量(g/m^3)；q_2 为舍外大气中所含水汽量(g/m^3)。由潮湿物体表面蒸发的水汽，通常按畜禽产生水汽总量的10%(猪舍按25%)计算。

3. 根据热量计算通风换气量

畜禽在代谢过程中不断地向外散热，在夏季为了防止舍温过高，必须通过通风将过多的热量驱散；而在冬季如何有效利用这些热能温热空气，以保证不断地将舍内产生的水汽、有害气体、灰尘等排出，这就是根据热量计算通风量的理论依据。

根据热量计算畜禽舍通风换气量的方法也叫热平衡法，即畜禽舍通风换气必须在适宜的舍温环境中进行。其公式为：

$$Q=\Delta t\left(L\times 1.3+\sum KF\right)+W$$

式中：Q 为畜禽产生的可感热（kJ/h）；Δt 为舍内外空气温差（℃）；L 为通风换气量（m^3/h）；1.3 为空气的热容量[kJ/(m^3・℃)]；$\sum KF$ 为通过外围护结构散失的总热量[kJ/(h・℃)]；K 为外围护结构的总传热系数[kJ/(m^3・h・℃)]；F 为外围护结构的面积（m^2），$\sum$ 为各外围护结构失热量相加；W 为由地面及其他潮湿物体表面蒸发水分所消耗的热能，按畜禽总产热的 10%（猪按 25%）计算。此公式加以变化可求通风换气量，即

$$L=\frac{Q-\sum KF\times\Delta t-W}{1.3\times\Delta t}$$

由上式看出，根据热量计算通风换气量，实际是根据舍内的余热计算通风换气量，这个通风量只能用于排除多余的热能，不能保证在冬季排除多余的水汽和污浊空气。

（三）确定畜禽的通风换气参数

根据各种畜禽通风换气参数，可为畜禽舍通风换气系统的设计，尤其是对大型畜禽舍机械通风系统的设计提供依据（表 1-12 至表 1-14）。

表 1-12　各类猪舍的换气参数　　m^3/(头・min)

类别	换气量				
	周龄	体重/kg	冬季		夏季
			最低	正常	
哺乳仔猪	0～6	1～9	0.6	2.2	5.9
	6～9	9～18	0.04	0.3	10
肥猪	9～13	18～45	0.04	0.3	1.3
	13～18	45～68	0.07	0.4	2.0
	18～23	68～95	0.09	0.5	2.8
繁殖母猪、种公猪	20～23	100～115	0.06	0.6	3.4
	32～52	115～135	0.08	0.7	6.0
	52	135～230	0.11	0.8	7.0

表 1-13　牛舍、羊舍、马舍换气参数　　m^3/(头・min)

畜禽种类	体重/kg	冬季	夏季
肉用母牛	450	2.8	5.7
阉牛（舍内漏缝地板）	450	2.1～2.3	14.2
乳用母牛	450	2.8	5.7
绵羊	只	0.6～0.7	1.1～1.4
肥育羔羊	只	0.3	0.65
马	450	1.7	4.5

表 1-14　鸡的通风换气参数　$m^3/(只\cdot min)$

季节	成年鸡	青年鸡	育雏鸡
夏	0.27	0.22	0.11
春、秋	0.18	0.14	0.07
冬	0.08	0.06	0.02

通常，在生产中把夏季通风量叫作畜禽舍最大通风量，冬季通风量叫作畜禽舍最小通风量。畜禽舍在采用自然通风系统时，在北方寒冷地区应以最小通风量，即冬季通风量为依据确定通风管面积；而采用机械通风，必须根据最大通风量，即夏季通风换气量确定总的风机风量。

在确定了通风量以后，必须计算畜禽舍的换气次数。畜禽舍换气次数是指在 1 h 内换入新鲜空气的体积与畜禽舍容积之比。一般规定，畜禽舍冬季换气每小时应保持 2～4 次，除炎热季节外，一般不应多于 5 次，因冬季换气次数过多，就会降低舍内气温。

二、畜禽舍通风换气机械设备

(一)通风机

1. 轴流式风机

轴流式风机的通风压力小，流量相对较大，其主要组成部分有叶轮、外壳、支座及电动机。这种风机所吸入的空气和送出的空气与风机叶片轴的方向平行，叶片直接装置在电动机的轴上。电动机可直接带动叶轮，当电动机带动叶轮旋转时，类似于螺旋桨的叶片对周围空气产生推力，空气不断地沿着轴线流入，并沿轴线向外排出，在气流排出处常设有百叶窗，用来避免在风机停转时出现的空气倒流(图 1-52、图 1-53)。

图 1-52　镀锌板喇叭型轴流式风机

图 1-53　百叶窗型轴流风机

轴流式风机的特点是叶片旋转方向可以逆转，若叶片旋转方向改变，则气流方向也随之改变，而通风量不减少，通风时所形成的压力，一般比离心式风机低，但输送的空气量却比离心式风机大得多。故轴流式风机既可用于送风，也可用于排风。由于轴流式风机压力小，一般在通风距离短时，即在无通风管道(直接安装在外墙的通风口或排气口上)或通风管道较短(直接安装在通风管内)的畜禽舍内使用。畜禽舍通风换气的目的在于送进新鲜空气和排出污浊空气，不需大压力风机，故畜禽舍通风多用轴流式风机。目前，我国畜禽舍的通风风机型号多，其中，叶轮直径为 1 400 mm 的 9FJ-140 型风机，风量大于 50 000 m^3/h。

2. 离心式风机

离心式风机的全压较高，常用于具有复杂的管网的通风。离心式风机运转时，气流靠带叶片的工作轮转动时所形成的离心力驱动。故空气进入风机时和叶片轴平行，离开风机时变成垂直方向。这个特点使其自然地适应管道通风（图 1-54）。

图 1-54　离心式风机

对于处于夏季酷热地区的大型畜禽舍，为了形成负压纵向通风的气流组织形式，既需要很大的通风量，又不需很高的压力。现有的工业用轴流式风机都不能满足畜禽舍通风的要求。为了满足这一需要，国内已研制出低压大流量低能耗、低噪音离心式风机。

3. 变频风机

变频风机采用变频控制技术来控制风机根据条件变速运行，并可以进行更细微的调节（图 1-55）。与传统的单相电机采用调压模块的变速控制方式相比，采用变频器变频调速会有很多优点，例如，低速运行下更加节能，风机调速更加精准等。变频器是一种采用电力电子技术的交—直—交方式变速控制设备，其基本原理是首先将三相交流电整流为直流电，然后将直流电逆变为电压和频率可控的三相交流电，来实现电动机调速。但是，在实际使用中如果使用不当，由于变频器调速原理的特殊性，特别是逆变输出时采用高频载波调制，往往会出现电磁噪声和共振等问题，甚至对风机电机造成损坏。通风量可以在 40%～100%间灵活调节。变频风机，一般有连接控制器和一个变频驱动器。开启时，风机短暂地以 100%的速度开启，并打开百叶窗，然后降到最低设置速度。

4. 永磁同步风机

永磁同步风机（图 1-56）按永磁体在转子上的安放方式不同，可分为表面贴装式（以下简称为“表贴式”）永磁体（SPM）、埋入式永磁体（Inset PM）和内置式永磁体（IPM）。内置式的永磁体完全嵌入在转子铁心内部，所以又称为内嵌式，根据内嵌方式的不同，常见的有径向型、切向型、V 型径向等。

图 1-55　变频风机

图 1-56　永磁同步风机

畜禽养殖风机的永磁同步电机采用表贴式转子很常见。但是由于离心力的存在，转子结构设计和制造的一个重要问题是如何保持表面贴装磁片牢固可靠，避免旋转时脱落造成事故。在小型电动机中，常见方法是使用专用的胶黏剂黏结，当然更可靠的设计是在磁体外面热套非磁性不锈钢套或者在转子表面缠绕经环氧树脂浸渍的高强度玻璃纤维或碳纤维。目前,国内畜牧养殖风机所使用的表贴式转子类型主要是前面两种。Magfan 所使用意大利拉法特的永磁同步电机,其表贴式转子则是转子表面缠绕经环氧树脂浸渍的高强度玻璃纤维。

(二)进气口

1. 开口式进气口

带百叶窗的开口式进气口常用于负压式通风系统的夏季和春末秋初的进气口,也用于正压式通风系统的管道风机的进气口。百叶窗由许多转动的叶片组成,叶片的转动可开启或关闭进气口,它也可以由电动机构进行开闭,同时还可以避免自然风的影响。

2. 缝隙式进气口

用于负压式通风系统,适用于冬季和春初秋末的气流组织要求,也可夏季在幼畜禽舍使用。它常设在房舍两侧墙的屋檐下。缝隙式进气口长宽比很大。缝隙式进气口上有铰链的调节板,冬季使调节板处于水平位置,并可调节缝隙式进气口的宽度,夏季使调节板处于垂直位置。缝隙式进气口距排气风机应在 4 m 以上,以免气流形成短路。

项目三　畜禽舍有害物质控制与监测

任务1　畜禽舍有害气体控制

学习目标

针对畜禽场畜禽舍管理岗位技术任务要求，学会畜禽舍有害气体控制措施、畜禽舍有害气体监测等实践操作技术。

微课：满足动物的福利要求

任务实施

一、畜禽舍有害气体控制措施

(一)合理建造畜禽舍

畜禽舍必须建在地势高、排水方便、通风良好的地方，不宜在低洼潮湿之处建场。畜禽舍内应是水泥地面，以利于清扫和消毒。同时加强绿化工作，以净化畜禽舍周围的小气候。畜禽舍应采用单元式建筑，缩小空间有利于保温；建筑墙体采用隔热墙，采用空心砖或墙体内夹一层泡沫塑料等隔热材料，从而使内墙温度不至于损失。

(二)保持畜禽环境的清洁干燥

保持畜禽舍周围的清洁卫生，防止污水、粪便等在畜禽舍周围堆积，死亡畜禽不要乱丢乱弃。畜禽舍内要求清洁干燥，及时排出畜禽舍中的粪便等有机物，防止粪便等在舍内停留过长时间而产生大量的氨气等气体。用垫料平养时，垫料不可潮湿，潮湿的垫料应及时换掉。

(三)搞好通风换气

做好畜禽舍内的通风换气工作，保持畜禽舍干燥、清洁、卫生。特别是冬季，既要做好防寒保温，又要注意畜禽舍的通风换气。用煤炭进行保温育雏时，切忌门窗长时间紧闭，防止通风不畅，加温炉必须有通向室外的排烟管，使用时检查排烟管是否连接紧密和畅通等。用甲醛熏蒸消毒时应严格掌握剂量和时间，熏蒸结束后及时换气，待刺激性气味减轻后再转入畜禽。

(四)在畜禽舍内放置吸附剂或吸附物

1. 气体吸附

利用沸石、丝兰提取物、木炭、活性炭、煤渣、生石灰等具有吸附作用的物质吸附空气中的有害气体。方法是利用网袋装入木炭悬挂在畜禽舍内或在地面适当撒上一些活性炭、煤渣、生石灰等，均可不同程度地消除舍中的有害气体。

2. 硫黄抑制氨气

在垫料中混入硫黄，可使垫料的 pH 小于 7.0，这样可抑制粪便中的氨气产生和散发，降低畜禽舍空气中氨气含量。具体方法是按每 1 m^2 地面 0.5 kg 硫黄的用量拌入垫料中铺垫地面。

3. 化学除臭

利用过氧化氢、高锰酸钾、硫酸铜、乙酸等具有抑臭作用的化学物质，通过杀菌消毒，抑制有害细菌的活动，降低畜禽舍内有害气体的产生。方法是用 4%硫酸铜和适量熟石灰混在垫料中，或用 2%的苯甲酸，或 2%乙酸喷洒垫料均可起到除臭的作用。

微课:养殖场恶臭控制技术

(五)采取合理的营养措施控制有害气体产生

采取合理的营养措施，提高畜禽的饲料利用率，减少畜禽粪尿中氮、磷的排出量，减少畜禽场恶臭气体，是控制畜禽场空气污染的有效途径。

1. 采用饲料改进技术

日粮中营养物质不完全吸收是畜禽舍恶臭和有害气体产生的主要因素。通过提高日粮营养物质消化率，可以增加机体营养物质沉积，减少舍内有害气体的产生，尤其是提高饲料中氮和磷的利用率，降低畜禽粪便氮、磷的排出，从而有效减少畜禽污染物的排放量。

(1)科学设计日粮配方:科学设计日粮，用理想蛋白质模式，利用合成氨基酸添加剂平衡日粮氨基酸，不仅可减少氮的排放，而且可减少含硫氨基酸降解产生的硫化氢，色氨酸降解产生的吲哚类物质，芳香族氨基酸和酪氨酸降解产生的苯酚类物质对环境的污染。用合成赖氨酸、蛋氨酸、色氨酸和苏氨酸来进行氨基酸营养平衡，代替以粗蛋白质为标准的配合饲料，在不影响日增重的前提下，猪粪中氮的排出量可减少 40%，磷的排出量可减少 33%。

(2)改变饲料品质和物理形态:通过改进原料的粉碎程度和混合均匀度，可明显提高饲料中营养物质的消化率和利用率，减少饲料浪费，减轻环境污染。此外，良好的制粒技术可以使畜禽采食平衡，而膨化技术则改变了主要营养物质(糖类、蛋白质和脂肪)的分子结构，提高消化率，降低大豆等饲料原料的免疫原性，从而减少饲料浪费。在生产中，要针对不同畜禽采食习性，选择适宜的饲料加工类型。通常，蛋鸡采食量比较少，常采用粉料饲喂;肉鸡采食量比较大，采用颗粒饲料饲喂效果较好，有效减少了饲料浪费。让家兔采食颗粒饲料也可取得较好的效果。同时，在加工过程中经过高温高压可起到消毒及杀灭病菌、虫卵和霉菌等作用，减少和预防疾病的发生。

2. 使用绿色饲料添加剂

选用高效率、无污染的“绿色”饲料添加剂，也是治理畜禽排泄物污染的重要措施之一。

(1)微生态制剂:微生态制剂又叫活菌剂或生菌剂，指用在动物体内正常的有益微生物经特殊工艺制成的活菌制剂，它既包括微生物生长促进剂，也包括益生素。应用微生态制剂饲喂动物，可促进畜禽体内的微生态平衡发生变化。微生物在体内代谢旺盛，可以明显提高畜禽机体对各种营养物质的吸收，从而加快生长速度，提高饲料利用率。用 EM 等微生态制剂饲喂畜禽或处理粪便，能有效地消除粪便恶臭，抑制蚊蝇滋生(图 1-57)。

(2)酶制剂:酶是由生物体产生的一类具有高度催化活性的物质，又称生物催化剂。饲用酶制剂是通过特定生产工艺加工而成的含单一酶或混合酶的工业产品(图 1-58)。目前，使用酶制剂来提高饲料中能量的利用率和蛋白质、植酸磷的消化率已取得了很大进展。纤维素酶、阿拉伯木聚糖酶等可分解纤维性饲料原料，蛋白酶可直接促进蛋白质原料的分解，提高氮的利用率。

(3)中草药添加剂：中草药添加剂含有多种氨基酸、维生素、微量元素等营养物质，能增进机体新陈代谢，促进蛋白质和酶的合成，提高繁殖力和生产性能，增加饲养效益。目前，在生产中应用的中草药添加剂种类很多，麦芽、山楂等既具有营养作用，又能治疗某些疾病，可提高机体的免疫力与抗病力；黄芪、双黄连、大蒜、辣椒和胡椒等，含有色素和活性物质，可提高瘦肉率，改善肉质及风味，也可改善肉的嫩度、滋味、多汁性和汤味(图 1-59)。

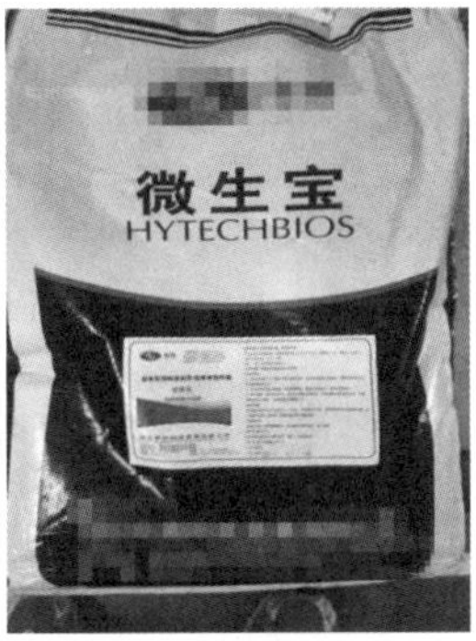

图 1-57　微生态制剂

图 1-58　酶制剂

图 1-59　中草药添加剂

(4)有机微量元素添加剂：过去广泛使用的无机微量元素，由于其利用率低，且易受 pH、脂类、蛋白质、纤维、草酸、氧化物、维生素、磷酸盐、植酸盐及霉菌毒素等诸多因素影响，被动物吸收的数量远小于理论值。近来发现，使用有机微量元素可提高微量元素的生物利用率，促进生长，增加免疫功能，改善胴体品质。高铜高锌日粮对仔猪确实有显著的促生长或防止腹泻等效果，但是长期使用高剂量铜、锌，导致大量多余的铜和锌随着粪便排出体外，会对生态环境造成严重的污染。目前，在生产中推广应用的有机微量元素添加剂包括有机锌、有机硒、有机铁、有机锰等，此外，还包括蛋氨酸锌、蛋氨酸铜、赖氨酸螯合铁等微量元素螯合特殊生理功能或生理作用的肽类，这些作用包括激素样作用、免疫调节作用、抗菌作用、抗氧化作用以及具有与矿物质结合的特性，对动物的消化、吸收、矿物质代谢、促生长、免疫以及刺激产乳、调节神经、防治疾病等方面有重要作用。近年来，已有多种生物活性肽从微生物、植物及生物体内分离出来，开发利用活性肽在饲料上将有广阔的前景，同样对减少环境污染具有积极的作用。目前，在生产中应用的生物活性肽的种类很多，按功能分类，有生理活性肽(包括抗菌肽及抗病毒肽、神经活性肽、激素调节肽、免疫活性肽等)、调味肽、抗氧化肽、营养肽等。它们作用于动物体内，各自发挥着不同的功能，对促进动物的生产性能和动物的健康等方面发挥着良好作用(图 1-60)。

图 1-60　有机微量元素添加剂

3. 粪便的饲料化

随着我国养殖业的发展，每年的畜禽粪便的排放量越来越大，若直接排放到环境中势必会造成严重的污染。如能合理利用这些粪便，将会大大减少有害气体的排放，减少对大气的污染。畜禽粪便含有丰富的蛋白质、粗脂肪、B 族维生素、矿物质元素和一定数量的碳水化合物，经过适当处理后可以调制成新的饲料。特别是鸡粪：营养丰富，蛋白质含量高，且氨基酸种类齐全，目前鸡粪已经成为最受关注的一种非常规饲料资源。此外，猪粪、牛粪经适当处理也可饲料化，获得较佳的饲喂效果。通过将畜禽粪便饲料化，不仅拓宽了饲料资源，而且有效地减少了畜禽粪便对环境的污染。

二、畜禽舍有害气体监测

(一)畜禽舍氨气检测

测定空气中氨的化学方法有次氯酸钠-水杨酸分光光度法、纳氏试剂分光光度法、靛酚蓝试剂比色法，仪器法有离子选择电极法和光离子化气相色谱法等。下面介绍次氯酸钠-水杨酸分光光度法

1. 原理

氨被稀硫酸吸收液吸收后，生成硫酸铵。在硝普钠存在下，铵离子、水杨酸和次氯酸钠反应生成蓝色化合物，根据颜色深浅，用分光光度计在 697 nm 波长处进行测定。

2. 测定范围

在吸收液为 10 mL，采样体积为 10～20 L 时，测定范围为 0.008～110 mg/m^3，对于高浓度样品测定前必须进行稀释。本方法检出限为 0.1 μg/mL，当样品吸收液总体积为 10 mL，采样体积为 10 L 时，最低检出浓度 0.008 mg/m^3。

3. 试剂

(1)分析中所用试剂全部为符合国家标准的分析纯试剂；使用的水为无氨水。

(2)硫酸吸收液。硫酸溶液 $c(1/2\ H_2SO_4)=0.005$ mol/L。

(3)水杨酸-酒石酸钾溶液。称取 10.0 g 水杨酸 $C_6H_4(OH)COOH$ 置于 150 mL 烧杯中，加适量水，再加入 5 mol/L 氢氧化钠溶液 15 mL，搅拌使之完全溶解。另称取 10.0 g 酒石酸钾钠($KNaC_4H_4O_6 \cdot 4H_2O$)，溶解于水，加热煮沸以除去氨，冷却后，与上述溶液合并移入 200 mL 容量瓶中，用水稀释到标线，摇匀。此溶液 pH 为 6.0～6.5，贮于棕色瓶中，至少可以稳定 1 个月。

(4)硝普钠溶液。称取 0.1 g 硝普钠 $Na_2[Fe(CN)_5NO] \cdot 2H_2O$，置于 10 mL 具塞比色管中，加水至标线，摇动使之溶解。临用现配。

(5)次氯酸钠溶液。市售商品试剂，可直接用碘量法测定其有效氯含量，用酸碱滴定法测定其游离碱量。

游离碱的测定：吸取次氯酸钠溶液 1.00 mL，置于 150 mL 锥形瓶中，加适量水，以酚酞为指示剂，用 $c(HCl)=0.1$ mol/L 盐酸标准溶液滴定至红色刚消失为终点。

取部分上述溶液，用氢氧化钠溶液稀释成含有效氯浓度为 0.35%、游离碱浓度为 0.75 mol/L(以 NaOH 计)的次氯酸钠溶液，贮于棕色滴瓶中，可稳定一周。

无商品次氯酸钠溶液时，也可自行制备。方法为：将盐酸逐滴作用于高锰酸钾，用 $c(NaOH)=2$ mol/L 氢氧化钠溶液吸收逸出的氯气，即可得到次氯酸钠溶液。其有效氯含量标定方法同上所述。

(6)氯化铵标准贮备液。称取 0.785 5 g 氯化铵，溶解于水，移入 250 mL 容量瓶中，用水稀

释至标线，此溶液每毫升相当于含 1 000 μg 氨。

(7)氯化铵标准溶液。临用时，吸取氯化铵标准贮备液 5.0 mL 于 500 mL 容量瓶中，用水稀释至标线，此溶液每毫升相当于含 10.0 μg 氨。

4. 仪器

空气采样器；10 mL 气泡吸收管；10 mL 具塞比色管；分光光度计；内装有玻璃棉的双球玻管。

5. 采样及样品保存

(1)采样。气泡吸收管中加入 10 mL 吸收液，以 1 L/min 的流量采气 10～20 L。

(2)样品保存。应尽快分析，以防止吸收空气中的氨。若不能立即分析，需转移到具塞比色管中封好，2～5 ℃可存放一周。

6. 分析步骤

(1)绘制标准曲线。取 7 只具塞 10 mL 比色管按下制备标准色列(表 1-15)。

表 1-15　氯化铵标准色列

管号	0	1	2	3	4	5	6
氯化铵标准溶液/mL	0	0.20	0.40	0.60	0.80	1.00	1.20
氨含量/μg	0	2.0	4.0	6.0	8.0	10.0	12.0

向各管中加入 1.00 mL 水杨酸-酒石酸钠溶液，2 滴硝普钠溶液，用水稀释至 9 mL 左右，加入 2 滴次氯酸钠溶液，用水稀释至标线，摇匀，放置 1 h。用 1 cm 比色皿，于波长 697 nm 处，以水为参比，测定吸光度(A)，以扣除试剂空白(A_0)的校正吸光度为纵坐标，氨含量(μg)为横坐标，绘制标准曲线。

(2)样品测定。采取一定体积(视样品浓度而定)样品后用吸收液定容到 10 mL 的样液(用具塞比色管)，按绘制标准曲线的步骤进行显色，测定吸光度。

(3)空白试验。

7. 结果的表示

氨浓度 c(mg/m^3)用下式进行计算：$c=(A-A_0)\times B_S/V_0$

式中：c 为氨浓度 c(mg/m^3)；A 为测定吸光度；A_0 为试剂空白吸光度；B_S 为标准溶液吸光度(μg/吸光度)；V_0 为标准溶液状态下采样体积(mL)。

8. 精密度和准确度

经 5 个实验室分析含氨 1.44～1.50 mg/L 的统一标样，其重复性标准偏差为 0.007 mg/L，重复性变异系数为 5.0%；再现性标准偏差为 0.046 mg/L，再现性变异系数为 3.1%；加标回收率为 104.0%～92.4%。

(二)畜禽舍二氧化碳测定

畜禽舍中的二氧化碳的测定方法主要有非分散红外线气体分析法、气相色谱法、容量滴定法等，以非分散红外线气体分析法为例。

1. 原理

二氧化碳对红外线具有选择性的吸收，在一定范围内，吸收值与二氧化碳浓度呈线性关系。可根据吸收值确定样品二氧化碳的浓度。

2. 测量范围

0～0.5%,0～1.5%两档。最低检出浓度为0.01%。

3. 试剂和材料

变色硅胶(在120 ℃下干燥2 h);无水氯化钙(分析纯);高纯氮气(纯度99.99%);烧碱石棉(分析纯);塑料铝箔复合薄膜采气袋0.5 L或1.0 L;二氧化碳标准气体(0.5%,贮于铝合金钢瓶中)。

4. 仪器和设备

二氧化碳非分散红外线气体分析仪(图1-61),测量范围(0～0.5%、0～1.5%两档);重现性(≤±1%满刻度);零点漂移(≤±3%满刻度/4 h);跨度漂移(≤±3%满刻度/4 h);温度附加误差(≤±2%满刻度/10 ℃,在10～80 ℃);一氧化碳干扰(1 000 mL/m^3 CO≤±2%满刻度);供电电压变化时附加误差(220 V±10%≤±2%满刻度);启动时间(30 min);响应时间(指针指示到满刻度的90%的时间<15 s)。

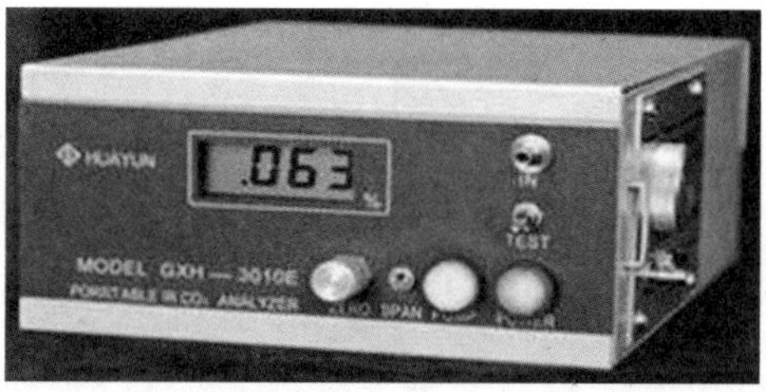

图 1-61　二氧化碳非分散红外线气体分析仪

5. 采样

用塑料铝箔复合薄膜采气袋,抽取现场空气冲洗3～4次,采气0.5 L或1.0 L,密封进气口,带回实验室分析。也可以将仪器带到现场间歇进样,或连续测定空气中二氧化碳浓度。

6. 分析步骤

(1)仪器的启动和校准。启动和零点校准。仪器接通电源后,稳定30 min至1 h,将高纯氮气或空气经干燥管和烧碱石棉过滤管后,进行零点校准。

终点校准。用二氧化碳标准气(如0.50%)连接在仪器进样口,进行终点刻度校准。

零点与终点校准重复2～3次,使仪器处在正常工作状态。

(2)样品测定。将内装空气样品的塑料铝箔复合薄膜采气袋接在装有变色硅胶或无水氯化钙的过滤器和仪器的进气口,样品被自动抽到气室中,并显示二氧化碳的浓度(%)。如果将仪器带到现场,可间歇进样测定,并可长期监测空气中的二氧化碳浓度。

7. 结果计算

样品中二氧化碳的浓度,可从气体分析仪直接读出。

8. 精密度和准确度

(1)重现性小于2%,每小时漂移小于6%。

(2)准确度取决于标准气的不确定度(小于2%)和仪器的稳定性误差(小于6%)。

9. 干扰和排除

畜禽舍空气中非待测组分,如甲烷、一氧化碳、水蒸气等影响测定结果。红外线滤光片的波长为4.26 μm,二氧化碳对该波长有强烈的吸收;而一氧化碳和甲烷等气体不吸收。因此,一氧化碳和甲烷的干扰可以忽略不计；但水蒸气对测定二氧化碳有干扰，它可以使气室反射率下降，从而使仪器灵敏度降低，影响测定结果的准确性，因此，必须使空气样品经干燥后，再进入仪器。

(三)畜禽舍硫化氢的测定(亚甲基蓝分光光度法)

1. 原理

空气中硫化氢被碱性氢氧化镉悬浮液吸收，形成硫化镉沉淀。吸收液中加入聚乙烯醇磷酸铵可以减低硫化镉的光分解作用。然后，在硫酸溶液中，硫化氢与对氨基二甲基苯胺溶液和三氯化铁溶液作用，生成亚甲基蓝，比色定量。

2. 仪器设备

大气综合采样器；电子分析天平；紫外分光光度计；10 mL 具塞比色管；10 mL 多空玻板吸收瓶。

3. 药品试剂

(1)吸收液。称量 4.3 g 硫酸镉($3CdSO_4 \cdot 8H_2O$)和 0.3 g 氢氧化钠以及 10 g 聚乙烯醇磷酸铵分别溶于水中。临用时，将三种溶液混合，强烈振摇至完全混匀，再用水稀释至 1 L。此溶液为白色悬浮液，每次用时要强烈振摇均匀再量取。贮于冰箱中可保存一周。

(2)对氨基二甲基苯胺溶液。量取 50 mL 硫酸，缓慢加入 30 mL 水中，放冷后，称量 12 g 对氨基二甲基苯胺盐酸盐(又称对氨基-N,N-二甲基苯胺二盐酸盐)[$(CH_3)2NC_6H_4 \cdot NH_2 \cdot 2HCl$]，溶于硫酸溶液中。置于冰箱中，可保存一年。临用时，量取 2.5 mL 此溶液，用(1+1)硫酸溶液稀释至 100 mL。

(3)三氯化铁溶液。称量 100 g 三氯化铁($FeCl_3 \cdot 6H_2O$)溶于水中，稀释至 100 mL。若有沉淀，需要过滤后使用。

(4)混合显色液。临用时，按 1 mL 对氨基二甲基苯胺稀释溶液和 1 滴(0.04 mL)三氯化铁溶液的比例相混合。此混合液要现用现配，若有沉淀物生成，应弃之不用。

(5)磷酸氢二铵溶液。称量 40 g 磷酸氢二铵[$(NH_4)_2HPO_4$]溶于水中，并稀释至 100 mL。

(6)硫化氢标准溶液。

4. 采样

用一个内装 10 mL 吸收液的普通型气泡吸收管，以 0.50 L/min 流量，避光采气 30 L。根据现场硫化氢浓度，选择采样流量，使最大采样时间不超过 1 h。采样后的样品也应置于暗处，并在 6 h 内显色；或在现场加显色液，带回实验室，在当天内比色测定。记录采样时的温度和大气压力。

5. 分析步骤

(1)标准曲线的绘制。取 7 支 10 mL 干燥的具塞比色管按表 1-16 配置标准色列。

表 1-16　硫化氢标准色列

管号	0	1	2	3	4	5	6
硫化氢标准使用液/mL	0	0.10	0.20	0.40	0.60	0.80	1.00
吸收液	10.0	9.9	9.8	9.6	9.4	9.2	9.0
硫化氢含量/μg	0	0.5	1.0	2.0	3.0	4.0	5.0

各管立即加 1 mL 混合显色液，加盖倒转一次，缓缓混合均匀，放置 30 min。加 1 滴磷酸氢二钠溶液，摇匀，以排除 Fe^{3+} 的颜色。用 20 mm 比色皿，以水作参比，在波长 665 nm 处，测定各管吸光度。以硫化氢含量(μg)为横坐标，吸光度为纵坐标，绘制标准曲线，并计算回归线的斜率。以斜率倒数作为样品测定的计算因子 B_s(μg)。

(2)样品的测定。采样后，用水补充到采样前的吸收液的体积。由于样品溶液不稳定，应在 6 h 内，按用标准溶液绘制标准曲线的操作步骤显色，测定吸光度。在每批样品测定的同时，用 10 mL 未采样的吸收液，按相同的操作步骤做试剂空白测定。如果样品溶液吸光度超过标准曲线的范围，则可取部分样品溶液用吸收液稀释后再分析，计算浓度时，要乘以样品溶液的稀释倍数。

(3)结果计算

$$C=[(A-A_0)\cdot B_S]/V_0\times D$$

式中：C 为空气中硫化氢浓度(mg/m^3)；A 为样品溶液的吸光度；A_0 为试剂空白溶液的吸光度；B_S 为用标准溶液绘制标准曲线得到的计算因子(μg)；D 为分析时样品溶液的稀释倍数；V_0 为换算成标准状况下的采样体积(L)。

目前，市场上有仪器检测畜禽舍硫化氢的方法(图 1-62)。

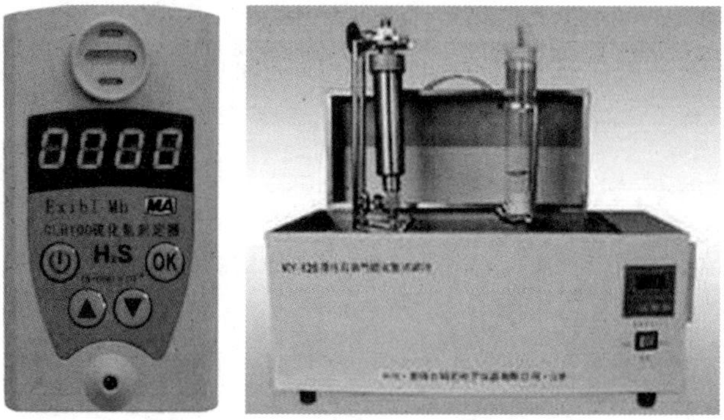

图 1-62　畜禽舍硫化氢检测仪

知识链接

一、畜禽养殖场空气污染物的产生途径

畜禽养殖场的空气污染物主要来自畜禽粪便、污水、饲料残渣、垫料、动物尸体等腐败分解；家畜的新鲜粪便、消化道排出的气体、皮脂腺和汗腺的分泌物、畜体的外激素、黏附在体表的污物等也会散发出不同畜禽特有的气味。动物从饲料中吸收养分，同时将未消化的养分以粪便的形式排出，其粪尿中所含有机物大体可分成碳水化合物和含氮化合物。碳水化合物在有氧条件下分解释放热量，大部分分解成 CO_2 和水；在无氧条件下，氧化反应不完全，可分解成甲烷、有机酸和醇类。含氮化合物主要是蛋白质，在酶的作用下可分解成氨基酸，氨基酸在

有氧条件下继续分解，最终产物为硝酸盐类；而在无氧条件下可分解成氨、乙烯醇、二甲基硫醚、硫化氢、甲胺、三甲胺等恶臭气体。

二、畜禽养殖场空气污染物的特点及其危害

（一）常见空气污染物的特点

畜禽养殖场生产中的空气污染物的成分复杂，主要是恶臭气体，主要成分为二氧化碳、氨气、硫化氢、甲烷、吲哚、粪臭素（甲基吲哚）以及脂肪族的醛类、硫醇和胺类等。但主要以氨气、硫化氢、硫醇类、粪臭素为主。

1. 氨气（NH_3）

氨气是无色且具有强烈刺激性气味的气体。氨气的比重小，在温暖的舍内一般升至舍顶，但由于氨气产生在地面和畜禽周围，故在畜禽舍地面附近含量也较高，特别是在畜禽舍内潮湿、通风不良时，舍内氨气的浓度就更高。

氨气对机体的损伤作用取决于氨气的浓度和作用时间。氨气一方面通过直接接触作用损伤黏膜引起炎症，如结膜炎、呼吸道炎症（支气管炎、肺炎和肺水肿）；另一方面氨气还可通过肺泡进入血液，引起呼吸和血管中枢兴奋。高浓度的氨气可直接刺激机体组织，使组织溶解坏死，引起中枢神经系统麻痹、中毒性肝病和心肌损伤等。

鸡对氨特别敏感，氨对鸡的黏膜有刺激作用，可引起结膜、上呼吸道的黏膜充血、水肿。病原体通过上呼吸道及肺部感染蔓延至胸气囊和腹气囊，引起鸡的呼吸道疾病。发生呼吸道疾病后，鸡采食量下降，不但影响鸡的生长发育，而且降低鸡对疾病的抵抗力，鸡毒霉浆体病发病率升高，生产性能大大降低。同时，由于鸡胸腹腔间无横膈膜，鸡发生呼吸道疾病后，会继发消化道感染，引起鸡大肠杆菌病的发生，从而使鸡的死亡率显著升高。

根据标准 GB/T 18407.3—2001 中规定，养殖场区内氨气浓度不宜超过 3.8 mg/m^3，幼禽舍内氨气浓度不宜超过 7.5 mg/m^3，成年禽舍内氨气浓度不宜超过 11 mg/m^3，猪舍内氨气浓度不宜超过 19 mg/m^3，牛舍内氨气浓度不宜超过 15 mg/m^3，超过这一标准，即可造成动物的不良反应。

进入圈舍后，若闻到氨气味但不刺眼、不刺鼻，其浓度大致在 7.5～11 mg/m^3；感到刺鼻、流泪时，其浓度大致在 19～26.6 mg/m^3；感到呼吸困难、睁不开眼、流泪时，其浓度大致可达 34～49 mg/m^3。

2. 硫化氢（H_2S）

硫化氢是无色且具特殊腐蛋臭味的可燃气体，并具有刺激性和窒息性。在畜禽舍，硫化氢主要来自于新鲜粪便、含硫有机物的厌氧降解。家畜采食了高蛋白饲料而消化不良时，硫化氢的产量最大。在通风良好的畜禽舍，硫化氢含量一般不超过 15 mg/m^3。如果通风不当或管理不善，空气内的浓度会大大增加，甚至达到中毒的程度。硫化氢产自于地面和畜床，密度越大，越靠近地面浓度越大。H_2S 易溶解在畜禽呼吸道黏膜和眼结膜上，并与钠离子结合成硫化钠，对黏膜产生强烈刺激，使黏膜充血水肿，引起结膜炎、支气管炎、肺炎和肺水肿，表现流泪、角膜混浊、畏光、咳嗽等症状；硫化氢还可通过肺泡进入血液，氧化成硫酸盐等而影响细胞内代谢。硫化氢气体是一种强毒性神经中毒剂，高浓度时还会使呼吸中枢麻痹。当 H_2S 浓度在

70～150 mg/m^3 时，会引起轻度中毒；在 300～600 mg/m^3 时，会让人中度中毒；在 700 mg/m^3 以上时，则会引起重度中毒造成死亡。我国的《规模猪场环境参数及环境管理》(GB/T 17824.3—2008)标准规定：猪舍内硫化氢气体的浓度不得超过 10 mg/m^3。

3. 二氧化碳(CO_2)

二氧化碳为无色、无臭、略带酸味的气体。二氧化碳无毒，但舍内二氧化碳含量过高，氧气含量相对不足，会使畜禽出现慢性缺氧，精神萎靡、食欲下降、增重缓慢、体质虚弱，易降低抵抗力和感染慢性传染病。

猪鸡舍内二氧化碳的浓度每立方米空气不能超过 4%。否则就会造成舍内缺氧，使畜禽精神不振，食欲减退，影响生产性能。舍内氧气含量不足、二氧化碳含量偏高会诱发肉鸡的腹水综合征。尤其是冬季，为了保温而降低通风量时影响更明显，舍内二氧化碳的含量不应超过 0.15%。

二氧化碳浓度的卫生意义。表明畜禽舍空气的污浊程度；同时表明畜禽舍空气中可能存在其他有害气体。因此，CO_2 的增减可作为畜禽舍卫生评定的一项间接指标。畜禽舍空气中 CO_2 的卫生标准以 0.15%(1 500 ppm)为限。

4. 一氧化碳(CO)

一氧化碳是无色、无味气体，难溶于水。一氧化碳主要来自燃料不完全燃烧所产生的废气中。在用火炉采暖的猪舍，在育雏室、肉鸡舍用火炉加热而排气不畅或地下火道漏烟时易出现较多积聚。

一氧化碳进入机体后影响氧的结合运输及在组织中的解离，CO 极易与血液中运输氧气的血红蛋白结合，它与血红蛋白的结合力比氧气和血红蛋白的结合力高 200～300 倍，造成机体缺氧，引起呼吸、循环和神经系统病变，导致中毒。轻度中毒会出现精神沉郁、严重时会引起死亡。

妊娠后期母猪、带仔母猪、哺乳仔猪和断奶仔猪舍一氧化碳浓度不得超过 5 mg/m^3；种公猪、空怀和妊娠前期母猪、育成猪舍一氧化碳浓度不得超过 15 mg/m^3；育肥猪舍不得超过 20 mg/m^3。以上值均为一次允许最高浓度。禽舍允许最高含量为 24 mg/m^3。

5. 硫醇类

硫醇类具有强烈的臭味，类似于烂洋葱味，它主要是微生物分解粪尿中的有机物质产生的，浓度在 0.01 mg/L 时就会明显刺激嗅觉。一般无毒性，但气味难闻。

6. 粪臭素

粪臭素有强烈的臭味，由微生物分解色氨酸产生。在这些恶臭气体中，以氨气和硫化氢对人畜影响最为严重。臭气的浓度主要与粪尿中磷酸盐及氮含量成正比，一般鸡粪高于猪粪，猪粪高于牛粪。此外，畜牧养殖场恶臭强度的扩散范围与养殖场的规模、生产管理方法、温度、风力等因素均有关，一般扩散范围在 100～1 000 m。当这些恶臭气体在空气中达到一定的浓度时，就会对人和动物造成危害。

(二)空气污染物的危害

畜禽养殖场粪尿、废弃物所产生的恶臭气体，会对周围的空气造成污染，成为动物和人患病的传染途径。当恶臭气体散发到空气中，除令人不快、让人产生厌恶感外，恶臭的大部分成分对人和动物有刺激性和毒性。长时间吸入低浓度的恶臭气体，会导致呼吸受到抑制而引起慢性中毒。氨气、硫化氢、硫醇、二甲基硫醚、有机酸和酚类等恶臭物质均有刺激性和腐蚀性，会引起呼吸道炎症和眼炎；脂肪族、胺、醇类和酯类等恶臭物质，对中枢神经有强烈的刺激作用，会引起不同程度的兴奋或麻痹作用，长时间吸入会降低代谢机能和免疫机能，导致动物和人发病率升高。此外，养殖场产生的二氧化碳和甲烷气体，会导致全球性的气候变暖。其中，牛、羊等反刍动物是温室效应产生的重要来源，会给大气环境造成严重的影响。而畜禽养殖场散发到空气中的微生物，也是引发人和动物疾病的重要传染源。总之，这些有害气体的污染是呈空间性和立体性的。因此，从某种意义上讲，养殖场的空气污染对环境的影响要超过固体粪便和污水的影响。

任务2　畜禽舍有害微生物控制

学习目标

针对畜禽场畜禽舍管理岗位技术任务要求，学会畜禽舍微生物的检测、畜禽舍微生物的控制等实践操作技术。

任务实施

一、畜禽舍微生物的检测

(一)采样

1. 畜禽舍微生物检测环境要求

一是全封闭；二是无空气扰动(不通风)；三是相对湿度40%～70%；四是温度0～32 ℃。

2. 畜禽舍微生物检测取样

畜禽舍每舍按照“田”字形选定取样点，每舍取样点至少5点。

3. 取样高度

网床或笼养鸡舍为距地面0.8～1.5 m的高度处。猪和网上肉鸡舍取小值，笼养蛋鸡舍取大值；对于地面养殖舍，取样高度为0.45～1.0 m。鸡、鸭等小型动物取小值，牛、羊等大型动物取大值。

4. 环境监测

作为环境安全型畜禽舍，由于动物的活动，每时每刻空气中的微生物浓度都在变化，最完善的测定应该是日监测，即监测喂料时刻、吃料高峰期过后、休息时间三个时间段的空气微生物浓度变化。

(二)畜禽舍空气微生物检测方法

1. 沉降法

将盛有培养基的平皿放在空气中暴露一定时间，经培养后计算出其所生长的菌落数。此法简单，使用普遍，由于只有一定大小的颗粒在一定时间内降到培养基上，因此所测得微生物数量欠准确，检验结果比实际存在数量少，并且也无法测定空气质量，所以仅能粗略计算空气污染及了解被测生物的种类。

(1)将一直备好的营养琼脂、查氏培养基及高氏 1 号 3 种平板置于待测地点，打开皿盖在空气中暴露 5～10 min。

(2)盖上培养皿盖，置于 37 ℃培养 24～45 h，根据平板上所生长的菌落数计算出 1 m^3 或 1 L 空气中的细菌总数。

(3)计算。根据奥梅梁斯基公式，在面积为 100 cm^2 平板琼脂培养基表面上，5 min 降落的细菌数经 37 ℃培养 24 h 后生长的菌落数和 10 L 空气中所含的细菌数相当。根据公式计算：

$$X=(N\times100\times100)/(\pi r^2)$$

式中：X 是每 1 m^3 空气中的细菌个数；N 是 5 min 降落在平板上，经 37 ℃培养 24 h 后生长的菌落数；r 是平皿底半径。

2. 撞击法

以缝隙采样器为例，用吸风机或真空泵把含菌空气以一定流速经狭缝而被抽吸到营养琼脂培养基平板上。狭缝长度为平皿的半径，平板与缝的间隙有 2 mm，平板以一定的转速旋转。通常平板转动一周，取出置于 37 ℃恒温箱中培养 48 h，根据空气中微生物的密度可调节平板转动的速度。采集含菌量高的空气样品时，平板转动的速度要比含菌量最低的空气样品的转速快。根据取样时间和空气流量计算出单位空气中的含菌量。不同规格采样器可按说明书操作。

3. 过滤法

该法是抽取定量空气通过一种液体吸收剂，然后取此液体定量培养计数出菌落数。

(1)将无菌的液体培养基或无菌水与真空泵相连，以每分钟 10 L 速度取空气样并剧烈振荡，使阻流在液体中的气溶胶或微生物均匀分散。

(2)吸取上述含菌液体吸收液 1 mL 与融化冰冷却到 45 ℃左右的营养液琼脂做倾注培养，同时做 3 个平行试验，置 37 ℃恒温箱中培养 48 h，计算平均菌落数。根据下列公式计算：

$$X=(1\,000\times V_s\times N)/(V_a)$$

式中：X 为每 1 m^3 空气中的细菌数；V_s 为吸收液体量，mL；V_a 为空气过滤量，N 为每毫升液体培养基中的细菌数。

4. 简易定量测定法

用无菌注射器定量抽取空气，将所抽取的空气压入培养基内部，经培养后，即可定量、定性测定空气中的微生物，此法简单易行。

(1)将无菌固体培养基融化后，在 50 ℃水浴中保温备用。

(2)利用 50～100 mL 无菌注射器抽取待测环境空气 20～100 mL。

(3)在无菌操作下，取已融化培养基倒入无菌平皿中，平皿稍倾斜，将注射器插入培养基深处，缓慢地将空气压入培养基内，轻轻摇匀以消除气泡。待培养基凝固，置于 30 ℃恒温箱中培养 3 d 后统计菌落数量，推算 1 L 空气所含菌量。通过菌落形态定性微生物，如统计霉菌数量时培养的时间稍许延长。应用此法需多做平行试验，求其平均值以提高准确性。

二、畜禽舍微生物的控制措施

(1)畜禽场四周必须建筑围墙,场内不准养犬、猫和其他动物。搞好环境卫生,防止鼠害,消灭各种传播媒介。

(2)场门口或生产区入口处,要设置消毒池,池内的消毒液应及时更换,并保持一定浓度和深度。场内外运输车辆和工具要严格分开,不得混用。生产区大门设专职门卫,负责来往人员、车辆的消毒。车辆进场时需经消毒池,并对车身和车底盘进行喷雾消毒。

(3)生产区入口要设有消毒更衣室,并装有紫外线灯。本场职工进入生产区,要在消毒室洗澡后,更换消毒工作服和靴帽,经消毒池消毒后方可进入。

(4)各畜禽舍门口设置消毒池,内放消毒液或喷洒有消毒液的草垫,并经常更换。

(5)消毒打扫。场区每年至少进行两次大扫除(春、秋)和消毒,每月进行一次一般性消毒。畜禽舍每周至少进行一次消毒,采取"全进全出"的饲养方式,空舍后彻底消毒。保持良好的通风换气,并且保持舍内干燥。

(6)坚持自繁自养。如需引进畜禽时,为确保安全,防止疫病传播,必须从非疫区购入,并经当地防疫检疫机构检疫,取得产地检疫证明和防疫注射证明,再经本场兽医验证、检疫,进场前隔离观察 30～45 d,确诊无病后才能混群饲养。

(7)拟订和执行定期预防接种和补种计划,降低动物的易感性。

(8)认真贯彻执行检疫制度,及时发现并消灭传染源。

(9)畜禽防疫、检疫人员要调查研究当地疫情分布,有计划地进行消灭和控制,防止外来疫病的侵入。

(10)养殖场谢绝参观,非生产人员不得进入生产区。

知识链接

微生物来源及危害

空气中存在一些病原微生物,畜禽疫病可通过空气传播。空气中微生物及传播疫病的方式、畜禽舍内空气中微生物的数量与畜禽的饲养密度、垫料厚度、气温、相对湿度、气流等因素有关。在畜禽舍内空气通风不良的情况下,加之饲养密度大,铺设垫料长时间未更换,并且气温高、湿度大,来自动物体的某些病原微生物在空气中的数量相对增多,可能成为空气传播疾病的来源。所以畜禽舍内空气的致病性微生物污染是呼吸道传染病传播的重要原因。畜禽舍空气微生物含量应$<8\times10^4$ CFU/m^3。

畜禽舍内由于温湿度大、空气中微粒多,为微生物的生存和生长提供了一个适宜的环境。在通风不良、养殖密集的畜禽舍,空气中的微生物数量多、种类多,会给畜禽生产带来极大危害。

(一)飞沫传播

当畜禽舍内患病个体有呼吸道疾病,如支气管炎、胸膜肺炎、喘气病、流行性感冒等疾病时,患病畜禽咳嗽、打喷嚏、鸣叫、呼吸、喘气、采食时就会向空气中喷发大量飞沫,液滴中就会含有大量病原微生物,且飞沫中含有有利于微生物生存的黏液素、蛋白质和盐类物质,同时畜禽舍空气中还有大量饲料微粒，为微生物生存提供了充足的条件。当飞沫滴径在 10 μm 左右时，由于重量大而很快沉降，在空中停留时间很短；而飞沫滴径<1 μm，可以长期飘浮在空气中，并侵入畜禽支气管深处和肺泡而发生传染。

(二)微粒传播

畜禽舍内病畜禽排泄的粪尿、飞沫、皮屑等经干燥后形成微粒，微粒中含有病原微生物，如结核菌、链球菌、霉菌孢子、芽孢杆菌、鸡马立克氏病毒等，在清扫地面或刮风时漂浮于畜禽舍内，被易感染动物吸入后就可能发生传染。研究发现，畜禽舍中飞沫传播在流行病学上比微粒传播传染更为重要。

任务3　畜禽舍噪声控制

学习目标

针对畜禽场畜禽舍管理岗位技术任务要求，学会畜禽舍噪声监测、噪声的控制等实践操作技术。

任务实施

一、畜禽舍噪声监测

(一)布点

将要监测噪声的畜禽舍分成等距离网格(如 5 m×5 m)，测量点设在每个网格中心，若中心点的位置不易测量(如房顶、污沟等)，可移到旁边能够测量的位置。网格数不应少于 100 个。

图 1-63　声级计

(二)测量

声级计应加风罩以避免风噪声干扰，同时也可保持传声器清洁。声级计可以手持或固定在三脚架上。传声器离地面高 1.2 m。手持声级计应使人体与传声器距离 0.5 m 以上。测量的量是一定间隔时间(通常为 5 s)的 A 声级瞬时值(图 1-63)。

(三)测量时间

分为白天和夜间。

(四)测点选择

测点选在畜禽舍内或畜禽舍建筑物外 1 m，传声器高于地面 1.2 m 以上的噪声影响敏感处。传声器对准声源方向，附近应没有别的障碍物或反射体，无法避免时应背向反射体，应避免围观人群的干扰。测点附近有固定声源或交通噪声干扰时，应加以说明。

按上述规定在每一个测量点，连续读取 10 个数据(当噪声涨落较大时应取 20 个数据)代表该点的噪声分布，白天和夜间分别测量，测量的同时要判断和记录周围声学环境，如主要噪声来源等。

(五)数据处理

由于环境噪声是随时间而起伏的非稳态噪声，因此测量数据一般用统计噪声级或等效连续 A 声级表示，确定畜禽舍环境噪声污染情况。

(六)评价方法

1. 数据平均法

将全部网点测得的连续等效 A 声级做算术平均运算，所得到的算术平均值就代表某一区域或全舍的总噪声水平。

2. 图示法

即用区域噪声污染图表示。为了便于绘图，将畜禽舍各测点的测量结果以 5 dB 为一等级，划分为若干等级(如 56～60，61～65，66～70，……，分别为一个等级)，然后用不同的颜色或阴影线表示每一等级，绘制在畜禽舍的网格上，用于表示畜禽舍的噪声污染分布。

二、噪声的控制

(一)避开外界声源

在建场时应选好场址，尽量避开外界的干扰。场内的规划合理，使运输车辆不能靠近畜禽舍，车辆噪声采用技术状态完好车辆和适当减速的办法控制，不乱鸣喇叭。设备的维修、饲料加工和生活设施等场所，也要远离畜禽舍，并且有一定的隔离带，隔离带种植树木。此外，养殖场的周围也要大量植树，能有效降低外界的噪声对畜禽生产的影响。

(二)治理舍内声源

尽量采用低噪声设备、环保型机械设备和施工工艺，对噪声大的机械设备从声源处安装消声器降低噪声。舍内安装的机械设备应选择设计精良、加工质量好、噪声小的产品。对于有振动的设备安装时需要采用弹性基础。产生噪声的机械设备如消毒器、刮粪机等在开动中，严格按照设备的操作规范要求进行操作，防止操作不当而产生噪声。对噪声较大的设备如空压机、发电机等应采取吸声、隔音、隔振、阻尼等声学处理办法降低噪声。

(三)减少噪声传播

无法避免的强噪声源采取特殊处理措施进行隔离以降低噪声。所有的设备在使用过程中应注意维修保养，及时添加润滑剂，对设备故障音响应及时治理。在畜禽舍安装风机时，一般采用风速不超过 8 m/s 的设备，尽量采用直接传动，避免管道急弯，当气流噪声较大时，可以采用消声器或设置吸音材料。

知识链接

畜禽舍的噪声也是环境参考的影响因素之一。按照噪声对畜禽生产的影响可以分为两大类：一是对畜禽生长发育及生产有害的噪声，如高强度嘈杂刺耳的声响，称为噪声。另一个是对畜禽生长及生产有利的声响，如悦耳轻快的音乐，称为悦音。声音的度量值用“声强级”来表示，单位是分贝(dB)。人刚能听到的声强级为 1 dB，人耳朵感到疼痛的声强级为 120 dB。

一、噪声的来源

1. 外界噪声

主要来自飞机、汽车、拖拉机及雷声等。

2. 设备噪声

主要来自畜禽舍内设备产生的噪声，如通风机、真空泵、喂料机、刮粪机及消毒机等。

3. 自身噪声

主要来自畜禽自身产生的噪声，如采食、走动、争斗、发情、应激等。

以上3种噪声源中，尤以机械设备的噪声影响较大。外界噪声虽然分贝较大，但是这些外界传入的噪声是偶然的，有时间段的特点。畜禽自身产生的噪声，一般为49～64 dB，对畜禽的影响不大。而畜禽舍机械设备的噪声确实经常在起作用，通风机的噪声达80～90 dB，真空泵挤奶的噪声为75～90 dB，刮粪机噪声为63～70 dB。随着现代化畜禽养殖机械化程度不断提高和饲养规模量日益扩大，大空间、高密度、机械化程度高的畜禽舍比比皆是，这样使得畜禽舍内噪声越来越多，声强级也越来越高，给畜禽生产带来的不利影响不可忽视。

二、噪声对畜禽的危害

1. 噪声会导致生产能力下降

长期在90 dB的环境中奶牛的产奶量下降10%，个别甚至达到30%以上，同时还会发生流产、早产等现象。

2. 噪声会使畜禽体内器官多种功能失调和紊乱

器官功能失调和紊乱可导致增重降低、生产力下降，发病增多，甚至死亡。突然的噪声会使畜禽受到惊吓，发生狂奔，导致跌伤和撞伤，在禽类个体上表现尤为明显。对来航鸡进行试验，每天用110～120 dB刺激72～166次，连续两个月，结果产蛋率下降、蛋重减小，蛋的质量下降，见表1-17。

表1-17　噪声对来航鸡的影响

项目	对照	试验
平均产蛋率/%	82.9	78.0
平均蛋重/g	52.4	51.0
软蛋率/%	0	1.9
血斑发生率/%	3.1	4.6

有些试验发现，轻音乐可以使鸡安静，减少因突然的声响或人员走动所引起的惊吓飞奔现象。所以，有鸡场在给鸡喂料、鸡产蛋时，播放轻音乐，有利于鸡的生长发育和生产性能的提高。同时，音乐在国内外养殖业中已有了广泛的应用，人们通过让牛、猪、兔、鸡、鸭等畜禽听音乐来激发养殖动物“欣喜快乐”的情志活动，巧用“喜乐效应”来提高其生产性能或发挥防治疾病的作用，从而大大提高了养殖效益。

任务4　畜禽舍应激原控制

学习目标

针对畜禽场畜禽舍管理岗位技术任务要求，学会预防、控制畜禽的应激反应的措施等实践操作技术。

任务实施

一、畜禽应激反应预防措施

（一）培育抗应激品种

动物对应激的敏感程度与遗传基因有关，通过育种方法选育抗应激品种，淘汰应激敏感动物，建立抗应激种群是从根本上解决动物应激的重要方法。例如，氟烷测试可以剔除氟烷阳性个体，根据血浆促肾上腺皮质激素水平，可用以建立具较强抗应激能力的鸡群。由此可见，应激敏感性测试是控制和消除应激敏感基因，提高群体抗应激能力的有效措施。

（二）合理利用现有的敏感种群

皮特兰猪、德国和比利时长白猪氟烷敏感基因频率高达70%～80%，但它们有瘦肉率高、生长快的优点，采用配套杂交，将皮特兰猪、长白猪作为杂交父本，选用应激低敏感的地方培育种或大白猪等品种为母本，培育出的商品代猪就可以大大降低应激的敏感性，又可发挥父本瘦肉率高、生长快的优点，从而提高养殖场的经济效益。

（三）加强饲料营养调控，使用抗应激类药物

在现代畜禽生产中，配制日粮的营养标准，是在畜禽正常生产条件下，根据健康畜禽群制定的，很少考虑抗应激状态下所需的一些营养指标。研究表明，在应激反应中，畜禽对某些营养物质的需要量特别是免疫系统的营养需求量相应提高，这样就可能造成某些营养物质的相对缺乏，使免疫系统的功能受到影响。营养物质缺乏对免疫系统的影响比对生长的影响更明显，因此，畜禽处在应激状态时配制日粮，在饲料中需要添加容易引起缺乏又与营养物质代谢密切相关的营养元素加以调控。营养物质包括：维生素类，如维生素E、维生素C、维生素A、维生素B_2、维生素B_6；微量元素类，如有机铬、铜、铁、锰、锌、镁、硒等；常量元素类，如钙、磷、钠；氨基酸类，如蛋氨酸、胱氨酸、精氨酸和谷氨酸等。其次，应考虑饲料原料的可消化性和内在品质，蛋白质水平要适宜，氨基酸要平衡，不要使用发霉变质原料，防止饲料中的霉菌毒素引起的应激。

（四）创造良好的生活环境

畜禽场的选址、设计、舍内设备等生物安全设施设计合理，在原则上要满足动物的生理需要，应避免外界因素过多的干扰。要依据动物的个体大小和用途确定饲养密度和圈舍空间。通常猪的圈舍至少拥有采食区、排便区和休息区，而休息区要满足圈内所有猪同时侧卧所需要

的空间。舍内保证适宜的温度和湿度，至少做到冬季保温，夏季防暑，注意控制舍内温度尽量稳定，减小温差。加强畜禽舍的通风换气，降低有害气体含量，给动物一个清洁、安静的生活环境，减少环境带来的应激因素。

（五）根据动物生理特点，把握生产关键阶段，避免应激发生

在现代化的饲养生产过程中，管理方面要尽可能做到精细，一切以满足动物的生理特点为标准，减少和避免应激反应发生。在实际的饲养生产过程中，母畜生产前后、仔畜断奶前后、转群前后、运输前后、免疫前后、保育阶段、气候突变等，这些阶段都是应激反应的高发阶段，都要精心地饲养管理，避免应激发生。

（六）树立动物福利观念

树立动物福利观念就是呵护动物的生活习性，在日常的饲养管理中，需要饲养员温和对待动物，切忌时常对动物进行粗暴恐吓和殴打。此外，还要有足够的耐心，充分利用动物的习性和条件反射加以诱导训练，尽快让动物的日常生活行为方式变得有规律，提高训练和诱导的效果。尽量减少转群、并圈，减少环境和饲料的变化幅度，尽量不更换饲养员，让动物的身体及心理与环境相协调，使其健康快乐地生活。

（七）加强环境卫生消毒、做好疾病预防

疾病本身就是一种应激反应，在畜禽养殖的日常管理中要做好环境的卫生消毒工作，搞好预防接种免疫，预防传染性疾病的发生。因为任何疾病都是应激因素，除引起特殊的组织器官损伤外，都会引起患病机体的严重应激反应。防疫措施搞好了，动物机体抗病能力增强了，疾病没有了，应激原消除了，当然就不会有应激反应。

二、畜禽应激反应的控制措施

（一）一般反应

此种反应动物体温为一过式升高，一般在 36 h 内不治疗也能自愈。

（二）严重反应

1. 全身反应型

应进行退热和抗菌消炎的治疗，主要肌内注射阿尼利定（安痛定）、地塞米松磷酸钠、抗生素等药物，每天 2 次，连续 3 d。

2. 局部胀肿型

肿胀部位用热毛巾热敷 10～15 h，肿胀部位可转小或消失。

3. 流产型

出现流产症状应用黄体酮等保胎药物进行肌内注射，早期有一定效果。

4. 过敏型

对于严重反应的猪、牛可肌内注射 0.1%盐酸肾上腺素或地塞米松磷酸钠等并结合对症治疗。

对已休克的猪除迅速注射上述药物外，还要迅速针刺耳尖、尾根和蹄头，放血少许。将去甲肾上腺素 2 mg，加入 10%葡萄糖注射液中静滴。总之，动物的应激反应存在于饲养管理生

产的各个环节，需要时时观察，处处留意，把握关键环节，采取有效措施，从而减少或避免应激反应的发生。

知识链接

一、应激临床症状

应激是动物在外界和内在环境中，一些具有损伤性的生物、物理、化学以及特种心理上的强烈刺激（应激原）作用于机体后，随即产生的一系列非特异性全身性反应，或者说是非特异性反应的总和。适当的自然应激可使动物逐步适应环境，增强免疫机能，从而提高生产性能，然而过度的应激不仅影响动物的生产性能，而且会诱发多种疾病，甚至造成死亡，给养殖业带来很大的经济损失。

（一）良性应激

是指使动物感到愉快的应激，是对动物的有益应激。如猪玩耍、奔跑行为和交配行为。

（二）恶性应激

是指那些危及动物福利和健康的应激，常使动物感到无聊、压抑和紧张，是引发一种或多种疾病发生的原因。

（三）一般反应

出现体温升高 0.5 ℃左右，食欲不佳、精神萎靡、行动迟缓，其症状较轻。

（四）严重反应

1. 全身反应型

一定时间内，体温升高 1～2 ℃，病畜精神委顿，食欲废绝，常卧于舍内，不治疗会导致死亡。有的动物表现为极度兴奋，狂躁不安。

2. 局部反应型

免疫注射、药物注射及体表皮肤损伤时动物身体局部肿胀，出现红、热、痛，患畜活动不便。肿胀部位吸收比较慢，时间稍长会形成脓包，后形成结节。

3. 流产型

排出血液及正在发育的胚胎，引起孕畜的流产。

4. 过敏反应型

不分性别、年龄、品种，都会发生。动物注射疫苗后出现步态不稳，呼吸急促，站立困难，肌肉震颤等；重症出现口吐白沫，倒地，角弓反张，全身抽搐，四肢做游泳状运动。皮肤充血潮红，继而红紫，特别是在腹下、四肢、肛门、阴户，可视黏膜发绀，排泄失禁，心律不齐，肺音消失。

二、应激原

任何对动物机体或情绪的刺激，只要达到一定的强度，都可以成为应激原。动物时常处于物理、化学、生物、心理和环境等某种应激原所引起的某种应激状态下，并对应激原产生适应性和防御性反应。应激反应又是一种生理或病理过程，受机体和心理因素的双重诱导，外源性应激原影响和机体的内在素质双重决定着应激强度。

(一)物理性应激因素

物理性应激因素包括:过热、过冷、强辐射、贼风、强噪声等。

1. 热应激

(1)奶牛　在体温增加到40～41 ℃,或者超过这个范围,其新陈代谢将发生紊乱,此时奶牛的采食量、生产繁殖性能和免疫力下降,容易感染疾病,严重的热应激可导致奶牛中暑,甚至死亡。

(2)猪　热应激会使公猪性欲减退、精子活力降低及畸形率升高;使母猪发情推迟、不发情或发情异常、卵巢机能和性机能减退及受胎率显著下降。

(3)鸡　热应激会使蛋鸡的产蛋率下降,蛋壳变薄,畸形蛋和无壳蛋增多,甚至造成死亡。有研究显示,当鸡舍温度从21 ℃上升到32 ℃时,产蛋率下降17%,蛋质量降低9%;公鸡表现为精液品质差,精液量减少,受精率降低。

2. 冷应激

当动物处于冷应激状态时,日粮能量主要从用于生产而转向产生大量的体热,以维持体温恒定。若热量产生不足,可引起生长发育的继发性改变及某些疾病的产生,严重者将导致死亡。很多试验证明,冷应激增加动物对传染性疾病的易感性。除了影响易感性之外,冷应激还可导致动物的抵抗力降低,同时增加传染病的发病率。

(1)牛　在临界温度下限时,外界温度每降1 ℃,静止能量代谢率生长期犊牛升高2.5 kJ/(kg·d)(每千克代谢体重每天产生的热量),肉牛升高2.9 kJ/(kg·d)。肉牛饲养在30 ℃环境中时静止能量代谢率为13.08 kJ/(kg·d),但将牛饲养在17.4 ℃和12.7 ℃的冬季室外环境中时,其静止能量代谢率分别为16.51 kJ/(kg·d)和17.93 kJ/(kg·d)。

(2)猪　冷应激可以增加仔猪黄白痢的发病率和病死率;增加猪流感的发病率;处于冷应激的猪,其生长速度可以达到适温时的生长速度,但采食量大幅度增加,从而降低了猪的饲料报酬。冷应激环境下生产的猪,其屠宰率较低,低温使后臀部肌肉的脂肪含量和皮下脂肪的含量增加,导致肌肉在后臀肉中占的比例下降,低温还增加了半棘肌的脂肪含量。试验表明,与适温条件相比,冷应激(12 ℃)环境下生产的猪其半棘肌的脂肪含量上升22.3%。

(3)鸡　寒冷应激使鸡的基础代谢率升高,能量代谢和采食增加,呼吸加深,耗氧量增加,使心排血量和血流量以及肺动脉血压升高,导致右心室血流量和压力超负荷,产生右心室肥大,功能衰竭,进而产生腹水,且生产性能下降。

(4)绵羊　暴露于0 ℃与20 ℃比较其产热量增加2.14倍。研究报道,在临界温度下限时,外界温度每降1 ℃,静止能量代谢率成年羊升高4.2 kJ/(kg·d)。将泌乳绵羊暴露于21 ℃和0 ℃环境中,第1天、第21天和第41天后,0 ℃试验组的产热量较21 ℃组分别提高20%($P<0.05$)、43%($P<0.01$)和55%($P<0.001$)。而且所有冷暴露级乳脂含量也明显增加($P<0.05$),冷暴露21 d后,乳蛋白和乳糖含量明显增加,短链脂肪酸在冷暴露过程中相对降低。说明冷应激后乳中能量损失有增加趋势,但每日乳产量无明显改变。

(二)化学性应激因素

化学性应激因素包括:畜禽舍中的氨气、硫化氢、二氧化碳等有毒有害气体及缺氧。

缺氧应激是水产动物比较常见的一种应激。动物尤其是水产动物在夜间、饲养密度过高、天气变化或运输过程中极易造成缺氧应激，轻微的缺氧应激会使动物采食量和免疫力下降，从而降低动物的生产性能，严重的缺氧应激会造成动物死亡。

(三)饲养性应激因素

饲养性应激因素包括：饥饿或过饱、日粮营养不均衡、急剧变更日粮与饲养水平、饮水不足和水质不卫生或水温过低、饲料投饲时间过长等。

(四)生产性应激因素

生产性应激因素包括：饲养规程变更、饲养员更换、断奶、称重、转群、拥挤、混群等。

1. 拥挤应激

拥挤应激是由动物的饲养密度过大，活动空间受到限制而造成的。拥挤应激会促使某些潜在的疾病发生，从而造成动物的采食量下降、相互咬斗甚至死亡。研究表明，发生拥挤应激时，动物耗氧量是正常的10倍左右，产热是正常的5倍左右，同时会导致PSE肉(苍白、柔软和渗水肉)的产生，而且引起猪背肌坏死以及乳酸中毒等。

2. 混群应激

混群应激是把互相不熟悉的同类动物放在一起，由于动物对新环境及新的伙伴不适应而产生的，混群应激会使动物产生排斥心理，从而相互咬斗，造成抵抗力下降，最终影响动物的生产性能。研究发现，混群的鸡，虽然对大肠杆菌和金黄色葡萄球菌的抵抗力增强了，但对禽败血霉形体和鸡新城疫病毒的抵抗力却降低了。强烈的混群应激，也会降低禽类对马立克氏病的抵抗力。

(五)外伤性应激因素

外伤性应激因素包括：去势、打耳号、断尾等。

(六)心理性应激因素

心理性应激因素包括：争斗、在畜群中的等级地位、惊吓、饲养员的粗暴对待等。

(七)运输应激因素

运输应激因素是指装卸和运输行程中的不良条件及刺激等。动物在运输途中由于外界环境条件不适宜，且无法供水供料，机体内的营养和水分会大量消耗，从而造成运输应激。运输应激会使动物在运输过程中呼吸和心跳加速，体温上升，精神先高度兴奋不安，后呈抑制状态，同时采食量和免疫力下降甚至会突然死亡。

1. 商品鱼

表现为运输中及运输后鱼的成活率的高低。

2. 肉鸡

表现为生理机能失调，轻则影响肉品质量，重则可引起大批量死亡；运输应激会使肉鸡体质量严重损失。畜禽经长途车运输后，即使不发生死亡，也往往表现生产性能下降，如产蛋母鸡停止产蛋或畜产品品质下降等。

3. 奶牛

运输应激会使其表现得十分拘谨和恐惧，精神紧张不安，车船行进变速或拐弯时，奶牛呈现特殊的躯体平衡姿势，肌肉紧张，严重时发生肌肉震颤和排尿频繁，行进过程中，大多会饮食废止，食量减少或改变习惯，反刍规律也被搅乱，长途运输后奶牛表现疲乏和衰弱。

4. 猪

运输应激也会造成肉质下降，如呈现 PSE 猪肉、DFD 猪肉（深色硬干肉）和背最长肌坏死等。

（八）兽医预防或治疗应激因素

兽医预防或治疗应激因素包括：疫苗注射、消毒、兽医治疗等。

三、应激的发生过程

（一）惊恐反应阶段

惊恐反应阶段也称动员阶段或紧急反应阶段（总持续时间一般 6～48 h），也称肾上腺反应阶段，动物受到应激源的刺激后机体的早期反应。从生理生化角度，可将该阶段划分为休克相和反休克相，前者表现为体温和血压下降，血液浓稠，神经系统受到抑制，肌肉紧张度降低，进而发生组织降解，低血氯、高血钾、胃肠急性溃疡，机体抵抗力低于正常水平。休克相持续几小时甚至一天，随后进入反休克相，机体防御系统动员、重组而加强，血压上升，血钠和血氯增加，血钾减少，血糖升高、血液黏度增加，分解代谢加强，胸腺、脾脏和淋巴系统萎缩，嗜酸性粒细胞和淋巴细胞减少，肾上腺皮质肥大，肾上腺皮质激素分泌增加，机体总抵抗力提高，甚至高于正常水平。

（二）适应或抵抗阶段

该阶段机体克服了应激源的有害作用，而得到了适应，则第一阶段的症状逐渐消失，新陈代谢趋于正常，同化作用又占优势，血液变稀，血液白细胞和肾上腺皮质激素分泌量趋于正常，机体的全身性非特异性抵抗力提高到正常水平以上。

（三）衰竭阶段

表现与惊恐反应相似的症状，其反应程度急剧增强，出现各种营养不良，肾上腺皮质肥大，激素不足，机体内环境失衡，异化作用又重新占主导地位，体重急剧下降，继而贮备耗竭，新陈代谢出现不可逆变化，适应性破坏，最终导致动物死亡。

四、应激反应对动物机体的危害

（一）精神危害

由应激因素对动物机体的刺激，产生应激反应会使动物极度兴奋，狂躁不安，攻击性增加，或者精神沉郁，活动量减少，使动物的生理机能降低。

（二）心脏负担

应激反应会使心率加快，心收缩力加强及血压升高，血液浓稠，低血氮、高血钾，给心脏带来严重的负担，特别是在捕捉、打斗、运输等运动强烈时会引起动物的猝死。

（三）对消化系统的影响

应激反应会使胃肠道持续性缺血，胃酸、胃蛋白酶分泌增多，胃肠的黏液分泌不足。肠道菌群紊乱，发生消化功能紊乱，严重时发生胃肠性溃疡、腹泻。表现为采食量减少，饮水增加，机体蛋白质合成减少，分解代谢增强，合成代谢减弱，出现负氨平衡，饲料转化率低，导致生长发育减缓或停滞。

(四)对呼吸系统的影响

应激反应使动物的代谢功能加快，需氧量增加，呼吸加快，呼吸负担加重，肺部缺氧、缺血，给病菌侵入创造可乘之机，动物的呼吸道、肺部容易受感染而发病。

(五)对免疫系统的危害

应激反应会使免疫器官严重萎缩，特异性的细胞及体液免疫功能严重下降。单核巨噬细胞及自然杀伤细胞的能力受到抑制，干扰素的产生不足，抗炎因素的反应削弱，使非特异性免疫抗病能力大大降低，免疫功能的降低或机能紊乱会诱发感染各种传染性疾病发生，甚至使动物死亡。

(六)机体代谢紊乱

应激反应会使动物机体严重消耗，体内有毒代谢产物成倍增加，水电解质及酸碱平衡紊乱，致使猪的生产性能下降。

应激反应直接影响动物的生理机能、生产性能(产肉、产蛋、产奶)甚至危及生命。生产中，应激对动物的影响临床上表现为呼吸加快、狂躁不安或活动量减少，采食量减少，饮水增加；机能代谢方面表现为机体蛋白质合成减少，分解代谢增强，合成代谢减弱，出现负氮平衡，导致生长发育减缓或停滞；表现为生产性能下降，产品质量下降，饲料转化率降低，免疫力减弱，严重时引起死亡，给养殖业造成巨大经济损失。屠宰前的应激导致 PSE 肉的出现，屠宰后肉的品质下降。

微课：国内外养殖废弃物的处理利用现状

生态环境与畜禽养殖污染

党的二十大报告中提出：深入推进环境污染防治。坚持精准治污、科学治污、依法治污，持续深入打好蓝天、碧水、净土保卫战。加强污染物协同控制，基本消除重污染天气。统筹水资源、水环境、水生态治理，推动重要江河湖库生态保护治理，基本消除城市黑臭水体。加强土壤污染源头防控，开展新污染物治理。提升环境基础设施建设水平，推进城乡人居环境整治。全面实行排污许可制，健全现代环境治理体系。严密防控环境风险。深入推进中央生态环境保护督察。

2021 年 12 月，农业农村部制定印发《"十四五"全国畜牧兽医行业发展规划》指出：实施《"十四五"全国畜禽粪肥利用种养结合建设规划》，畅通农业内部资源循环。推行液体粪肥机械化施用，培育粪肥还田社会化服务组织，推行养殖场(户)付费处理、种植户付费用肥，建立多方利益联结机制。开展试点示范，因地制宜推广堆沤肥还田、液体粪污贮存还田等技术模式，推动粪肥低成本还田利用，提高粪肥还田效率。统筹考虑种养布局和规模，降低粪肥加工、运输成本。

思考与训练

1. 结合当地某一畜禽场,制定并实施畜禽舍防暑降温、防寒保暖控制措施。
2. 对畜禽舍进行温度、湿度的测定,并提出测定报告。
3. 结合当地某一畜禽场,制定并实施畜禽舍人工光照控制、人工光照管理控制措施。
4. 对畜禽舍进行采光系数的测定、照度的测定,并提出测定报告。
5. 对畜禽舍进行通风设计,并实施通风换气措施。
6. 制定并实施对畜禽舍有害气体的控制措施。
7. 对畜禽舍有害气体(氨气、二氧化碳、硫化氢等)进行检测,并提出检测报告。
8. 对畜禽舍微生物进行检测,制定并实施畜禽舍微生物的控制措施。
9. 对畜禽舍噪声、应激原进行检测,制定并实施畜禽舍噪声、应激原的控制措施。

模块二

畜禽场环境保护技术

导读

保护畜禽赖以生存与生产的环境免遭污染是生产安全无公害动物性食品的重要措施。本模块为畜禽场环境保护技术，应学会畜禽场环境污染治理技术、畜禽场水源与土壤保护技术、畜禽场绿化技术等实践操作技术。

微课：养殖场废弃物产生的危害（一）

微课：养殖场废弃物产生的危害（二）

微课：养殖场废弃物的种类及组成

项目一　畜禽场环境污染治理

任务1　畜禽场雾霾控制

学习目标

针对畜禽场管理岗位技术任务要求，学会畜禽场净化雾霾措施、畜禽场雾霾监测等实践操作技术。

微课：养殖场雾霾控制措施

任务实施

一、畜禽场净化雾霾措施

（一）空气净化器

空气净化器是指能够吸附、分解或转化各种空气中的污染物，有效提高室内空气清洁度的产品。空气净化器最主要的功能是去除空气中的颗粒物，包括过敏原、室内的挥发性有机物等，同时还可以解决由装修或者其他原因导致的室内挥发性有机物空气污染问题。由于相对封闭的空间中空气污染物的释放有持久性和不确定性的特点，因此使用空气净化器净化室内空气是国际公认的改善室内空气质量的方法之一。

空气净化器中有多种不同的技术和介质，使它能够向用户提供清洁和安全的空气。常用的空气净化技术有：吸附技术、光触媒技术、负（正）离子技术、滤网高效过滤技术、静电集尘技术等。

1. 吸附技术

吸附技术主要是利用较大比表面积及多孔结构的吸附剂捕获颗粒污染物，用于气体污染物去除，效果显著。空气净化器选用空气净化活性炭，通过深度活化和独特的孔径调节工艺，使活性炭有丰富的孔，且孔的大小略大于有毒气体的表面积，对于苯、甲醛、氨气等有毒有害气体具有高效吸附能力，可有效去除室内空气中的气态污染物及有害恶臭物质，进而达到降低污染、净化空气的目的。

活性炭属于被动净化材料，其吸附空气中有害物质必须依靠空气作为媒介，但室内的空气流动性较差，活性炭在短时间内难以捕捉到离它距离较远的空气中的有害物质，因此与空气净化器配合使用效果更佳。

2. 光触媒技术

光触媒是一种以纳米级二氧化钛为代表的具有光催化功能的光半导体材料的总称，它涂布于基材表面，在光线的作用下，产生强烈催化降解功能，能对空气或物体表面起到杀菌、脱臭、防霉、净化的作用，能有效地降解空气中有毒有害气体，杀灭多种细菌，并能将细菌或真菌释放出的毒素分解及无害化处理，还具备除臭、抗污、净化空气等功能。光触媒技术能解决畜禽舍内空气污染，而且对人、畜、禽安全。

(二)颗粒物净化技术

1. 负(正)离子技术

产品主要通过负离子发生器，向空气中释放负电荷，通过负电荷与水分子、颗粒物的结合让颗粒物进行主动的沉降与吸附。目前，厂家宣传的负离子净化器通常为"主动式"的净化，即在净化器运行过程中无须物理式拦截即可实现。此外，局部区域高浓度的负离子易产生臭氧或者氢氧基，借助强氧化作用破坏细菌表面，实现杀菌的目的。负离子净化技术并不能算真正的技术，主要原因是它的净化效率太低(洁净空气)，很难在短时间内实现高效的空气净化。也正因如此，家用型空调产品上没有采用负离子单一功能的空气净化器产品。

2. 滤网高效过滤技术

滤网净化技术是目前最为成熟的颗粒物净化技术。符合标准的过滤器的用途很广泛，通常使用高效滤网可达到拦截效果。

3. 静电集尘技术

静电吸附式空气净化器的核心部件是静电吸附装置(又称高压静电场)。静电吸附装置是由放电丝和负极板组成的。在高压发生器的作用下，静电吸附装置可产生直流高压电压，并在静电吸附装置内部形成很强的静电场。当室内空气通过静电吸附装置时，空气中的颗粒物(包括微生物)被迫带上正电荷后被吸附到负板上。高压静电吸附技术的缺点是容易产生臭氧，而且只对颗粒物等大粒子气体有效果，相当于滤网过滤空气的效能。

(三)防尘降尘

畜禽场周围种植树木作为隔离带，场内种植花草和树木，能起到绿化和改善场内地面环境的作用。饲料加工车间，应远离生产区，并与生产区之间种有防护林作为隔离带。容易引起微粒飞扬的饲养管理操作，如喂料、清扫、翻动垫料、刮粪等，应增大舍内湿度，加大舍内气流速度。舍内饲料屑在雾霾颗粒中所占比重较大，可以在饲喂粉料的时候，采用湿拌料，能更有效降低舍内饲料屑的浓度。

保证舍内良好的通风换气，屋顶可以安装无阻力风机，密闭式的养殖舍在进风口安装空气过滤器。鸡舍(散养鸡除外)都是密闭的，通风显得尤为重要。空气质量不好的雾霾天，对鸡最大的威胁就是易致呼吸道疾病。对雏鸡来说，注意保温，因为鸡舍大，雏鸡呼吸量小，在这种天气下，不用开窗通风，就可以保证舍内的空气质量；对生长后期的肉鸡来说，要适当通风，以缓和鸡舍内的空气质量，降低舍内氨气浓度；对蛋鸡舍来说，通风要开天窗，避免开风机。

(四)加强畜禽舍消毒

在常规消毒的同时，增加空气消毒的次数，以抑制空气中病原菌的传播。消毒时，既可以用喷雾器、雾化机或热雾喷雾，也可以熏蒸。过硫酸氢钾、戊二醛、季铵盐等消毒剂，价格低廉，消毒效果较好。在消毒方法上,较小的畜禽舍建议用喷雾;宽大、较高的畜禽舍适合用气雾;熏蒸只能用于空舍消毒;热雾适合大型畜禽舍,虽然噪声大,但均匀性很好。

(五)湿度控制

雾天时,空气湿度大;霾天时,空气干燥。畜禽舍的相对湿度要求在50%~70%,低于40%空气太干燥,空气中粉尘增加。在低温高湿情况下,可使畜禽日增重减少36%,每千克增重耗料增加10%。所以在空气湿度大时,要适当用生石灰、干燥剂、木炭等除湿,并控制冲洗畜禽舍的频率及用水量。

二、畜禽场雾霾中空气粒子浓度监测

(一)重量法

将PM2.5直接截留到滤膜上,然后用天平称重,这就是重量法。重量法是最直接、最可靠的方法,是验证其他方法是否准确的标杆。计算公式为:

$$\rho=\frac{W_2-W_1}{V}\times 1\ 000$$

式中:ρ 为PM2.5浓度,单位为 mg/m^3;W_2 为采样后滤膜质量,单位为g;W_1 为采样前滤膜质量,单位为g;V 已换算成标准状态下的采样体积,单位为 m^3。

重量法是最直接、最可靠的方法,是验证其他方法是否准确的标杆。然而重量法需人工称重,程序烦琐费时,不易实现自动化监测。

(二)β射线吸收法

将PM2.5收集到滤纸上,然后照射一束β射线,射线穿过滤纸和颗粒物时由于被散射而衰减,衰减的程度与PM2.5的重量成正比。根据射线的衰减程度就可以计算出PM2.5的重量。

(三)微量振荡天平法

一头粗一头细的空心玻璃管,粗头固定,细头装有滤芯。空气从粗头进,细头出,PM2.5就被截留在滤芯上。在电场的作用下,细头以一定频率振荡,该频率和细头重量的平方根成反比。这样,根据振荡频率的变化,就可以算出收集到的PM2.5的重量。微量振荡天平法和β射线吸收法是当前各国普遍用于对空气中PM2.5进行自动监测的主要方法。

(四)雾霾检测仪测定

目前,我国市场有多种型号的雾霾检测仪,配置采样器,可更换粒子切割器,汉字菜单提示,检测灵敏度0.01 mg/m^3,监测时间为1 min,直读粉尘质量浓度(mg/m^3),较为方便(图2-1)。

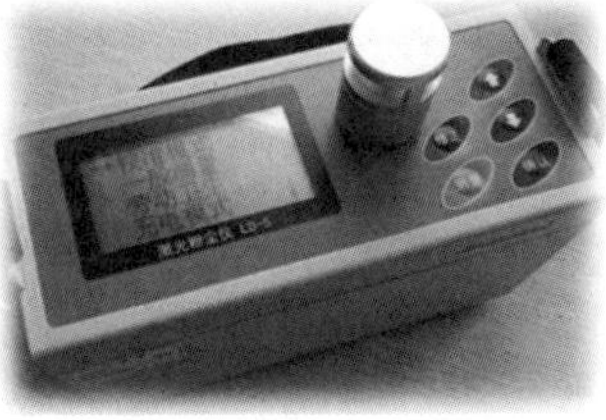

图2-1　雾霾检测仪

知识链接

雾霾,是雾和霾的组合词,雾霾是特定气候条件与人类活动相互作用的结果。畜禽场的雾霾主要指畜禽场内以微粒粉尘或液体小颗粒形式存在于空气中的分散胶体。如果这种状态严重，会给畜禽养殖带来很多危害。

一、畜禽场雾霾来源及种类

(一)来源

畜禽场内雾霾主要来自外界和舍内。外界的来源主要是由舍外空气带入的。舍内产生的雾霾，主要是由饲养人员的活动(喂料、清扫、使用垫料、刷拭畜体、刮粪)以及畜禽自身(活动、争斗、咳嗽、鸣叫)的产生。

(二)种类及数量

按照畜禽场雾霾中的微粒可以分为无机微粒和有机微粒两种。无机微粒多是由外界土壤粒子被风从地面刮起或生产活动引起的；有机微粒又分为植物微粒(如饲料粉尘、细纤维、花粉、孢子等)和动物微粒(如动物皮屑、毛发、飞沫等)。畜禽场空气中有机微粒所占的比例较大，可达到60%以上。

畜禽场内雾霾的数量由微粒大小、空气湿度、气流速度、季节等因素决定。其性质是由当地自然条件(地面条件、土壤特性、植被种类、季节与气候等因素)和人为因素(居民、工厂、矿场以及农事活动等情况)决定的。

二、畜禽场雾霾危害

畜禽场雾霾的危害受到微粒大小、侵入畜禽呼吸道时间和在畜禽场停留时间等因素影响。同时，雾霾中微粒的化学性质决定危害的性质，微粒对畜禽的直接危害在于对表皮、眼睛和呼吸道的影响。

(一)雾霾对畜禽表皮的危害

雾霾中微粒落到表皮上，就与皮脂腺、汗腺的分泌物、细毛、皮屑及微生物混合在一起，对皮肤产生刺激作用，引起发痒、发炎，同时使皮脂腺、汗腺管道堵塞，皮脂、汗腺、汗液分泌受阻，致使皮肤干燥、龟裂，热调节机能破坏，从而降低畜体对传染病的抵抗力和抗热应激能力。

(二)雾霾对畜禽眼睛的危害

雾霾中大量微粒落在畜禽眼结膜上，会引起结膜炎。特别是畜禽舍内有害气体浓度高，在微粒作用下危害更为明显。鸡舍内雾霾的微粒，对鸡眼结膜损伤更为明显。

(三)雾霾对畜禽呼吸道的危害

雾霾中的微粒对畜禽呼吸道的作用以及通过呼吸道对机体全身的作用具有很大危害性。雾霾中的降尘对畜禽鼻黏膜发生刺激作用，但经咳嗽、喷嚏等保护性反射可排出体外；雾霾中的飘尘颗粒可以进入畜禽支气管和肺泡，从而引起畜禽鼻炎、支气管和肺部炎症，大量微粒还能阻塞淋巴管或随淋巴液到淋巴结、血液循环系统，引起尘埃病。在畜禽个体上表现为淋巴结尘埃沉着、结缔组织纤维性增生、肺泡组织坏死，导致肺功能衰退等。

雾霾中有些微粒还能吸附舍内有害气体、微生物、病毒等，其危害更大。同时，某些植物的花粉飘散在空气中，还能引起畜禽过敏性反应。有研究表明，畜禽舍雾霾微粒会影响奶牛的乳品质量。

任务 2　畜禽场粪污厌氧发酵处理

学习目标

针对畜禽场管理岗位技术任务要求，学会畜禽场沼气池的建造类型、构造及工作原理，学会建造沼气池与生产沼气，学会沼气池运行管理和沼渣与沼液生态利用等实践操作技术。

微课：畜禽场沼气池建设

任务实施

厌氧发酵处理工艺以沼气工程为主，是一个有效处理畜禽场生产养殖废弃物的环境工程。

一、畜禽场沼气池的建造类型

目前，畜禽场沼气池有水压式沼气池、浮罩式沼气池、塑式沼气池和罐式沼气池(图 2-2)。水压式沼气池从池型可分为底层出料沼气池、旋流布料型沼气池(即侧进料侧出料沼气池，进出料口呈 45°夹角)、对称式沼气池(即进出料口对称分布，池内建造分流墙)。按材料分有水泥沼气池、玻璃钢沼气池、塑料沼气池及微型塑料沼气发生罐。水泥沼气池建池施工复杂，产气慢、报废率高，玻璃钢沼气池由手工制造、运输困难。塑料沼气池因为工业化生产、环保、产气率高、运输方便、施工简单而应用较多。

水压式沼气池　　浮罩式沼气池　　塑式沼气池　　罐式沼气池

图 2-2　畜禽场各式沼气池

二、畜禽场沼气池构造及工作原理

水压式沼气池的结构如图 2-3 所示，该池集发酵和储气于一体，污水(发酵原料)从进料口进入发酵间，当发酵产气时，气压使池内的液面下降，水压间的液面随之上升，二者的液面差产生的水压力为沼气输送提供动力，通过沼气管输送至沼气利用装置，沼液通过溢流口流出，污水在沼气池内的停留时间一般为 10～15 d。

沼气料液室为升流式厌氧污泥床(UASB)反应器或厌氧内循环(IC)反应器。若为 UASB

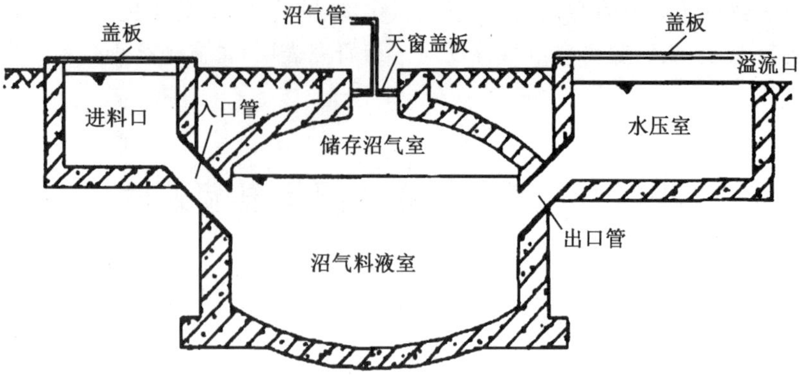

图 2-3 水压式沼气池的结构

则待处理的污水从反应器的底部进入,向上流过由颗粒状污泥组成的污泥床。随着污水与污泥相接触而发生厌氧反应,产生的沼气引起污泥床扰动。在污泥床产生的气体中有一部分附着在污泥颗粒上,自由气泡和附着在污泥颗粒上的气泡上升至反应器的顶部。污泥颗粒上升撞击到三相分离器,这引起附着的气泡释放,脱气的颗粒污泥沉淀回到污泥层,气体被收集在反应器顶部的集气室内。通过处理后的污水经三相分离器分离后经溢流口流出,从而实现污水中有机物的降解。污水中所含的大部分有机物在这里被转化成沼气,所产生的沼气被第一反应室的集气罩收集,沼气将沿着提升管上升。沼气上升的同时,把第一反应室的混合液提升至设在反应器顶部的气液分离器,被分离出的沼气由气液分离器顶部的沼气排出管排走。分离出的泥水混合液将沿着回流管回到第一反应室的底部,并与底部的颗粒污泥和进水充分混合,实现第一反应室混合液的内部循环。

图 2-4 畜禽场沼气池

三、沼气池的建造与生产沼气能源

厌氧发酵生产沼气,对可溶性有机物进行大量去除(去除率可达 85%～90%),生产的沼气可直接作为生活、生产能源或转化为电能使用。生猪存栏数为 200～500 头,按每 5～6 头建 1 m^3 沼气池;存栏数为 500～1 000 头,按每 6～7 头建 1 m^3 沼气池;存栏数 1 000 头以上,按 7～9 头建 1 m^3 沼气池(图 2-4)。

四、畜禽场沼气池运行管理

沼气池建成后需要进行污泥接种。对于普通水压式沼气池可以选择老沼气池中的悬浮污泥、河流湖泊底层的沉渣和积水粪坑的粪肥等,条件允许的情况下选择城市污水处理厂的厌氧消化污泥为最佳。接种量一般为池体体积的 10%～30%。UASB 反应器和 IC 反应器的接种污泥一般选用城市污水处理厂的厌氧消化污泥,条件允许时选择同类型污水处理工艺中的厌氧颗粒污泥为最佳。UASB 反应器污泥接种量一般为 6～8 kgVSS/m^3(按反应器总有效容积计）。IC 反应器污泥接种量最好大于 10 kgCOD/m^3。新建的沼气池从进料开始到能够正常运行的过程为沼气池的启动过程。启动初期一般将反应器的容积负荷控制在设计值的 30%左右，当反应器在该负荷条件下稳定运行一段时间后（COD 去除率连续 3 d 达到 70%以上）将负荷提高 10%～15%，直到反应器满负荷运行即为启动成功。

影响沼气池处理效果的因素主要有温度、pH、碳氮磷的比例等，沼气池启动成功后一般将温度控制在 35 ℃左右（普通水压式沼气池在冬季可增加保温措施，设有加热装置的 UASB 反应器和 IC 反应器可调节温控装置使微生物保持良好的活性）。甲烷菌生活的最佳 pH 为 6.8～7.2，通过定期检查，当反应器内 pH 达到要求时可加酸或加碱进行调节。厌氧反应器内的碳氮磷比例维持在（100～200）：5：1 时能够使微生物的产气率达到最高，通过定期检测反应器内的碳氮磷含量，适时添加营养元素以保证沼气池在微生物最佳生活条件下运行。

五、沼渣与沼液生态利用

沼渣与沼液合理转化、利用是生态养殖的关键点。沼渣与沼液可以疏松土壤，有利于土壤微生物的活动，提高土壤有机质含量和土壤肥力。据相关研究，沼渣中含有丰富的有机质、腐殖酸、粗蛋白、氮、磷、钾和多种微量元素等，是一种缓速兼备优质有机肥和养殖饵料；沼液中氮、磷、钾总养分含量大于 0.2%，同时含有钙、铁元素及赖氨酸、色氨酸和生长素等多种活性物质，是一种速效的水肥，也是很好的饲料添加剂。

沼渣与沼液作为肥料可以直接施用于农田、果园、竹林等，可改良土壤，增加种养业的附加值。该模式投资较少，利用直接，但需要配套较大的种植面积和相应的灌溉系统，容易受周边场地限制。典型的生产方式有：畜—沼—林或竹；畜—沼—果或牧草；畜—沼—菜或鱼塘等（图 2-5、图 2-6）。最终将沼渣、沼液直接消纳利用，达到零排放。

图 2-5　畜—沼—鱼塘模式

图 2-6　畜—沼—菜模式

按每头猪排放的生态利用标准计算，每 100 头生猪存栏量，配套 1 亩鱼塘或湿地；每 100 头生猪存栏量，配套 5 亩以上种植地种菜或牧草；每 100 头生猪存栏量，配套 10 亩以上山地种植林、竹、果树等。

任务3　畜禽场发酵床技术

学习目标

针对畜禽场管理岗位技术任务要求，学会畜禽场的发酵床建造布置、发酵床的垫料制作等实践操作技术。

任务实施

微课：畜禽场发酵床建设技术

一、畜禽场的发酵床建造

(一)地下式发酵床

地下式发酵床应下挖 60～100 cm(南方浅，北方深)，铺上垫料后与地面平齐，地面不用打水泥，直接露出泥土即可在上面放垫料。在建筑墙面一侧，要注意彻挡土墙，不能让泥土塌下来，中间的隔墙则直接建设在最低泥地上，隔墙高至少 1.8 m，其中 0.8 m 用于挡住垫料层，1 m 用于猪栏的间隔墙。

1. 双列式全地下式发酵床

双列式全地下式发酵床适用于育肥猪舍、保育猪舍(面积更小而已)、母猪舍、公猪舍等。在育肥猪舍或保育舍中，中间预留 1 m 的水泥地面，在北方则可以不必预留这部分水泥地面，母猪舍和种公猪舍则必须有水泥地面以锻炼肢蹄(图 2-7)。

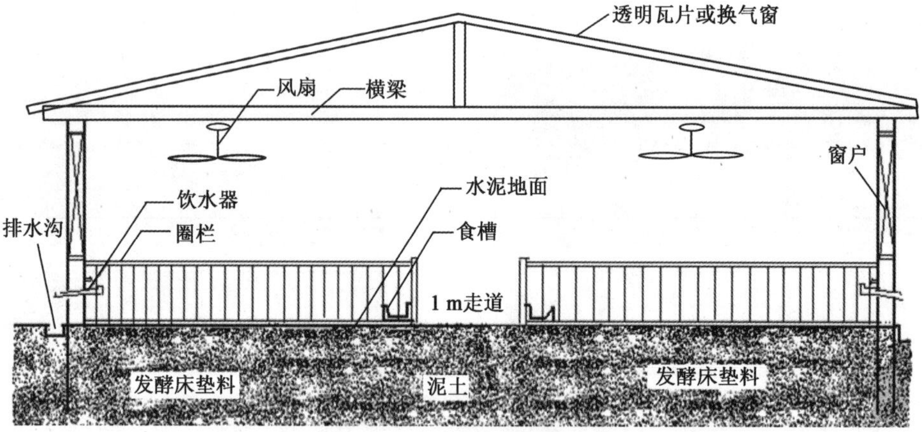

图 2-7　双列式全地下式发酵床

2. 单列式全地下式发酵床

单列式适用不透气屋顶材料带换气窗的猪舍，建造的发酵床尺寸可以根据实际情况进行调整，根据当地情况可适当预留 1 m 宽的硬质水泥地面，便于猪自由纳凉和在停电等没有风扇的情况下使用，也可不预留这部分水泥地面(图 2-8)。

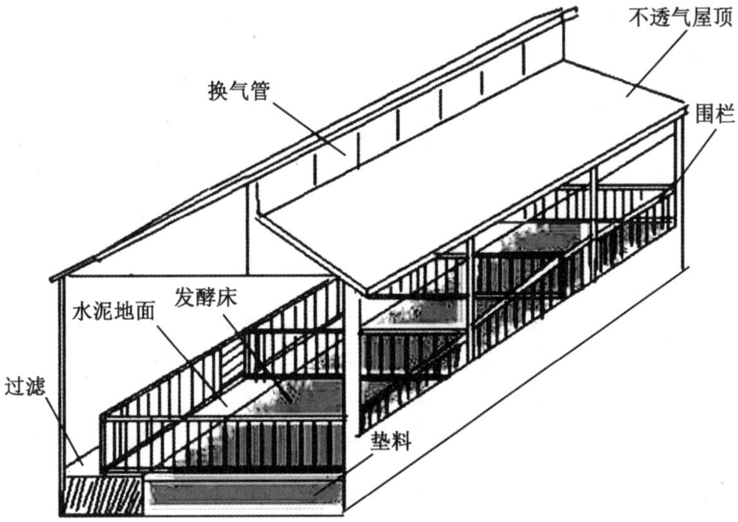

图 2-8　单列式全地下式发酵床

(二)地上式发酵床

地上式发酵床则需要在周围砌矮墙。发酵床用土地面即可,不用铺上水泥,既省钱又能通气,圈舍一般应尽量做成开放式或半开放式。北方应注意避免下雨天将圈舍弄湿,南方应注意地下水不能渗入床内。地基过湿的应采取必要的防渗措施,还要注意大风大雨时防止雨水飘到垫料上。

(三)半地下式发酵床

半地下式发酵床则参考上面两种方式的建造方法,只是地下深挖 30～50 cm(可视情况而定到底挖多深),保证垫料层高度在 60～100 cm 即可。

二、发酵床建造布置

发酵床生态垫料养猪法,要求猪舍所在地的地面渗透性比较好,也就是建在地势比较高的地方、地下水位低的地方都可以。南方地下水位高,则适应于做成地上式或半地上式的垫料层,如图 2-9 所示,图中黑色为垫料部分。

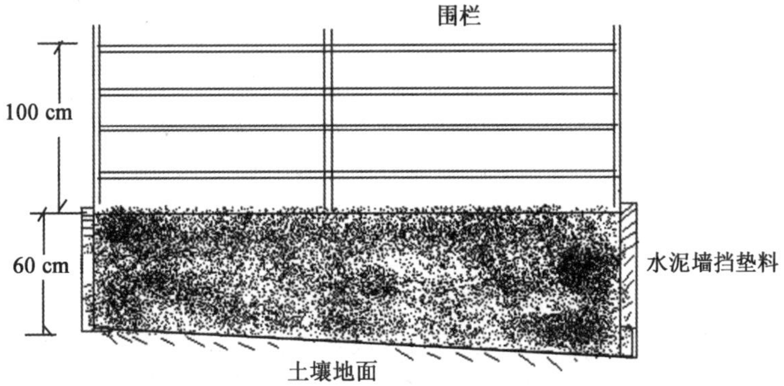

图 2-9　发酵床建造布置

猪舍尽量设计为长方形，最好是设置自动饲料食箱，给发酵床的猪自由采食，将自动饲料食箱和饮水器设置在长方形的猪舍两头，便于强制猪运动，以利于搅拌地面垫料，培养不固定排粪尿的习惯，或尽量打乱猪固定地点排粪的习惯。这样能使猪排出的粪尿均匀地被垫料吸收消化，减少人工辅助覆盖。同时也可以在猪栏中放置玩具，如吊起的彩球，比较硬的小篮球等，让猪玩耍，这样也可以增加搅拌垫料、不固定排粪的作用。母猪分娩和哺乳期发酵床见图 2-10。

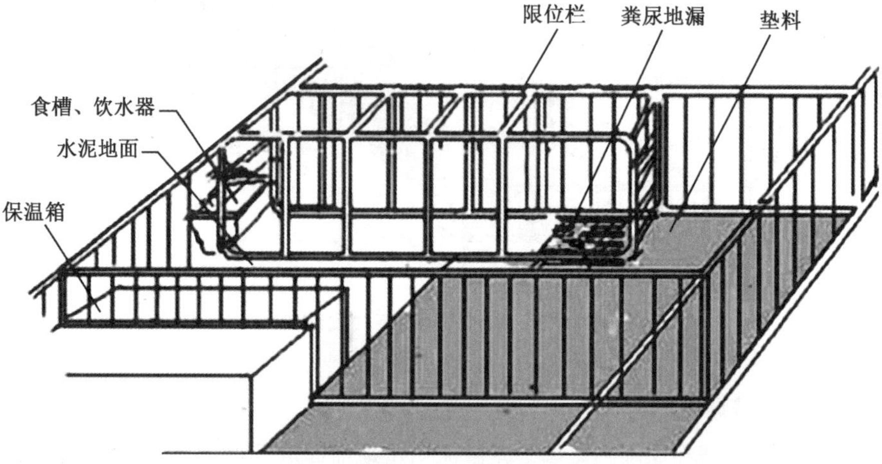

图 2-10　母猪分娩和哺乳期发酵床

图 2-11 为后备母猪和妊娠母猪发酵床舍平面布置图（限位栏中可以是水泥地面，也可以全部是垫料）。

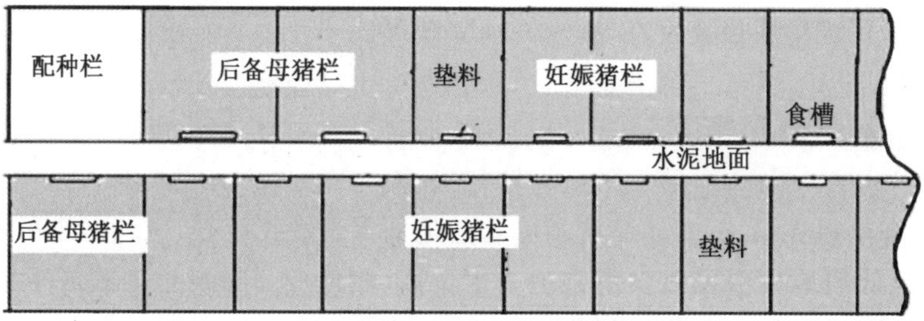

图 2-11　后备母猪和妊娠母猪发酵床舍平面布置

三、发酵床的垫料制作

（一）发酵床垫料

1. 主料

通常这类原料占到物料比例的 80％以上，由一种或几种原料构成，常用的主料有木屑、米糠、草炭、秸秆粉、蘑菇渣、糠醛渣等。

2. 辅料

主要是用来调节物料水分、C/N、C/P、pH、通透性的一些原料，由一种或几种原料组成，通常这类原料占整个物料的比例不超过 20%。常用的辅料有猪粪、稻壳粉、麦麸、饼粕、生石灰、过磷酸钙、磷矿粉、红糖或糖蜜等。

3. 调理剂类原料

主要指用来调节 pH 的原料，如生石灰、石膏以及稀酸等；有时也将调节 C/P 的原料如过磷酸钙、磷矿粉等归为调理剂；此外还包括一些能量调理剂，如红糖或糖蜜等，这类有机物加入后可提高垫料混合物的能量，使有益微生物在较短的时间内激增到一个庞大的种群数量，所以又俗称“起爆剂”。

（二）发酵床垫料制作

1. 垫料制作场所

发酵床最好建设在猪场内和邻近猪场的地方，尽可能缩短发酵床到猪舍的运输距离，同时也便于日常管理；发酵床面积为年出栏万头配置 300～400 m^2；发酵床地面应做硬化处理；发酵床应遮阳挡雨，通常应建成发酵车间或者发酵棚（图 2-12）。南方地区多选用发酵车间式结构，利于通风透气，北方地区多选用发酵棚式结构，便于冬季保温；水电设施齐全，运输便利。

a. 发酵车间式结构

b. 发酵棚式结构

图 2-12　垫料制作发酵场

2. 发酵床设备

发酵床除了配备必要的运输车辆及劳动工具外，最主要的是应配备翻堆设备，由于垫料的制作采用的是条垛式堆肥方式，所以通常配备的是自走式翻堆机（图 2-13）。

图 2-13　自走式翻堆机

3. 发酵床垫料配方要求

发酵床垫料与常规堆肥存在较大差异,其中最大的差异性表现为 C/N 要求的不同。垫料配方设计中除考虑快熟发酵所需能量(即碳源)之外,还必须满足发酵床持续分解粪尿对能量的需求,所以 C/N 比常规堆肥要高;同时为保证发酵床良好的通透性,原料的颗粒直径(即粒度)也较常规堆肥要大。发酵床垫料配方要求见表 2-1。

表 2-1　发酵床垫料要求

垫料要求	合理范围	最佳范围
碳氮比(C/N)	(30～70):1	(40～60):1
水分含量	40%～65%	45%～55%
颗粒直径(直径以 cm 计)	0.32～1.27	可变*
pH	5.5～9.0	6.5～7.5
碳磷比(C/P)	(75～150):1	75:1

注:依特定的物料、堆体大小和气候条件而调节。

4. 发酵床垫料配方

配方例 1:木屑 800 kg,猪粪 200 kg,菌剂 1 L,红糖或糖蜜 1 kg。

配方例 2:木屑 500 kg,秸秆粉 300 kg,发酵猪粪 200 kg,菌剂 1 L,红糖或糖蜜 1 kg。

5. 发酵床垫料制作的操作流程

①先将玉米+发酵菌液+水混合→②把其他垫料原料简单混合→③往建设中的发酵床铺入垫料 20 cm→④泼撒玉米+发酵菌液+水混合物→⑤简单翻拌,如此重复③～⑤步骤,最上层 15 cm 采用稍细锯末+水+发酵菌液简单搅拌,最后整个垫料稍微踩实即可。如果上面再覆盖一张薄膜发酵速度会加快。覆盖层下垫料的用水量不是绝对的,需要灵活掌握,最佳的含水量是:泼水拌匀后抓紧,见手缝有痕而不滴水,就是最佳含水量。一般情况下总料水比不超过 1:0.7。

发酵床会在第 2 天感觉明显升温,第 3、第 7 天要分别补充一次水,可以采用发酵菌液 5 kg+水 200 kg(20 m^2 用量)喷淋在发酵床上。

发酵垫料冬季 3 d,夏季 5～7 d 即可使用。移走覆盖的薄膜,用耙子将表面 20 cm 的垫料耙松,进行透气 1 d,猪进入前 1 d,采用发酵菌液 5 kg+水 200 kg 喷淋在发酵床上。第 2 天即可让猪入住发酵床上。

6. 发酵床垫料制作的控制

(1)水分　不同物料因理化特性存在差异,适宜发酵的水分含量是不一样的,同时温度、湿度等环境因素也会对其产生影响。通常情况下,水分偏低或偏高,会导致堆肥堆体温度急剧上升,或形成"烧白",或发酵温度居高不下;水分过低或过高时,往往会不升温,即无发酵温度产生。关于垫料发酵的水分控制和调整,应遵循以下一般原则:南方地区适当调低,北方地区适当调高;雨季适当调低,旱季适当调高;低温季节适当调低,高温季节适当调高;陈料熟料适当调低,鲜料适当调高;低 C/N 适当调低,高 C/N 适当调高。

(2)通透性　堆制过程中,通透性即物料的供氧状况是通过温度和气味来反映的。堆制温度的异常变化或有臭味、异味产生就说明物料的通透性发生了问题。通过翻堆或强制通风,不仅可以提供给堆肥生化反应足够的氧气，而且还能将热量带走，避免堆体温度过高导致微生物失活，同时随着热量散失还可带走大量水分。所以堆肥过程不仅是堆肥有机物氧化还原的过程，同时也是堆肥水分逐渐散失的过程。

(3)温度　堆体的温度变化是反映发酵是否正常最直接、最敏感的指标。由于它与水分、通透性以及其他各项控制因子都有着极其密切的联系，所以它又是一个最复杂的因子。对垫料堆制温度变化的要求可概括为：前期温度上升平稳、中期高温维持适度、后期温度下降缓慢。堆制前期的温度变化一定要处理好"快"与"稳"的关系，即发酵起温要快，但温度上升不能过快，要尽可能平稳；堆制中期高温维持的温度值要适度，时长也要适度。正常堆肥发酵的温度主要通过翻堆和强制通风来调控，一般遵循"时到不等温、温到不等时"的原则，即在堆肥前期，即使发酵起温缓慢甚至不起温，48 h后必须翻堆或通风，避免堆体形成厌氧环境，在堆肥中后期，一旦温度超过设定值，必须及时翻堆，不能等达到规定时间后再翻堆。

任务4　畜禽场粪尿污染治理措施

学习目标

针对畜禽场管理岗位技术任务要求，学会畜禽场免冲洗设计和粪污处理设施建设等技术。

任务实施

微课：畜禽场粪污处理工艺

一、畜禽舍免冲洗设计

目前畜禽粪污的清理方式有很多种：一是人工清粪，人工清粪费用高，清理不彻底、不及时，而且人员不好找。二是刮粪板清粪，由于刮粪板清理不干净，易造成疾病的二次感染。三是发酵床，发酵床对温度、湿度控制要求高，现在也面临原材料收集难度越来越大的情况，所以实际操作难度大，相对成本高，易死床。四是PP传粪带，这种清粪设备传送带易跑偏，易断裂，使用时限短，所以很快被淘汰了。五是PVC传粪带，是在PP传粪带的基础上改进的另一种传粪带，其特点是防跑偏，不易断裂，使用年限长。

二、养殖场的规划与选址

推广"以地定畜禽量"规划模式，规模养殖场要建在大面积的种植区，远离城镇居民区和养殖密集区，这样便于粪污的运输和使用。我国部分地区畜禽粪污土地承载能力见表2-2。

表2-2　我国部分地区畜禽粪污土地承载能力

地区	土地承载能力
上海	粮食作物：每年每公顷11.25 t猪粪当量

续表2-2

地区	土地承载能力
江苏	蔬菜作物：每年每公顷 22.5 t 猪粪当量
	经济林：每年每公顷 15 t 猪粪当量 大田：氮 40 kg/亩；五氧化二磷 18 kg/亩
北京	大棚：氮 80 kg/亩；五氧化二磷 32 kg/亩；粪肥 2～3 t/亩

三、粪污处理设施建设

畜禽舍外排水道和污水道分开，实行水污分离，雨水进入排水道，污水道采用暗道，污水道与舍外防渗漏带盖或棚的污水池、贮粪池相通。实行粪污分离，畜禽舍内地面采用半漏缝地板结构，漏缝板下设粪便承粪池，承粪池中间安装污水管，污水管与舍外污水管道相通。禽舍内笼下建承粪池或安装承粪输送带，承粪池与舍外贮粪池相通。畜禽舍外建有污水池、堆粪场或贮粪池。所建的承粪池、污水池、堆粪场或贮粪池的大小与饲养规模相匹配，年出栏 1 000 头肉猪的猪场，按照年育肥 2 次、每头猪日产 1.0 kg 猪粪和 2.5 kg 污水计算，需要堆粪场 100 m^2、污水池 250 m^3。

(1)干清粪设计(图 2-14、图 2-15)、全漏缝水泡粪设计，以减少冲水或免冲水，达到污物、污水减排。

图 2-14 干清粪

图 2-15 干清粪后堆积

(2)粪污固液分离 粪尿污水流到中心沉淀池后(图 2-16)，再利用干湿分离机进行固型物分离(图 2-17)，从而进一步减少污水的污染物浓度。

图 2-16 粪污沉淀池固液分离

图 2-17 粪污固液分离机

(3)建立雨污分离排水系统　改污水明沟排放为暗道输送，污水和雨水分设不同排放管道(图 2-18、图 2-19)，使雨水不混入猪场排污系统中，不增加污水处理总量。

图 2-18　**明沟排放**

图 2-19　**暗道输送**

四、田边建池

在规模畜禽场周边的农田建贮粪池，平时规模养殖场的粪污存放到贮粪池内发酵，用肥时直接施入农田。这样既避免粪污直排污染环境的问题，同时又解决了农忙季节性施肥的费工问题(图 2-20)。

图 2-20　**田边建池**

五、加强饲养管理与减少粪污产量

根据畜禽的营养需要配制全价日粮，提高饲料利用率。推广氨基酸平衡配比方法，添加必需氨基酸，降低蛋白用量，从而降低畜禽粪便中的含氮量。推广在饲料中添加植酸酶，减少磷的用量，从而降低畜禽粪便中的含磷量。推广使用家畜自动饮水池和家禽带杯的乳头饮水器供水，避免乳头饮水溅漏，减少污水量。使用粪便干清工艺后，污水进入污水管道，从而直接实行粪污分离。对家畜粪便采用机械清理的，可在承粪池中间安装污水管，平时家畜的小便和污水从污水管中流入污水池，粪便由刮粪机定时刮出舍外，进入贮粪池。家禽的粪便可采用承粪袋收集法，用风干法降低家禽粪便的含水量，这样收集的粪便可直接包装运输，从而达到零排放和零污染。

任务 5　畜禽场粪肥利用技术

学习目标

针对畜禽场管理岗位技术任务要求，学会腐熟堆肥、畜禽粪污干燥处理、畜禽粪污药物处理等实践操作技术。

任务实施

微课：畜禽场粪肥利用技术

一、腐熟堆肥

腐熟堆肥是一种好氧发酵处理粪便的方法，是利用好氧微生物（主要有细菌、放线菌、霉菌及原生动物等）将复杂有机物分解为稳定的腐殖土，其中约含 25%死的或活的生物体，堆肥还会慢慢分解，但不产生大量的热能和臭味。在堆肥过程中，微生物在降解有机质的过程中可达到 50～70 ℃的高温，能杀死病原微生物、寄生虫及其虫卵和草籽等。腐熟后的物料无臭，复杂有机物被降解为易被植物吸收的简单化合物，形成高效有机肥料。堆肥化处理是国内外采用最多的固体粪便净化处理方法。

图 2-21　腐熟堆肥法

（一）影响堆肥效率的因素

一是含水率，堆肥物料含水率要求 60%～70%。过高会造成厌氧腐解而产生恶臭；二是通风供氧，以保持有氧环境和控制物料温度不致过高；三是适宜的碳氮比，使 C∶N＝（20～30）∶1；四是控制温度，通过通风（堆肥设备）或翻堆（自然堆肥）使堆肥温度控制在 70 ℃，如高于 80 ℃则导致“过熟”（图 2-21）。

（二）腐熟堆肥处理工艺

传统的堆肥为自然堆肥法，不需设备和耗能，但占地面积大、腐熟慢、效率低；现代堆肥法是根据堆肥原理，利用发酵设备为微生物活动提供必要条件，可提高效率 10 倍以上，堆制时间减少 6～25 d。堆肥腐熟后物料含水率为 30%左右，为方便贮存和运输，需降低水分至 13%左右，并粉碎、过筛、装袋。

畜禽粪便的碳氮比较低（鸡、猪、羊、牛和马粪分别为 7.9～10.7、7.7～13.2、12.3、15.2～21.5 和 21.5），故在堆肥前的预处理须掺入含碳量高的锯末、碎稻草等，以调整物料水分和碳氮比，并使物料疏松易通气。自然堆肥法只需将经过预处理的物料堆成长、宽、高各为 10～15 m、2～4 m、1.5 m 的条垛，在 20 ℃、15～20 d 腐熟期内，将垛堆翻倒 1～2 次，起供氧、散热和使发酵均匀的作用，此后静置 3～5 个月完全腐熟。为加快发酵速度和免去翻堆的劳动，可在堆底设打孔的供风管，前 20 d 内用鼓风机在堆的一头经常强制通风，此后静置堆放 2～3 个月可完全腐熟。利用堆肥设备进行处理时，设备形式和种类很多，一般包括发酵前的预处理设备、发酵设备和腐熟后物料干烘、粉碎、包装等，组合成套设备。发酵设备是其关键设备，有发酵池、发酵罐、发酵塔等。

1. 粪肥预处理堆放场建造及预处理

预处理场建造面积根据猪场 10 d 的粪便累计储量来确定，如按照 10 d 的猪粪累计储量为 8～12 t 计算，确定预处理场建造面积为 35～40 m^2。地面浇注成 5°的倾斜度，在低的一边边缘砌 1 条小沟(沟宽 25 cm、深 20 cm)，使预处理物料渗出液经小沟通往尿液储存池。预处理一是在新鲜猪粪中添加占发酵猪粪总量 10%～15%的无毒无害的木屑或粗米糠等辅料，以起到调节水分、通气和碳氮比作用，使猪粪的含水量控制在 60%左右。碳氮比在(30～40)∶1。二是添加占发酵物料总量 5%的过磷酸钙，调节猪粪 pH 在 7.5 左右。添加料必须和猪粪均匀混合，然后在预处理场中以梯形状堆放。堆条梯形上宽为 2 m，下宽 3 m。堆条走向与地面倾斜度方向一致，以便使渗出液能流向低的一面小沟中。预处理场中堆放时间，夏秋季为 7 d，冬春季为 10 d，然后进发酵槽发酵。

2. 发酵场所建造

猪粪发酵是无害化处理的主要环节，通过高温 55～65 ℃发酵，猪粪中病原菌和杂草种子被杀灭，有机质腐殖化，其中养分变成易被农作物吸收的形态。

发酵车间建造。万头猪场发酵车间建造尺寸为长 20～30 m、宽 7.5～8 m、高 3.5 m，盖顶选用阳光板，使太阳热能透过阳光板来提高发酵车间室温，加快发酵物料起始温度的提高。顶部留有换气孔，以便物料发酵时产生的水蒸气等气体散发排出。四面墙体为砖混结构，留好门窗。

发酵槽建造。发酵车间内建有发酵槽 2 个，槽长 18～25 m、宽 2.5 m，槽边用砖砌成，水泥抹面。发酵一槽发酵 4～5 d 翻料时，使发酵物料从一槽翻入二槽。一般从进料到出料需要 20～25 d 时间。

3. 翻料

用翻料机或人工翻料。翻料机由带有翻铲的旋转滚筒、行走装置和提升装置等组成，旋转滚筒由液压马达带动，翻动发酵物料，在向后抛撒发酵物料的过程中，起到疏松通气、散发水气、粉碎、搅拌等作用，促进物料发酵腐熟、干燥。一般翻料机需用 80～100 m 长、7～8 m 宽的发酵槽，走完发酵槽需要 30 min 时间。

4. 发酵

槽式发酵猪粪和木屑混合物料在预处理场堆置 7～10 d，进入发酵槽发酵。一般每 10 d 进料 1 次，体积在 10 m^3 左右(即堆高 0.75 m、宽 4.5 m、长 3 m)，相当于千头猪场 10 d 产生的猪粪量。如在冬春季节，气温低，新鲜猪粪内本身存在的发酵菌繁殖速度慢，短时期难以达到发酵态势，必须外加活力强的发酵菌剂促使发酵态势形成。而在夏秋季，由于气温适宜，猪粪内存在的发酵菌大量繁殖，很快便可达到发酵态势，不必外加发酵菌剂。据试验表明，在冬春季节，每吨发酵物料需加 0.2%～0.3%发酵菌剂，发酵菌剂可均匀撒在已进发酵槽的物料表面。通过翻料机或人工翻动，使发酵菌剂和发酵物料均匀混合，促进猪粪发酵腐熟。

翻料次数冬春季每 5 天在中午时分翻料 1 次，夏秋季每 5 天翻料 2 次，物料发酵温度控制在 55～70 ℃。发酵温度可用棒式数显温度计测控。猪粪在夏秋季节发酵，时间控制在 20 d 左右，冬春季节为 25 d 左右。经上述发酵过程，猪粪已基本腐熟，然后出发酵槽，在仓库内堆置 10 d 左右完成腐熟。这样猪粪无害化处理全过程结束(发酵周期需经试验最后确定)。

5. 应用发酵菌剂

在冬春季节,发酵物料加发酵菌剂的,物料升温快,发酵腐熟度好,有机肥的品质也好;而不加发酵菌剂的物料升温慢,发酵时间长,花费工时多,难以进行工厂化生产。而在夏秋季节,发酵物料加不加发酵菌剂无明显差异,为此,从发酵效果和发酵花费成本综合考虑,在冬春季节,采用加发酵菌剂的发酵技术,而在夏秋季节去除加发酵菌剂这道工序,发酵完善的猪粪腐熟料可节省一定的成本。

6. 堆肥腐熟度鉴定

一是物理性指标,熟腐的堆肥颜色呈茶褐色、无恶臭味,堆内温度下降至近常温、草茎树叶用手一拉就断,可认为腐熟了;二是化学性指标,即含水率在 30%以下,氮磷钾总养分含量达 50～60 g/kg,pH 7.5～8.0,有机质含量≥30%,大肠杆菌群数(CFU/g)≤100,寄生虫卵死亡率在 95%～100%。凡达到上述指标的都属于发酵完善。

二、畜禽粪污干燥处理

畜禽粪污干燥处理有微波干燥、笼舍内干燥、大棚发酵干燥、发酵罐干燥等方式。目前干燥处理方式存在的主要问题是投入的设施成本较高,而且干燥处理过程全产生明显的臭气。在国内也有部分中小型畜禽场采取自然风干或阳光干燥法来干燥处理畜粪,处理过程产生的臭气较重,引起牧场及周边环境的空气污染。这种处理方法也常常会受到天气的影响而得不到及时处理,降水也会引起粪水的地表径流造成环境的严重污染。

三、畜禽粪污药物处理

在急需用肥的季节,或在传染病和寄生虫病严重流行的地区(尤其是血吸虫病、钩虫病等),为了快速杀灭粪便中的病原微生物和寄生虫卵,可用化学药物灭虫灭卵,选用药物时,应采用药源广、价格低、使用方便、灭虫效果好、不损肥效、不引起土壤残留、对作物和人畜无害的药物。常用的药物主要有尿素添加量为 1%;敌百虫添加量为 10 mg/kg,碳酸氢铵添加量为 0.4%。通常上述药物或添加物在常温情况加入粪便 1 d 时间就可达到消毒与灭虫的效果。

知识链接

一、畜禽场粪污好氧处理工艺

天然好氧生物处理法是利用天然的水体和土壤中的微生物来净化污水的方法,也称自然生物处理法,主要有水体净化和土壤净化两种。前者主要有氧化塘(好氧塘、兼性塘、厌氧塘)和养殖塘等;后者主要有土地处理(慢速渗滤、快速法滤、地面漫流)和人工湿地等。自然生物处理法不仅基建费用低,动力消耗少,该法对难生化降解的有机物、氮磷等营养物和细菌的去除率也高于常规的二级处理,部分可达到三级处理的效果。此外,在一定条件下,该法配合污水灌溉可实现污水资源化利用。该法的缺点主要是占地面积大和处理效果易受季节影响等。

二、畜禽场粪污厌氧发酵处理工艺

厌氧发酵处理工艺以沼气工程为主，是一个有效处理养猪生产养殖废弃物的环境工程。由于养殖业污水属于高有机物浓度，高氮、高磷含量和高有害微生物数量的“三高”污水，因此厌氧发酵处理技术成为畜禽养殖场粪污处理中不可缺少的关键技术。对于养殖场这种高浓度的有机污水，采用厌氧消化工艺可在较低的运行成本下有效地去除大量的可溶性有机物，CODcr 去除率达 85%～90%，而且能杀死传染病病菌，有利于养殖场的防疫。如果直接采用好氧工艺处理固液分离后的养殖业污水，虽然一次性投资可节省 20%，但由于其消耗的动力大，电力流水消耗是厌氧处理的 10 倍之多，因此长期的运行费用将给养殖场带来沉重的经济负担。

三、畜禽场粪污水解酸化技术

水解酸化池是近几年出现的污水处理工艺，从结构与功能来分析，它着眼于整个污水处理系统的去除效率和经济效益。与厌氧发酵处理工艺相比造价较低，运行维护更方便。此技术主要用于对可生物降解的污水进行水解和酸化，使大分子难降解的有机物，变成易降解的小分子物质，从而提高污水的生物降解性。这一工艺用于万头猪场的污水处理系统中，取得了较好的运行效果。

四、畜禽场粪污化学混凝工艺

一般认为，混凝包括凝聚和絮凝。所谓凝聚是反应化学药剂在水中扩散的过程，主要作用原理是加入无机电解质通过典型中合作用来解除布朗运动，使微粒能够靠近接触而聚集在一起；而絮凝是指反应脱稳后的胶体粒子相互碰撞后黏在一起形成永久性聚集体的过程。如何有效地打破胶体粒子在水溶液中的稳定性，为化学混凝程序的中心问题。而不同的混凝剂在不同的状况下，对胶体稳定性的破坏功能不尽相同，要掌握混凝剂种类和使用量，需先行了解破坏胶体稳定性的反应机构。化学混凝法的主要机制与方法如下。

1. 双电层压缩

水中颗粒表面带电，形成电双层，DLVO 理论认为，悬浮液及溶胶的稳定性是由静电力和范德华引力相互作用达到平衡而形成的。当悬浮液中加入强电解质，使固体微粒表面形成的双电层有效厚度减小，从而使范德华力占优势而达到彼此吸引，最后达到凝聚。也可以加入带有不同电荷的固体微粒，使带不同电荷的粒子由于静电吸引而达到凝聚。

2. 架桥吸附作用

高分子絮凝剂的碳单键在一般条件下是可以自由旋转的，再加上聚合度一般较大，即主链相当长，所以在水介质中，主链并不是直线的，而是弯弯曲曲的和卷曲的。因此，可以把这类聚电解质的絮凝作用简化地看成带有多个负电荷的卷曲的线状分子，在分子主链上的数个部位被固体微粒所吸附，就像在这些固体微粒之间架起桥似的。这种使固体微粒相对地凝聚起来的过程，就称为高分子絮凝剂与固体微粒之间的吸附架桥作用。

3. 絮体的卷扫沉淀作用

Al盐或Fe盐在水中形成高聚合度的多羟基化合物的絮体，在沉淀过程中可以吸附卷带水中胶体颗粒共沉淀，这种类似清扫的现象，称为絮体的卷扫作用。常用无机类凝聚剂有铝盐（硫酸铝、氯化铝）、铁盐（硫酸铁、氯化铁）、合成产品（聚合硫酸铝、聚合硫酸铁）。改性的单阳离子无机絮凝剂如聚硅铝（铁）、聚磷铝（铁）。改性的多阳离子无机絮凝剂如聚合硫酸氯化铁铝等。有机高分子絮凝剂有聚胺型、季铵型、丙烯酰胺的共聚物、聚丙烯酰胺、聚丙烯酸等。

五、畜禽场粪污光合细菌和EM制剂工艺

EM菌即指有效微生物菌群，而光合细菌就是其中有代表性的菌种，此外，EM菌还包括放线菌、醋酸杆菌、乳酸杆菌、酵母菌、芽孢杆菌等菌种。光合细菌和EM制剂在我国自20世纪90年代以来，作为一种具有特殊营养、促生长、抗病因子和高效率净化养殖污水及对环境和水产动物无毒无害的特殊细菌，在水处理和动物养殖等领域中被广泛应用。加入EM菌系统启动时间加快10 d左右，污泥的沉降性能好，污泥产量减少了约20%；当水力停留时间为6 h，CODcr、BOD_5、NH_3-N和TN的去除率分别为95.92%、99.03%、91.87%和96.77%，表明EM菌能够缩短系统启动时间，改善污泥沉降性能，减少处理系统的污泥产生量，明显提高污水中污染物的去除效果。

六、畜禽场粪污生物修复技术

（一）微生物修复法

微生物修复法包括微生物制剂法、微生物激活法、人工生物滤床法和底泥生物处理法。微生物修复广泛应用于污水厂和自来水厂的生物预处理工艺中，尤其对于降低水源中的亚硝态氮、磷酸盐、重金属含量等，均具有十分明显的效果。

(1)在水中生长着一些可以通过自身代谢活动降解水中污染物的微生物，微生物制剂法一般是向污染水体中加入微生物生长所需要的营养物质，同时投入外源降解菌配合水中的微生物净化水体环境。

(2)微生物激活法是通过为微生物创造有利的生长环境使其达到最佳的水质净化效果。由于水体环境受到污染改变了微生物的生长环境，抑制了微生物的生长速度，微生物激活法向水中投放可以恢复或者加快微生物生长速度的制剂，促进微生物生长，使其可以有效去除污染物。

(3)人工生物滤床法的主要目的是为了固定污染物，避免其流失，向水中投加悬浮填料，并利用曝气系统的曝气和水流的提升作用使之处于流动状态，为污染物提供可依附的载体。

(4)底泥的生物修复主要包括对底泥的改性和对底泥污染物的生物降解，一方面促进底泥中微生物对有机污染物的降解；另一方面改善底泥的碱度，减少底泥中污染物释放对水体产生的二次污染。

(二)植物修复法

许多水生植物具有较好的去除污染或固定污染物的能力，通过植物转化和根滤作用等，吸收、吸附水体中的污染物，同化为自身的结构组成物质，从而净化水质，达到水污染治理的目的。但是植物修复法存在着一些人力难以改变的弊端，如修复周期长，容易受气候、污染物浓度等因素影响。

项目二　畜禽场水源与土壤保护技术

微课：用水环境的控制浪费

任务1　畜禽场给水方式和水源保护

学习目标

针对畜禽场管理岗位技术任务要求，学会畜禽场给水方式设计、畜禽场水源的保护等实践操作技术。

任务实施

一、畜禽场给水方式设计

（一）分散式给水

分散式给水指由各用水点直接自水源取水，运至用水点使用，这种方式费劳力、不方便、不卫生。

（二）集中式给水

集中式给水通常称为“自来水”，它是用取水设备（如水泵）由水源取水，集中进行净化与消毒处理后送入储水设备，如水塔或压力水罐（图 2-22），然后通过配水管网送到各用水点（水龙头、饮水器等），这种给水方式方便、卫生、节省劳动力，但投资较大，消耗电能。具有一定规模的畜牧场均应尽量采用集中式给水，如果采用水塔给水时，其容量宜按牧场日需水量的 3～5 倍设计。

图 2-22　压力水罐

二、畜禽场水源的保护

集中式给水水源应设置水源卫生保护地带，防止水源受到污染。如水井，建井位置要避免在低洼沼泽及易积水的地点，水井周围 20～30 m 范围内不得设置垃圾堆、渗水坑等污染源。水井应设在用水点附近，水井的服务半径不要过长，但水井至少应离开畜禽舍 30～50 m，以免被畜禽排泄物及污水污染。如果以河水作为水源，取水点应设在污水排放口、牧场、码头的上游。取水点附近两岸约 20 m 以内，不得有污水坑、垃圾堆、厕所等污染源。

任务 2　水质卫生指标检查

学习目标

针对畜禽场管理岗位技术任务要求，学会水质卫生指标 pH 的测定、溶解氧的测定、水质余氯的测定等实践操作技术。

任务实施

一、pH 的测定

1. 原理

pH 由测量电池的电动势而得。在 25 ℃时，溶液每变化 1 个 pH 单位，电位差改变 59.16 mV，据此在酸度计上直接以 pH 的读数表示。

2. 仪器及用具

pH 计、电极。

3. 试剂

标准的 pH 缓冲溶液：pH4.003、pH6.864、pH9.182；蒸馏水。

4. 分析步骤

(1)按仪器使用说明书启动仪器，并预热 0.5 h。

(2)用标准 pH 缓冲溶液校准电极。

(3)用蒸馏水冲洗电极，然后将电极放入样品中，按动测量按钮，待数据稳定后读取 pH。

二、溶解氧的测定

1. 仪器及用具

便携式溶解氧测定仪，JPB-607 型；溶解氧电极，DO-952 型。

2. 试剂

5%亚硫酸钠溶液。称取 5 g 亚硫酸钠溶于 100 mL 蒸馏水中。

3. 分析步骤

(1)将仪器的测量调零,电源开关拨至“测量”挡,溶氧温度测量选择开关拨至溶氧挡,盐度调节旋钮向左旋至底(0 g/L)。

(2)仪器预热 5 min,然后将电极放入 5%新鲜配制的亚硫酸钠溶液中 5 min,等读数稳定后,调节调零旋钮,使仪器显示为零。由于电极的残余电流极小,如果没有亚硫酸钠溶液,只要将电极放在空气中,然后将测量调零电源开关置于调零,调节调零挡,调节调零旋钮,使仪器显示为零。

(3)将电极从溶液中取出,用蒸馏水冲洗干净,用滤纸小心吸干薄膜表面水分,放入空气中,等读数稳定后,调节校准旋钮,使读数指示值为纯水在此温度下饱和溶解氧值。

(4)校准之后,将电极浸入被测液中,此时仪器的读数即为被测水样的溶解氧值。

4. 注意事项

(1)以每升水含若干毫克氧表示。在 101.3 kPa 压力下。纯水中含有带饱和水蒸气的空气时,含氧量为 20.94%(V/V)。

(2)氧在水中的溶解度随含盐量的增加而降低,实际上水的含盐量可高达 35 g/L,含盐量以每升水中含多少克盐表示。

三、水质余氯的测定

1. 原理

水样中的余氯与邻联甲苯胺反应显黄色,与标准玻片进行比色测定。

2. 仪器及用具

立式比色器:SLS-3 型;比色管:50 mL。

3. 试剂

邻联甲苯胺溶液。将 150 mL 浓盐酸用蒸馏水稀释至 500 mL,精确称取 1.35 g 邻联甲苯胺盐酸盐溶于 500 mL 蒸馏水中,在不停搅拌下,将此溶液溶于 500 mL 稀盐酸中,贮于棕色瓶内,放置于暗处。

4. 分析步骤

在 50 mL 比色管中加入被测水样至刻度,然后加入邻联甲苯胺溶液 2.5 mL 混合均匀。静置 10 min 进行比色,如水温低于 15~20 ℃时,则将水样浸入温水中加热至 15~20 ℃再进行比色。空白水样取样后不加试剂。

5. 注意事项

检验用的水样应均匀、有代表性以及不改变其理化特性,供卫生细菌学检验用的水样,所用容器必须按照规定的办法进行灭菌,并需保证水样在运送、保存过程中不受污染。

任务 3　畜禽场污水治理效果测定

学习目标

针对畜禽场管理岗位技术任务要求,学会畜禽场污水悬浮物的测定、浊度测定、氨氮测定、铜、锌的测定，化学需氧量（COD）测定，五日生化需氧量（BOD_5）测定，总有机碳（TOC）测定，总大肠菌群（MPN）测定等实践操作技术。

任务实施

一、悬浮物的测定

1. 原理

悬浮物系指截留在滤料上并于103～105 ℃烘至恒重的固体。测定的方法是将水样通过滤料后，烘干固体残留物及滤料，将所称质量减去滤料质量，即为悬浮物（不可滤残渣）质量。

2. 仪器

烘箱；分析天平；干燥器；滤膜（孔径为0.45 μm的滤膜及相应的过滤器或中速定量滤纸）；称量瓶（内径为30～50 mm）。

3. 测定步骤

（1）将滤膜放在称量瓶中，打开瓶盖，在103～105 ℃烘箱内烘0.5 h，取出，在干燥器内冷却后盖好瓶盖称量；反复烘干、冷却、称量，直至恒重（两次称重相差不超过0.000 2 g）。

（2）量取适量混合均匀的水样（使悬浮物重为500～1 000 mg），使其全部通过称至恒重的滤膜；用蒸馏水洗涤残渣3～5次。

（3）小心取下滤膜，放入原称量瓶内，在103～105 ℃烘箱中，打开瓶盖烘1 h，移入干燥器中冷却后盖好瓶盖称量。反复烘干、冷却、称量，直至两次称量差≤0.4 mg为止。

4. 计算

$$P(\text{悬浮物},\text{mg/L})=(m_A-m_B)\times 10^6/V$$

式中：P 为每升混合样中悬浮物的质量，mg；m_A 为悬浮物与滤膜及称量瓶的质量，g；m_B 为滤膜及称量瓶的质量，g；V 为水样体积，mL。

5. 注意事项

（1）污水内树叶、木棒、水草等杂物应先从水样中除去。

（2）污水强度高时，可加2～4倍蒸馏水稀释，振荡均匀，待沉淀物下降后再过滤。

（3）也可采用石棉坩埚进行过滤。

二、污水浊度的测定

1. 原理

浊度是表示水中悬浮物对光线透过时所发生的阻碍程度。污水中含有的粪污、泥土、粉沙、微细有机物、无机物、浮游动物和其他微生物等悬浮物和胶体物都可使水样呈现浊度。水的浊度大小不仅和水中颗粒物的含量有关，而且和其粒径大小、形状、颗粒表面对光的散射特性有密切关系。测定浊度的方法有分光光度法、目视比浊法和浊度计法，本实验采用目视比浊法。

将水样和硅藻土（或白陶土）配制的浊度标准溶液进行比较，以确定水样浊度。1 mg一定粒度的硅藻土(或白陶土)在 1 000 mL 水中所产生的浊度称为 1 度。

2. 仪器

100 mL 具塞比色管;容量瓶(250 mL、1 000 mL);250 mL 具塞无色玻璃瓶(玻璃质量和玻璃瓶直径均须一致);1 000 mL 量筒。

3. 试剂

(1)浊度标准溶液。称取 10 g 通过 0.1 mm 筛孔(150 目)的硅藻土,于研钵中加入少量蒸馏水调成糊状并研细,移至 1 000 mL 量筒中,加水至刻度。充分搅拌,静置 24 h,用虹吸法仔细将上层 800 mL 悬浮液移至第二个 1 000 mL 量筒中。向第二个量筒内加水至 1 000 mL,充分搅拌后再静置 24 h。虹吸出上层含较细颗粒的 800 mL 悬浮液弃去。下部沉积物加水稀释至 1 000 mL。充分搅拌后贮于具塞无色玻璃瓶中,作为浊度原液,其中含硅藻土颗粒直径约为 400 μm。

取上述浊度原液 50 mL 置于已恒重的蒸发皿中,在水浴上蒸干。于 105 ℃烘箱内烘 2 h,置于干燥器中冷却 30 min,称量。重复以上操作,即烘 1 h、冷却、称量,直至恒重。求出每毫升浊度原液中含硅藻土的质量(mg)。

(2)浊度为 250 度的标准溶液。吸取含 250 mg 硅藻土的浊度原液,置于 1 000 mL 容量瓶中,加入 10 mL 甲醛溶液,加水至标线,摇匀。

(3)浊度为 100 度的标准溶液。吸取浊度为 250 度的标准溶液 100 mL,置于 250 mL 容量瓶中,加水稀释至标线。

4. 测定步骤

(1)浊度低于 10 度的水样按以下方法测定。

①吸取浊度为 100 度的标准溶液 0、1.0、2.0、3.0、4.0、5.0、6.0、7.0、8.0、9.0 及 10.0 mL 分别于 100 mL 具塞比色管中,加水稀释至标线,混匀,其浊度依次为 0、1.0、2.0、3.0、4.0、5.0、6.0、7.0、8.0、9.0 及 10.0 度。

②取 100 mL 摇匀水样置于 100 mL 具塞比色管中,与浊度标准溶液进行比较。可在黑色底板上,由上向下垂直观察。

(2)浊度为 10 度以上的水样按以下方法测定。

①吸取浊度为 250 度的标准溶液 0、10、20、30、40、50、60、70、80、90 及 100 mL 分别置于 250 mL 的容量瓶中,加水稀释至标线,混匀,即得浊度为 0、10、20、30、40、50、60、70、80、90 及 100 度的标准溶液,移入成套的 250 mL 具塞无色玻璃瓶中,密塞保存。

②取 250 mL 摇匀水样,置于成套的 250 mL 具塞无色玻璃瓶中,瓶后放一有黑线的白纸作为目标物,从瓶前向后观察,根据目标物清晰程度,选出与水样产生的视觉效果相近的标准溶液,记下其浊度值。

③水样浊度超过 100 度时,用水稀释后测定。

5. 计算

$$浊度(度)=A(V_B+V_C)/V_C$$

式中:A 为稀释后水样的浊度(度);V_B 为稀释水体积(mL);V_C 为污水样体积(mL)。

三、污水中氨氮的测定

微课：养殖污水氨氮检测

（一）原理

氨氮是指水中以 NH_3 和 NH_4^+ 形式存在的氮，其测定方法有纳氏试剂分光光度法、气相分子吸收光谱法、苯酚-次氯酸盐（或水杨酸-次氯酸盐）分光光度法和离子选择电极法等。纳氏试剂分光光度法具有操作简便、灵敏等特点，但钙、镁、铁等金属离子，硫化物、醛、酮类，以及水中色度和浊度等干扰测定，需要相应的预处理。苯酚-次氯酸盐分光光度法具有灵敏、稳定等优点，干扰情况和消除方法同纳氏试剂分光光度法。离子选择电极法具有不需要对水样进行预处理和测定范围宽等优点。氨氮含量较高时，可采用蒸馏-酸碱滴定法。本测定采用纳氏试剂分光光度法。

纳氏试剂分光光度法的原理是碘化汞和碘化钾的碱性溶液与氨反应生成黄棕色胶态化合物，其颜色的深度与氨氮含量成正比，通常可在波长 410～425 nm 测其吸光度，计算其含量。本法最低检出质量浓度为 0.025 mg/L，测定上限为 2 mg/L。水样做适当的预处理后，可用于养殖污水和生活污水中氨氮的测定。

（二）仪器与试剂

1. 仪器

定氮蒸馏装置（50 mL 凯氏烧瓶、氮球、直形冷凝管和导管）；分光光度计；pH 计。

2. 试剂

除另有说明外，所用试剂均为分析纯试剂；配制试剂用水均为无氨水。

（1）纳氏试剂　可选择下列方法之一制备。

①称取 20 g 碘化钾溶于约 100 mL 水中，边搅拌边分次少量加入氯化汞结晶粉末（约 10 g），至出现朱红色沉淀不易溶解时，改为滴加氯化汞饱和溶液，并充分搅拌，当出现微量朱红色沉淀不再溶解时停止滴加氯化汞饱和溶液。

另称取 60 g 氢氧化钾溶于水，并稀释至 250 mL，冷却至室温后，将上述溶液缓慢注入氢氧化钾溶液中，用水稀释至 400 mL，混匀。静置过夜，将上清液移入聚乙烯瓶中，密塞保存。

②称取 16 g 氢氧化钠，溶于 50 mL 水中，充分冷却至室温。

另称取 7 g 碘化钾和 10 g 碘化汞溶于水，然后将此溶液缓慢注入氢氧化钠溶液中，边加边搅拌，用水稀释至 100 mL，贮于聚乙烯瓶中，密塞保存。

（2）酒石酸钾钠溶液　称取 50 g 四水合酒石酸钾钠溶于 100 mL 水中，加热煮沸以除去氨，放冷，定容至 100 mL。

（3）氨氮标准贮备液　称取 3.819 g 经 100 ℃干燥过的优级纯氯化铵溶于水中，移入 1 000 mL 容量瓶中，稀释至标线。此溶液每毫升含 1.00 mg 氨氮。

（4）氨氮标准使用液　移取 5.00 mL 氨氮标准贮备液于 500 mL 容量瓶中，用水稀释至标线。此溶液每毫升含 0.01 mg 氨氮。

（5）1 mol/L 盐酸。

（6）1 mol/L 氢氧化钠溶液。

（7）轻质氧化镁（将氧化镁在 500 ℃下加热，以除去碳酸盐）。

(8)溴百里酚蓝指示剂 0.5 g/L,pH 为 6.0～7.6。

(9)硼酸吸收液　称取 20 g 硼酸溶于水,稀释至 1 L。

(三)测定步骤

1. 水样预处理

取 250 mL 水样(如氨氮含量较高,可取适量并加水至 250 mL 使氨氮含量不超过 2.5 g),移入凯氏烧瓶中,加数滴溴百里酚蓝指示剂,用氢氧化钠溶液或盐酸调节至 pH 7 左右。加入 0.25 g 轻质氧化镁和数粒玻璃珠,立即连接氮球和直形冷凝管,导管下端插入吸收液(硼酸吸收液)液面下。加热蒸馏至馏出液达 200 mL 时,停止蒸馏;定容至 250 mL。

2. 标准曲线的绘制

吸取 0、0.50、1.00、3.00、5.00、7.00 和 10.00 mL 氨氮标准使用液分别于 50 mL 比色管中,加水至标线。加 1.0 mL 酒石酸钾钠溶液,混匀。加 1.5 mL 纳氏试剂,混匀。放置 10 min 后,在波长 420 nm 处,用光程 20 mm 比色皿,以水为参比,测定吸光度。

由测得的吸光度减去零浓度空白的吸光度后,得到校正吸光度,绘制以校正吸光度对氨氮含量(mg)的标准曲线。

3. 水样的测定

分取适量经蒸馏预处理后的馏出液,加入 50 mL 比色管中,加一定量 1 mol/L 氢氧化钠溶液,以中和硼酸,稀释至标线。加 1.5 mL 纳氏试剂,混匀。放置 10 min 后,同标准曲线的绘制步骤测定吸光度。

4. 空白试验

以无氨水代替水样,做全程序空白测定。

5. 计算

由水样测得的吸光度减去空白试验的吸光度后,从标准曲线上查得氨氮含量(mg),按下式计算:

$$P(\text{氨氮,以 N 计,mg/L})=m/V\times 1\,000$$

式中:m 为由标准曲线查得的氨氮含量,mg;V 为水样体积,mL。

(四)注意事项

(1)纳氏试剂中碘化汞与碘化钾的比例对显色反应的灵敏度有较大影响,静置后生成的沉淀应除去。

(2)滤纸中常含痕量铵盐,使用时注意用无氨水洗涤。所用玻璃器皿应避免检测室空气中氨的沾污。

四、污水中铜、锌的测定

养殖污水中含有各种价态的金属离子,这些含金属离子的污水进入环境后,能对水、土壤和生态环境造成污染,我国对此类污水中各类金属离子的排放浓度均有严格的限值规定。测定水中金属离子的浓度可以采用多种方法,而用火焰原子吸收光谱法测定污水中金属离子浓度具有干扰少、测定快速的特点。

污水样被引入火焰原子化器后,经雾化进入空气-乙炔火焰,在适宜的条件下,锌离子和铜离子被原子化，生成的基态原子能吸收待测元素的特征谱线。铜对 324.7 nm 的光产生共振吸收，锌对 213.8 nm 的光产生共振吸收，其吸光度与浓度的关系在一定范围内服从比尔定律，故采用与标准系列相比较的方法可以测定两种元素在水中的含量。

（一）仪器与试剂

1. 仪器

原子吸收分光光度计；铜和锌空心阴极灯。

2. 试剂

硝酸（优级纯）；高氯酸（优级纯）；锌标准贮备液（1 g/L）；铜标准贮备液（1 g/L）。

（二）仪器准备

开启原子吸收分光光度计，调整好两种金属的分析线和火焰类型及其他测试条件。

（三）样品预处理

取 100 mL 水样放入 200 mL 烧杯中，加入 5 mL 硝酸，在电热板上加热消解（不要沸腾）。蒸至剩余 10 mL 左右，加入 5 mL 硝酸和 2 mL 高氯酸继续消解至剩余 1 mL 左右。若消解不完全，继续加入 5 mL 硝酸和 2 mL 高氯酸，再次蒸至剩余 1 mL 左右。取下冷却，加水溶解残渣，用水定容至 100 mL。

（四）标准溶液配制

1. 铜和锌标准溶液

向 2 只 100 mL 容量瓶中分别移入 10.00 mL 铜标准贮备液和锌标准贮备液，各加入 5 滴 6 mol/L 盐酸，用二次蒸馏水稀释至标线，此为铜和锌标准溶液。

2. 锌标准系列溶液

向 5 只 100 mL 容量瓶中分别移入 0.50、1.00、1.50、2.00、2.50 mL 锌标准溶液，用二次蒸馏水稀释至标线，此为锌标准系列溶液。

3. 铜标准系列溶液

向 5 只 100 mL 容量瓶中分别移入 1.00、2.00、3.00、4.00、5.00 mL 铜标准溶液，用二次蒸馏水稀释至标线，此为铜标准系列溶液。

（五）吸光度测定

（1）将仪器调整到最佳工作状态，首先将铜空心阴极灯置于光路，锌空心阴极灯设为预热状态，点燃火焰。

（2）按照由稀至浓的顺序分别吸喷铜标准系列溶液，记录其吸光度。喷二次蒸馏水洗涤，然后吸入样品溶液，记录其吸光度。

（3）将锌空心阴极灯调入光路，将仪器调为锌的测试参数，按照由稀至浓的顺序分别吸喷锌标准系列溶液，记录其吸光度。喷二次蒸馏水洗涤，然后吸入样品溶液，记录其吸光度。

（六）结果与数据处理

根据测得的标准系列溶液的吸光度绘制标准曲线或用最小二乘法计算回归方程，根据样品的吸光度分别从各自的标准曲线上查出或用回归方程计算得出样品中铜和锌的含量。

微课:养殖污水化学需氧量检测

五、化学需氧量(COD)的测定——重铬酸钾法

(一)测定COD(重铬酸钾法)原理

在强酸性溶液中,用一定量的重铬酸钾氧化水样中的还原性物质,过量的重铬酸钾以试亚铁灵作指示剂,用硫酸亚铁铵溶液回滴。根据硫酸亚铁铵的用量算出水样中还原性物质消耗氧的量。

测定结果因加入氧化剂的种类及浓度、反应溶液的酸度、反应温度和时间,以及催化剂的有无而不同,因此,化学需氧量也是一个条件性指标,其测定必须严格按步骤进行。

酸性重铬酸钾氧化剂氧化性很强,可氧化大部分有机物,加入硫酸银作催化剂时,直链脂肪族化合物可完全被氧化,而芳香族有机物却不易被氧化,吡啶不被氧化,挥发性直链脂肪族化合物、苯等有机物存在于蒸气相,不能与氧化剂液体接触,氧化不明显。氯离子能被重铬酸钾氧化,并且能与硫酸银作用产生沉淀,影响测定结果,故在回流前向水样中加入硫酸汞,使之成为络合物以消除干扰。氯离子含量高于2 000 mg/L的样品应作定量稀释,使含量降低至2 000 mg/L以下,再行测定。

用0.25 mol/L的重铬酸钾溶液可测定大于50 mg/L的COD。用0.025 mol/L的重铬酸钾溶液可测定5～50 mg/L的COD,但准确度较差。

(二)仪器

1. 回流装置

带250 mL磨口锥形瓶的回流装置(如取样量在30 mL以上采用500 mL的全玻璃回流装置)。

2. 加热装置

电热板或变阻电炉。

3. 酸式滴定管

50 mL酸式滴定管。

(三)试剂

除另有说明外,所用试剂均为分析纯试剂。

1. 重铬酸钾标准溶液 $c(1/6K_2Cr_2O_7)=0.250\ 0$ mol/L

称取预先在120 ℃烘干2 h的基准或优级纯重铬酸钾12.258 g溶于水中,移入1 000 mL容量瓶,稀释至标线,摇匀。

2. 试亚铁灵指示剂

称取1.485 g一水合邻菲咯啉($C_{12}H_8N_2 \cdot H_2O$),0.695 g七水合硫酸亚铁($FeSO_4 \cdot 7H_2O$)溶于水中,稀释至100 mL,贮于棕色瓶内。

3. 硫酸亚铁铵标准溶液 $c[(NH_4)_2Fe(SO_4)_2]=0.1$ mol/L

称取39.5 g六水合硫酸亚铁铵溶于水中,边搅拌边缓慢加入20 mL浓硫酸,冷却后移入1 000 mL容量瓶中,加水稀释至标线,摇匀。临用前,用重铬酸钾标准溶液标定。

标定方法:准确吸取10.00 mL重铬酸钾标准溶液于500 mL锥形瓶中,加水稀释至110 mL左右,缓慢加入30 mL浓硫酸,混匀。冷却后,加入3滴试亚铁灵指示剂(约0.15 mL),用硫酸亚铁铵标准溶液滴定,溶液的颜色由黄色经蓝绿色至红褐色即为终点。

$$c[(NH_4)_2Fe(SO_4)_2]=(0.250\,0\times10.00)/V$$

式中：c 为硫酸亚铁铵标准溶液的浓度，mol/L；v 为硫酸亚铁铵标准溶液的用量，mol/L；0.250 0 为重铬酸钾标准溶液浓度，mol/L；10.00 为重铬酸钾标准溶液体积，mL。

4. 硫酸-硫酸银溶液

于 2 500 mL 浓硫酸中加入 25 g 硫酸银 1～2 滴，不时摇动使其溶解(如无 2 500 mL 容器，可在 500 mL 浓硫酸中加入 5 g 硫酸银)。

5. 硫酸汞

结晶或粉末。

(四)操作步骤

(1)取 20.00 mL 混合均匀的水样(或适量水样稀释至 20.00 mL)于 250 mL 磨口锥形瓶中，准确加入 10.00 mL 重铬酸钾标准溶液及数粒小玻璃珠或沸石，连接磨口回流冷凝管，从冷凝管上口慢慢加入 30 mL 硫酸-硫酸银溶液，轻轻摇动磨口锥形瓶使溶液混匀，加热回流 2 h(自开始沸腾时计时)。

(2)冷却后，用 90 mL 水冲洗冷凝管壁，取下磨口锥形瓶。溶液总体积不得少于 140 mL，否则因酸度太大，滴定终点不明显。

(3)溶液再度冷却后，加 3 滴试亚铁灵指示剂，用硫酸亚铁铵标准溶液滴定，溶液的颜色由黄色经蓝绿色至红褐色即为终点，记录硫酸亚铁铵标准溶液的用量。

(4)测定水样的同时，以 20.00 mL 重蒸馏水，按同样操作步骤做空白试验。记录滴定空白溶液时硫酸亚铁铵标准溶液的用量。

(五)结果与数据处理

根据测定空白溶液和样品溶液消耗的硫酸亚铁铵标准溶液体积和水样体积按下式计算水样 COD：

$$COD(O_2,mg/L)=[(V_0-V_1)\times c\times8\times1\,000]/V$$

式中：c 为硫酸亚铁铵标准溶液的浓度，mol/L；V_0 为滴定空白时硫酸亚铁铵标准溶液的体积，mL；V_1 为滴定水样时硫酸亚铁铵标准溶液的体积，mL；V 为水样的体积，mL；8 为氧($1/4\ O_2$)的摩尔质量，g/mol。

六、污水五日生化需氧量（BOD_5）的测定

(一)原理

五日生化需氧量(BOD_5)是指在规定条件下，微生物分解存在于水中的某些可氧化物质，特别是有机物所进行的生物化学过程中消耗的溶解氧的量，用以间接表示水中可被微生物降解的有机物的含量，是反映有机物污染的重要类别指标之一。测定 BOD_5 的方法有稀释与接种法、微生物电极法、活性污泥曝气降解法、压差法等。本实验采用稀释与接种法测定 BOD_5，是将水样充满完全密闭的溶解氧瓶，在(20±1)℃的暗处培养 5 d±4 h 或(2+5)d±4 h，即先在 0～4 ℃暗处培养 2 d，接着在(20±1)℃的暗处培养 5 d，即培养(2+5)d，分别测定培养前后水样中溶解氧的质量浓度，其差值即为所测样品的 BOD_5，以氧的“mg/L”表示。

对养殖污水，因含有较多的有机物(BOD_5>6 mg/L)，需要稀释后再培养测定，以降低其浓度和保证有充足的溶解氧。稀释的程度应使培养中所消耗的溶解氧>2 mg/L，而剩余溶解氧在 2 mg/L 以上。为了保证水样稀释后有足够的溶解氧，稀释水通常要通入空气(或通入氧气)进行曝气，使稀释水中溶解氧接近饱和。稀释水中还应加入一定量的 pH 缓冲溶液和无机营养盐(磷酸盐、钙、镁和铁盐等)，以保证微生物生长的需要。

(二)仪器

恒温培养箱(带风扇)；溶解氧瓶(带水封，容积 250～300 mL)；稀释容器(1 000～2 000 mL 量筒)；冰箱(有冷藏和冷冻功能)；虹吸管(供分取水样和添加稀释水用)；曝气装置(空气应过滤清洗)；滤膜(孔径 1.6 μm)。

(三)试剂

除另有说明外，所用试剂均为分析纯试剂。

1. 磷酸盐缓冲溶液

将 8.5 g 磷酸二氢钾(KH_2PO_4)、21.8 g 磷酸氢二钾(K_2HPO_4)、33.4 g 七水合磷酸氢二钠($Na_2HPO_4 \cdot 7H_2O$)和 1.7 g 氯化铵(NH_4Cl)溶于水中，稀释至 1 000 mL。此溶液的 pH 为 7.2。

2. 硫酸镁溶液

将 22.5 g 七水合硫酸镁($MgSO_4 \cdot 7H_2O$)溶于水中，稀释至 1 000 mL。

3. 氯化钙溶液

将 27.6 g 无水氯化钙溶于水，稀释至 1 000 mL。

4. 氯化铁溶液

将 0.25 g 六水合氯化铁溶于水，稀释至 1 000 mL。

5. 盐酸(0.5 mol/L)

将 40 mL 盐酸溶于水，稀释至 1 000 mL。

6. 氢氧化钠溶液(0.5 mol/L)

将 20 g 氢氧化钠溶于水，稀释至 1 000 mL。

7. 亚硫酸钠标准溶液(0.025 mol/L)

将 1.575 g 亚硫酸钠溶于水，稀释至 1 000 mL。此溶液不稳定，需当天配制。

8. 葡萄糖-谷氨酸标准溶液

将葡萄糖($C_6H_{12}O_6$，优级纯)和谷氨酸($HOOC\text{-}CH_2\text{-}CH_2\text{-}CHNH_2\text{-}COOH$，优级纯)在 103 ℃烘干 1 h 后，各称取 150 mg 溶于水中，移入 1 000 mL 容量瓶内并稀释至标线，混合均匀，其 BOD_5 为(210±20)mg/L，此标准溶液临用前配制。

9. 稀释水

在 5～20 L 玻璃瓶内装入一定量的水，控制水温在(20±1)℃，曝气至少 1 h，使水中的溶解氧接近饱和(8 mg/L 以上)，也可以鼓入适量纯氧。瓶口盖以两层经洗涤晾干的纱布，置于 20 ℃恒温培养箱中放置数小时，使水中溶解氧含量达 8 mg/L 左右。临用前于每升水中加入氯化钙溶液、氯化铁溶液、硫酸镁溶液、磷酸盐缓冲溶液各 1.0 mL，并混合均匀。稀释水的 pH 应为 7.2，其 BOD_5 应<0.2 mg/L。

10. 接种液

可选用以下任一方法获得适用的接种液。

(1)养殖污水　一般将养殖污水(BOD不大于300 mg/L,TOC不大于100 mg/L)在室温下放置一昼夜,取上层清液供用。

(2)驯化接种液　当分析含有难降解物质的污水时,在排污口下处取水样作为污水的驯化接种液。也可取中和或经适当稀释后的污水进行连续曝气,每天加入少量该种污水,同时加入适量养殖污水,使能适应该种污水的微生物大量繁殖。当水中出现大量絮状物时,表明适用的微生物已进行繁殖,可用作接种液。一般驯化过程需要3～8 d。

11. 接种稀释水

取适量接种液,加于稀释水中,混匀。每升稀释水中加入接种液量为1～10 mL。接种稀释水的pH应为7.2,BOD应小于1.5 mg/L。接种稀释水配制后应立即使用。

12. 丙烯基硫脲硝化抑制剂

溶解0.2 g丙烯基硫脲($C_4H_8N_2S$)于200 mL水中,4 ℃保存。

(四)水样的预处理

(1)水样的pH若不在6～8的范围,可用盐酸或氢氧化钠稀溶液调节。

(2)水样中含有铜、铅、锌、铬、镉、砷、氰等有毒物质时,可使用接种稀释水进行稀释,或提高稀释倍数,降低毒物的浓度。

(3)含有少量游离氯的水样,一般放置1～2 h,游离氯即可消散。对于游离氯在短时间不能消散的水样,可加入亚硫酸钠溶液以除去之。其加入量的计算方法是:取中和好的水样100 mL,加入(1+1)乙酸10 mL、100 g/L碘化钾溶液1 mL,混匀。在背光处静置5 min后以淀粉溶液为指示剂,用亚硫酸钠标准溶液滴定游离碘。根据亚硫酸钠标准溶液消耗的体积及其浓度,计算水样中所需加亚硫酸钠溶液的量。

(五)水样的测定

水样中的有机物较多,BOD_5>6 mg/L时应稀释。水样中有足够的微生物,采用稀释法测定无足够微生物,采用稀释与接种法。

1. 稀释倍数的确定

稀释倍数可根据水样的TOC、高锰酸盐指数(IMn)或COD的测定值由表列出的BOD_5与上述参数的比值R估计样品BOD_5的期望值(表2-3),再根据表确定稀释倍数,一个样品做2～3个不同的稀释倍数(表2-4)。

表2-3　典型比值(R)

水样类型	BOD_5/TOC	BOD_5/IMn	BOD_5/COD
未处理污水	1.2～2.8	1.2～1.5	0.35～0.65
已处理污水	0.3～1.0	0.5～1.2	0.20～0.35

表2-4　确定BOD_5稀释倍数

BOD_5期望值/(mg/L)	稀释倍数	水样类型
400～1 200	200	重度污染养殖污水或原生活污水
1 000～3 000	500	重度污染养殖污水

续表2-4

BOD_5 期望值/(mg/L)	稀释倍数	水样类型
2 000～6 000	1 000	重度污染养殖污水

由表选择适当的 R 值,按下式计算 BOD_5 的期望值

$$P=R\times Y$$

式中:P 为 BOD_5 的期望值,mg/L;Y 为 TOC 或 IMn 或 COD,mg/L。由估算出的 BOD_5 的期望值,按表确定稀释倍数。

2. 样品稀释

按照选定的稀释倍数,用虹吸管沿筒壁先引入部分稀释水(或接种稀释水)于 1 000 mL 量筒中,加入需要体积的均匀水样,再引入稀释水(或接种稀释水)至刻度,轻轻混匀避免残留气泡。若稀释倍数超过 100 倍,可进行两步或多步稀释。分析结果精度要求高或样品中存在微生物毒性物质时稀释倍数,选与稀释倍数无关的结果取平均值。

3. 测定

按不经稀释水样的测定步骤,进行装瓶,测定当天溶解氧和培养 5 d 后的溶解氧。

4. 空白样品

另取两个溶解氧瓶,用虹吸法装满稀释水(或接种稀释水)作为空白测定 5 d 前后的溶解氧含量。

5. 经稀释水样 BOD_5 计算

以表格形式列出稀释水样(或接种稀释水样)和空白样品在培养前后实测溶解氧的质量浓度,然后按下式计算水样 BOD_5:

$$BOD_5(mg/L)=[(P_1-P_2)-(P_3-P_4)]\times F_1/F_2$$

式中:P_1 为稀释水样(或接种稀释水样)在培养前的溶解氧质量浓度,mg/L;P_2 为稀释水样(或接种稀释水样)经 5 d 培养后,剩余溶解氧质量浓度,mg/L;P_3 为空白样品在培养前的溶解氧质量浓度,mg/L;P_4 为空白样品在培养后的溶解氧质量浓度,mg/L;F_1 为稀释水(或接种稀释水)在培养液中所占比例;F_2 为水样在培养液中所占比例。

七、污水总有机碳(TOC)测定

(一)机理

总有机碳(TOC)是指溶解或悬浮在水中的有机物的含碳量,是以碳的含量表示水体中有机物总量的综合指标。由于 TOC 的测定采用燃烧法,能将有机物全部氧化,它比 BOD_5 或 COD 更能直接表示有机物的总量,因此常常被用来评价水体中有机物污染的程度。燃烧氧化-非色散红外吸收法按照测定方式不同可分为差减法和直接法。

1. 差减法

将样品连同净化空气(干燥并除去二氧化碳)分别导入高温燃烧管和低温反应管中,经高温燃烧管的水样受高温催化氧化,使有机物和无机碳酸盐均转化成二氧化碳;经低温反应管的

水样受酸化而使无机碳酸盐分解成二氧化碳；其所生成的二氧化碳依次引入非色散红外检测器。由于一定波长的红外线可被二氧化碳选择吸收，在一定浓度范围内二氧化碳对红外线吸收的强度与二氧化碳的浓度成正比，故可对水样总碳 TC 和无机碳 IC 进行定量测定。总碳与无机碳的差值，即为总有机碳 TOC。

2. 直接法

将水样酸化后曝气，将无机碳酸盐分解生成二氧化碳驱除，再注入高温燃烧管中，可直接测定总有机碳。但由于在曝气过程中会损失可吸收有机碳，因此其测定结果只是不可吸收有机碳，而不是 TOC。

当水中苯、甲苯、环己烷和三氯甲烷等挥发性有机物含量较高时，宜用差减法；当水中挥发性有机物含量较少而无机碳酸盐含量相对较高时，宜用直接法。

（二）仪器

TOC 测定仪（燃烧氧化-非色散红外吸收法）；微量注射器 50 μL（具刻度）或自动进样装置；100 mL 容量瓶；其他实验室常用仪器（移液管等）。

（三）试剂

除另有说明外，所用试剂均为分析纯试剂，所用水均为无二氧化碳水。

1. 无二氧化碳水

将重蒸馏水在烧杯中煮沸蒸发（蒸发量 10%），冷却后备用。也可使用纯水机制备的纯水或超纯水。临用现制，并经检验 TOC 不超过 0.5 mg/L。

2. 邻苯二甲酸氢钾（$KHC_8H_4O_4$）

优级纯。

3. 无水碳酸钠（Na_2CO_3）

优级纯。

4. 碳酸氢钠（$NaHCO_3$）

优级纯，存放于干燥器中。

5. 硫酸

密度为 1.84 g/mL。

6. 氢氧化钠溶液

10 g/L。

7. 有机碳标准贮备液

TOC=400 mg/L。称取邻苯二甲酸氢钾（预先在 110～120 ℃干燥 2 h，置于干燥器中冷却至室温）0.850 2 g，溶解于水中，移入 1 000 mL 容量瓶内，用水稀释至标线，混匀。在低温（4 ℃）冷藏条件下可保存 60 d。

8. 无机碳标准贮备液

IC=400 mg/L。称取碳酸氢钠（预先在干燥器中干燥）1.4 g 和无水碳酸钠（预先在 105 ℃干燥至恒重）1.763 4 g，溶解于水中，转入 1 000 mL 容量瓶内，稀释至标线，混匀。4 ℃冷藏条件下可保存 2 周。

9. 差减法标准使用液

TC=200 mg/L，IC=100 mg/L。用单标线吸量管分别吸取 50.00 mL 有机碳标准贮备液和无机碳标准贮备液于 200 mL 容量瓶内，用水稀释至标线，混匀。4 ℃冷藏条件下可保存 1 周。

10. 直接法标准使用液

TOC＝100 mg/L。用单标线吸量管吸取 50.00 mL 有机碳标准贮备液于 200 mL 容量瓶内，用水稀释至标线，混匀。4 ℃冷藏条件下可保存 1 周。

11. 载气

氮气或氧气，纯度＞99.99％。

（四）操作步骤

1. 水样的采集与保存

水样采集后，必须贮存于棕色玻璃瓶中。常温下水样可保存 24 h，如不能及时分析，水样可加硫酸调至 pH 为 2，并在 4 ℃冷藏，则可以保存 7 d。

2. 仪器调试

按说明书调试 TOC 测定仪，设定测试条件参数（如灵敏度、测量范围高温燃烧管温度及载气流量等）。

3. 标准曲线的绘制

（1）差减法标准曲线　在 7 个 100 mL 容量瓶中，分别加入 0、2.00、5.00、10.00、20.00、40.00、100.00 mL 差减法标准使用液，用蒸馏水稀释至标线，混匀，配制成总碳质量浓度为 0、4.0、10.0、20.0、40.0、80.0、200.0 mg/L 和无机碳质量浓度为 0、2.0、5.0、10.0、20.0、40.0、100.0 mg/L 的标准系列溶液。测定前用氢氧化钠溶液调至中性，取一定体积注入 TOC 测定仪测定，记录相应的相应值。分别绘制总碳和无机碳标准曲线。也可按线性回归方程的方法，计算出标准曲线的直线回归方程。

（2）直接法标准曲线　在 7 个 100 mL 容量瓶中，分别加入 0、2.00、5.00、10.00、20.00、40.00、100.00 mL 直接法标准使用液，用蒸馏水稀释至标线，混匀。配制成有机碳质量浓度为 0、2.0、5.0、10.0、20.0、40.0、100.0 mg/L 的标准系列溶液。取一定体积酸化至 pH≤2 的样品，注入 TOC 测定仪，经曝气除去无机碳后导入高温氧化炉，记录相应的响应值。绘制有机碳标准曲线。也可按线性回归方程的方法，计算出标形曲线的直线回归方程。

（3）空白试验　用无二氧化碳水代替水样，按上述步骤测定响应值即为空白值。每次测定前应先检测无二氧化碳水的 TOC，测定值应不超过 0.5 mg/L。

4. 样品测定

（1）干扰消除　水中常见共存离子超过下列含量时，对测定有干扰，应做适当的预处理，以消除对测定的影响。可用无二氧化碳水稀释水样至干扰离子低于干扰浓度后再进行测定。水样含大颗粒悬浮物时，由于受微量注射器针孔的限制，测定结果不包括全部颗粒态有机碳。

（2）差减法水样测定　酸化的水样，在测定前应以氢氧化钠溶液中和至中性，用 50 μL 微量注射器分别准确吸取一定体积混匀的水样，依次注入总碳高温燃烧管和无机碳低温反应管，记录仪器的响应值。

（3）直接法水样测定　将一定体积用硫酸酸化至 pH≤2 的水样注入 TOC 测定仪除去无机碳后导入高温氧化炉，记录响应值。

5. 计算

（1）差减法　根据所测样品的响应值，由标准曲线上查得或由标准曲线回归方程算得总碳

(TC，mg/L)和无机碳(IC，mg/L)的质量浓度，总碳与无机碳碳量浓度之差即为样品总有机碳(TOC，mg/L)的质量浓度：

$$TOC(mg/L) = TC(mg/L) - IC(mg/L)$$

(2)直接法　根据所测样品的响应值，从标准曲线上查得或由标准曲线回归方程算得总有机碳(TOC，mg/L)的质量浓度。当测定结果<100 mg/L 时，其结果保留一位小数；≥100 mg/L时，结果保留三位有效数字。

八、水中总大肠菌群（MPN）的测定

(一)原理

总大肠菌群(MPN)是指能在 37 ℃、48 h 之内发酵乳糖产酸、产气的需氧及兼性厌氧的革兰氏阴性无芽孢杆菌。水中总大肠菌群可用多管发酵法或滤膜法进行检验，多管发酵法的原理是根据大肠菌群能发酵乳糖、产酸、产气，以及具备革兰氏阴性、无芽孢、呈杆状等有关特性，通过 3 个步骤进行检验，求得水中的总大肠菌群。实验结果以最大概率数(简称 MPN)表示，即根据统计学理论估计水中大肠菌群密度和水的卫生质量。

(二)实验仪器

高压蒸汽灭菌器；恒温培养箱；冰箱；生物显微镜、载玻片；酒精灯、锡丝接种棒、直径100 mm 平皿；试管、吸量管、烧杯、锥形瓶、采样瓶等。

(三)培养基及染色剂的制备

1. 乳糖蛋白胨培养液

将 10 g 蛋白胨、3 g 牛肉膏、5 g 乳糖和 5 g 氯化钠加热溶解于 1 000 mL 蒸馏水中，调节溶液 pH 为 7.2～7.4，再加入 16 g/L 溴甲酚紫乙醇溶液 1 mL，充分混匀，分装于试管中，于115 ℃高压蒸汽灭菌器中灭菌 20 min 贮存于冷暗处备用。

2. 3 倍浓缩乳糖蛋白胨培养液

按上述乳糖蛋白胨培养液的制备方法配制，除蒸馏水外，各组分用量增加至 3 倍。

3. 品红亚硫酸钠培养基

(1)贮备培养基的制备　于 2 000 mL 烧杯中，先将 20～30 g 琼脂加到 900 mL 蒸馏水中，加热溶解，然后加入 3.5 g 磷酸氢二钾及 10 g 蛋白胨，混匀，使其溶解，再用蒸馏水补充到1 000 mL，调节 pH 至 7.2～7.4。趁热用脱脂棉或纱布过滤，再加 10 g 乳糖，混匀，定量分装于 500 mL 锥形瓶内，置于高压蒸汽灭菌器中，在 121 ℃灭菌 15 min，贮存于冷暗处备用。

(2)平皿培养基的制备　将上法制备的贮备培养基加热熔化。根据锥形瓶内培养基的体积用灭菌的吸量管按比例吸取一定量的 50 g/L 碱性品红乙醇溶液，置于灭菌的试管中；再按比例称取无水亚硫酸钠，置于另一灭菌的试管内，加灭菌水少许使其溶解，再置于沸水浴中煮沸 10 min(灭菌)。用灭菌的吸量管吸取已灭菌的亚硫酸钠溶液，滴加于碱性品红乙醇溶液内至深红色再退至淡红色为止(不宜过多)。将此混合溶液全部加入已熔化的贮备培养基内并充分混匀(防止产生气泡)。立即将此培养基适量(约 15 mL)倾入已灭菌的平皿内，待冷却凝固后，置于冰箱内备用，但保存时间不宜超过 2 周。如培养基已由淡红色变成深红色，则不能再用。

4. 伊红-亚甲蓝琼脂培养基

（1）贮备培养基的制备　于 2 000 mL 烧杯中，先将 20～30 g 琼脂加到 900 mL 蒸馏水中，加热溶解，然后加入 2 g 磷酸氢二钾及 10 g 蛋白胨，混匀，使其溶解，再用蒸馏水补充到 1 000 mL，调节 pH 至 7.2～7.4。趁热用脱脂棉或纱布过滤，再加 10 g 乳糖，混匀，定量分装于 500 mL 锥形瓶内，在 121 ℃灭菌 15 min，贮存于冷暗处备用。

（2）平皿培养基的制备　将上法制备的贮备培养基加热熔化，根据锥形瓶内培养基的体积，用灭菌的吸量管按比例分别吸取一定量已灭菌的 20 g/L 伊红水溶液（0.4 g 伊红溶于 20 mL 水中）和一定量已灭菌的 5 g/L 亚甲蓝水溶液（0.065 g 亚甲蓝溶于 13 mL 水中），加入已熔化的贮备培养基内，并充分混匀（防止产生气泡），立即将此培养基适量倾入已灭菌的平皿内，待冷却凝固后，置于冰箱内备用。

5. 革兰氏染色剂

（1）结晶紫染色液　将 20 mL 结晶紫乙醇饱和溶液（称取 4～8 g 结晶紫溶于 100 mL 95% 的乙醇中）和 80 mL 10 g/L 草酸铵溶液混合、过滤。该溶液放置过久会产生沉淀，不能再用。

（2）助染剂　将 1 g 碘与 2 g 碘化钾混合，加少许蒸馏水，充分振荡，待完全溶解后，用蒸馏水补充至 300 mL。此溶液两周内有效。当溶液由棕黄色变为淡黄色时应弃去。为易于贮备，可将上述碘与碘化钾溶于 30 mL 蒸馏水中，临用前再加水稀释。

（3）脱色剂　95% 的乙醇。

（4）复染剂　0.25 g 沙黄加入 10 mL 95% 的乙醇中，待完全溶解后，加 90 mL 蒸馏水。

（四）操作步骤

1. 初发酵实验

在 2 个装有已灭菌的 50 mL 3 倍浓缩乳糖蛋白胨培养液的大试管或烧瓶中（内有倒管），以无菌操作法各加入已充分混匀的水样 100 mL。在 10 支装有已灭菌的 5 mL 3 倍浓缩乳糖蛋白胨培养液的试管中（内有倒管），以无菌操作法加入充分混匀的水样 10 mL，混匀后置于 37 ℃恒温培养箱内培养 24 h。

2. 平板分离

上述各发酵管（瓶）经 24 h 培养后，将产酸、产气及只产酸的发酵管（瓶）分别接种于伊红-亚甲蓝琼脂培养基或品红亚硫酸钠培养基上，置于 37 ℃恒温培养箱内培养 24 h，挑选符合下列特征的菌落。

（1）伊红-亚甲蓝琼脂培养基上深紫黑色，具有金属光泽的菌落；紫黑色，不带或略带金属光泽的菌落；淡紫红色，中心色较深的菌落。

（2）品红亚硫酸钠培养基上紫红色，具有金属光泽的菌落；深红色略带金属光泽的菌落；淡红色，中心色较深的菌落。

3. 取具有上述特征的菌落进行革兰氏染色

（1）用已培养 18～24 h 的培养物涂片，涂层要薄。

（2）将涂片在火焰上加温固定，待冷却后滴加结晶装染色液，1 min 后用水洗去。

（3）滴加助染剂，1 min 后用水洗去。

（4）滴加脱色剂，摇动载玻片，直至无紫色脱落为止（20～30 s），用水洗去。

（5）滴加复染剂，1 min 后用水洗去，晾干、镜检，呈紫色者为革兰阴性菌。

4. 复发酵实验

上述涂片镜检的菌落如为革兰阴性无芽孢杆菌，则挑选该菌落的另一部分接种于装有乳核蛋白胨培养液的试管中(内有倒管)，每管可接种分离自同一初发酵管(瓶)的最典型菌落1～3个，然后置于37 ℃恒温培养箱中培养24 h，有产酸、产气者，不论气体多少皆作为产气论，即证实有大肠菌群存在。根据证实有大肠菌群存在的阳性管(瓶)数，查大肠菌群检数表，报告每升水样中的总大肠菌群。

知识链接

一、畜禽场水源

(一)地表水

即江河、湖泊及水库的水，特点是感官性状不好，水质较软，有机物多，细菌含量较高，浑浊度大，受污染机会较大，常引起疾病的流行和传播，矿物质含量较低，溶解氧含量高，但自净能力强，水量充足，取用方便。一般应进行人工净化和消毒处理。

(二)地下水

包括井水、泉水。浅层地下水水质较清洁，悬浮物、有机物较少，细菌含量较少，色度较低，矿物质含量较多，受污染机会较小，溶解氧少，自净能力较差；深层地下水的水质透明无色，水温恒定，有机物和细菌含量很少，水的硬度高(含矿物质多)，受污染机会极小，溶解氧很低，自净能力很差。而泉水的水质与浅层或深层地下水相似，但某些地区地下水含有某些矿物性毒物，如氟化物、砷化物等，往往引起地方性疾病。所以当选用地下水时，须经检验合格后方可选做水源。

(三)降水

降水指雨、雪和冰雹，是由海洋和陆地蒸发的水汽凝聚降落形成的，其水质依地区的条件而定。如靠近海洋的降水含碘量高；内陆的降水由于吸收了气体、有机化合物、无机盐、尘埃和微生物等，因此水味不良，贮存时易腐败。由于溶解的无机盐类(主要是 Ca^{2+} 和 Mg^{2+} 盐)较少，水质较软。降水收集不易，贮存困难，水质不稳定，矿物质含量较低，水中微生物较多，水中氯化物或硫酸盐含量较高，水量没有保证。因此，除非常缺水地区以外，一般不宜作为畜牧场的水源。

二、畜禽场水质卫生评价指标

(一)水质的物理学指标

1. 水温

地面水的温度随季节和气候的变化而变化。地下水特别是深层地下水的温度比较恒定。如果水温的改变超过正常范围时，表明有污染的可能。

2. 色度

洁净的水应为无色，而含有氧化铁时，水呈黄褐色；有大量藻类生存的地面水呈绿色或黄绿色；含有黑色矿物的水呈灰色；当水体受到有色工业污染时，可使水呈现该工业污水所特有的颜色。所以，当发现水体有色时，应调查原因。

3. 浑浊度

浑浊度表示水中悬浮颗粒和胶体物对光线透析阻碍程度的物理量。浑浊度的标准单位是以 1 L 水中含有相当于 1 mg 标准硅藻土形成的浑浊状况，作为 1 个浑浊度单位，简称 1 度。地下水因有地层的覆盖和过滤作用，水的浑浊度较地表水低。

4. 嗅

嗅指水质对鼻子嗅觉的不良刺激。清洁的水没有异嗅，地面水中如有大量的藻类或原生动物时，水呈水草臭或腥臭。根据臭气的性质，常常可以辨别污染的来源。

5. 味

清洁水应适口而无味。如水中含有过量的氯化物，可使水有咸味；含硫酸钠或硫酸镁时有苦味；含有大量腐殖质时产生沼泽味；含有铁盐呈涩味。

(二)化学指标

水的化学性状比较复杂，因而采用较多的评价指标，以阐明水质的化学性质遭受污染的状况。

1. pH

决定于它所含氢离子及氢氧离子的多少。天然水的 pH 在 7.2～8.5。当水出现了偏碱或偏酸时，表示水有受到污染的可能。地面水被有机物严重污染时，有机物被氧化而产生大量游离的二氧化碳，可使水的 pH 下降。生活饮用水和地面水水质标准 pH 均定为 6.5～8.5。

2. 硬度

硬度是指溶解于水中的钙、镁等盐类的总量，以 $CaCO_3$(mg/L)表示。可分为碳酸盐硬度(钙、镁的碳酸盐和重碳酸盐)和非碳酸盐硬度(钙、镁的硫酸盐、硝酸盐和氯化物)。也可分为暂时硬度和永久硬度。暂时硬度是指把水煮沸后可除去的硬度。地下水的硬度一般比地面水高。

3. 氮化物

氮化物包括有机氮、蛋白氮、氨氮、亚硝酸盐氮和硝酸盐氮。有机氮是有机含氮化合物的总称，蛋白氮是指已经分解成较为简单结构的有机氮。当水中有机氮的蛋白氮显著增加时，说明水体新近受到明显的有机污染。三者含量不同和变化可提示污染新近或陈旧状况。当水中有机氮和蛋白氮显著增高时，说明水体新近受到明显的有机污染；当三者均增高时，表示该水体过去、新近都受污染，目前自净正在进行；如水体中仅硝酸盐氮增加，表示污染已久，且已趋于净化。

4. 溶解氧

溶解氧指溶解在水中的氧含量，简称 DO，是作为评价水体受有机物污染及其自净程度的间接指标，其含量与空气中的氧气和水温有关。清洁的地面水溶解氧含量接近饱和状态。水层越深，溶解氧含量越低。

5. 氯化物

自然界的水一般都含有氯化物，其含量随地区而不同。当水中氯化物含量突然增加时，表明水可能受到人畜粪便、生活污水或工业污水的污染，尤其是含氮化合物同时增加，更能说明水体被污染。为了确定水源是否受到污染，掌握正常情况下地下水氯化物的含量，是十分必要的。

(三)水质的微生物学指标

1. 细菌总数

指 1 mL 水在普通琼脂培养基中经 37 ℃、24 h 生长的细菌菌落总数。它只能相对地评价水体是否被污染和污染程度，只可作为水被生物性污染的参考指标。生活饮用水水质标准规定细菌总数小于 100 CFU/mL。

2. 大肠菌群

水中大肠菌群的数量，一般用大肠菌群指数或大肠菌群值来表示。大肠菌群指数是指 1 L 水中所含大肠菌群的数目。大肠菌群值是指发现 1 个大肠菌群的最小水量，即多少毫升水中发现 1 CFU 大肠菌群。两者关系是大肠菌群指数＝1 000/大肠菌群值。饮用水标准规定小于 3 CFU/L。

在正常情况下，肠道中有大肠菌群、粪链球菌和厌气芽孢菌三类，它们都可以随人畜粪便进入水体，由于大肠菌群在肠道中数量多而且较易培养，生活条件又与肠道病原菌相似，因而能反映水体被粪便污染的时间和状况。该指标检验方法较简便，故被作为水质卫生指标，它可直接反映水体受人畜粪便污染的状况。

任务 4　畜禽场土壤卫生评价

学习目标

针对畜禽场畜禽管理岗位技术任务要求，学会土壤污染物质的化学分析、土壤卫生的生物学评价、土壤的卫生学评价注意事项等实践操作技术。

微课：养殖场废弃物对土壤的污染及危害

任务实施

畜禽场土壤的卫生学评价是土壤环境质量评价的重要内容。为了有效地保护土壤和利用土壤，提高土壤环境质量，必须进行土壤环境质量调查和评价。土壤环境质量评价的结果，为畜牧场场址的选择、畜牧场场内布局、污染物的堆积和排放、畜牧场环境保护设施的规划和建设、农药和肥料的施用等提供了科学依据。在进行评价前，需要对土壤环境质量进行调查和研究，对土壤的类型、理化性质、土壤的热容量和净化能力、土壤的污染源、污染物质的迁移规律，以及与动物和植物的关系等做全面的了解。

一、土壤污染物质的化学分析

根据土壤污染物中有毒元素或化合物的平均含量超过本底值的程度，划分污染等级指标，评价土壤环境质量。如以污染物的标准浓度作评价标准时，根据土壤污染物的实测浓度计算土壤质量系数。

二、土壤卫生的生物学评价

土壤卫生的生物学评价目的在于确定在土壤中是否有病原微生物及寄生虫。只是当有了足够的证据，认为土壤已成为人畜疾病的传染源时，才进行生物学评定。土壤微生物学评定一般以大肠菌群值及兼气性细菌总数表示。大肠菌群是主要反映土壤被粪便污染的指标，因为传染病及侵袭病的病原体常随大肠杆菌一起进入土壤，因此，大肠菌群值可以反映土壤被病原微生物污染的程度。

三、土壤的卫生学评价注意事项

(1)在选择畜牧场场址时，应避免在受生物污染和化学污染的土壤上修建畜牧场，以免造成疾病传播。

(2)对畜禽粪便进行无害化处理，减少工业“三废”排放量和农药的使用，是减少土壤污染，提高农畜产品质量的重要措施。

知识链接

一、土壤的生物学特性

土壤中的生物包括微生物、植物和动物。微生物中有细菌、放线菌及病毒等；植物中有真菌、藻类等；动物包括鞭毛虫、纤毛虫、蠕虫、线虫、昆虫等小动物。微生物多集中在土壤表层，越深越少，富含腐殖质的表层土每克可有细菌 200 万至 2 亿个。土壤的细菌大多是非病原性杂菌，如丝状菌、酵母菌、球菌，以及硝化菌、固氮菌等。土壤深层多为厌氧性细菌，这些微生物是有机物的分解所必需的，对土壤的自净具有重大作用。土壤中存在着微生物之间的生存竞争，土壤的温度、湿度、pH、营养物质等为不利于病原菌生存的因素。但在富含有机质或被污染的土壤中，抗逆性强的病原菌，可能长期生存下来。如破伤风杆菌和炭疽杆菌在土壤中可存活 16～17 年，霍乱杆菌可生存 9 个月，布(鲁)氏杆菌可生存 2 个月，沙门氏杆菌可生存 12 个月。土壤中非固有的病原菌如伤寒菌、痢疾菌等，在干燥地方可生存 2 周，在湿润地方可生存 2～5 个月。在冻土地带，细菌可以长期生存，能够形成芽孢的病原菌存活的时间更长，如炭疽芽孢可在土壤中存活数十年，因此，发生过疫病的地区的土壤会对畜禽构成很大威胁。

此外，由于人畜粪尿、尸体等的污染，各种致病寄生虫的幼虫和卵，原生动物如蛔虫、钩虫、阿米巴原虫等，在土壤中也有较强的抵抗力，可在低洼地、沼泽地长时间生存。常成为畜禽寄生虫病的传染源。因此，对粪便和动物尸体进行无害化处理，防止土壤污染是预防寄生虫疾病的重要措施。

二、土壤类型及其物理学特性

(一)黏土类

黏土颗粒细小,土壤孔隙很小,透气性、透水性弱;容水量、吸湿性大,毛细管作用强,故易于潮湿,雨后泥泞,导致畜牧场和畜禽舍内空气湿度过高。又由于黏土的通气性差,土壤中的好气性微生物活动受到抑制,有机质的分解比较慢,自净能力弱。黏质土壤还具有潮湿时膨胀、干燥时收缩的特性。在寒冷地区,当冬季结冻时,会因土壤体积膨胀变形而导致畜禽舍建筑物基础损坏。有的黏土因含碳酸盐较多,受潮后被溶解软化,因而可能引起畜禽舍等建筑物的下沉或倾斜。

(二)沙土类

沙土粒直径大,土壤孔隙也大,透气透水性能强;容水量、吸湿性小,毛细管作用弱;故不易保持水分而比较干燥。所以沙土可防止病原菌、寄生虫卵、蚊蝇等的生存和繁殖。由于通气性好,有利于有机质的分解。但其热容量小,导热性大,易增温也易降温,昼夜温差大,季节的温度变化也比较明显。

(三)壤土类

壤土类是介于沙土和黏土之间的一种土壤类型,含有适量的沙粒、粉粒和黏粒,兼有黏质土和沙质土的优点,它既具有一定数量的大孔隙,又含有相当多的毛细管孔隙,所以透气性和透水性良好,又不像黏土那样泥泞,温度较稳定,有比较强的自净能力。由于壤土的容水量小,因而膨胀性较小。壤土有利于畜禽的健康、防疫卫生、饲养管理和绿化种植等工作,由于其抗压性较好、膨胀性小,也适宜作为畜牧场和畜禽舍建筑的地基。

三、土壤化学成分与动物健康

土壤中的化学元素,与畜禽关系最密切的有钙、磷、钾、镁、硫等常量元素,以及碘、氟、钴、钼、锰、锌、铁、铜、硒、硼、锶、镍等畜禽所必需的微量元素。动物体中的化学元素主要从饲料中获得,土壤中某些元素的缺乏或过多,往往通过饲料引起畜禽地方性营养代谢疾病,例如,土壤中钙和磷的缺乏可引起畜禽的佝偻病和软骨症;缺镁则导致畜体物质代谢紊乱、异嗜癖,甚至出现肠痉挛症;土壤中缺钾或钠时,畜禽表现食欲不振、消化不良、生长发育受阻,生产力下降。在一般情况下,土壤中常量元素的含量较丰富,大多能通过饲料来满足畜禽的需要。但畜禽对某些元素的需要量较多(如钙),或植物性饲料中含量较低(如钠)时,植物从土壤中获取的元素的量无法满足动物生长发育的需要,应注意在日粮中经常补充。

四、土壤微量元素与地方病

(一)碘

缺碘可使动物发生甲状腺肿,基础代谢率下降,造成多种危害。此病主要分布于远离海洋的内陆山区及高原地带。地质淋溶作用是造成土壤缺碘的主要原因。土壤类型不同,含碘量也不同。在缺碘性地方性甲状腺肿流行地区，可给畜禽补饲碘化食盐，在食盐中按照1∶(10 000～30 000)的比例加入碘化钾。值得指出的是，碘摄入量过高也可抑制甲状腺素的合成与分泌，引起地方性甲状腺肿。

(二)氟

机体摄入氟量不足易发生龋齿。但较多见的是机体长期摄入过多的氟，引起地方性氟中毒，表现为斑釉齿及氟骨症两类症状。斑釉齿也称氟齿病，其特点是牙釉质出现白垩和典型褐色斑点，牙齿缺损；氟骨症表现为颌和长骨产生外生骨疣，关节粗大僵硬，跛行。氟是地球表面分布较广的一种元素，世界上及我国富氟的地区也很广泛。对于地方性氟中毒的预防，可选用含氟量低的水源或对水进行除氟处理；也可从低氟区运入必需的干草与粗饲料，或与低氟区每3个月进行轮牧。

(三)铜

畜禽缺铜引起贫血、生长受阻、异食癖、繁殖障碍、新生仔畜运动失调、被毛粗硬无光、食欲不振、腹泻、严重消瘦等。我国土壤含铜适中，仅少数土壤如沼泽土和泥炭土是容易发生缺铜的土壤。在缺铜地区可向土壤中施用硫酸铜。也可直接补给畜禽硫酸铜，方法是将硫酸铜溶液喷洒在干草上或拌入饲料中，也可投入饮水中或采取直接灌饮、注射等方式给予。

(四)锌

畜禽缺锌可引起生长缓慢，皮肤粗糙。在酸性土壤中，能被植物利用的有效锌较多，在碱性土壤中，有效锌供给性低。饲料中一般不缺锌，日粮中锌不足时，可给动物补饲硫酸锌。

(五)铁

铁与血液中氧的运输和细胞内生物氧化过程有密切关系。大部分饲料的含铁量能满足畜禽需要，仅哺乳仔畜较易发生缺铁性贫血。缺铁可补给硫酸亚铁及氯化亚铁等铁盐，也可补给黄土作为铁源。

(六)硒

缺硒可引起猪营养性肝坏死，雏鸡渗出性素质病，羔羊白肌病，以及生长停滞、繁殖机能紊乱。硒过多可引起中毒急性硒中毒，表现为肌肉软弱与不同程度的瘫痪，肺部充血、出血，视觉障碍和瞎眼。慢性中毒表现为食欲降低、迟钝、虚弱、消瘦、贫血、脱毛、蹄壳变形并脱蹄、关节僵硬变形和跛行等。影响饲料植物含硒量的决定因素是土壤的pH。碱性土壤中的硒呈水溶性化合物，易被植物吸收而易使畜禽硒中毒。酸性土壤中的硒与铁等元素形成不易被植物吸收的化合物，这类地区的畜禽易发生缺硒症。防治缺硒症可用亚硒酸钠（Na_2SeO_3）按0.1 mg/kg加入饲料，或溶于水中供畜禽饮用，也可与其他矿物质及盐制成混合矿物盐补饲。必要时可用亚硒酸钠溶液作皮下或肌内注射。在富硒地区的饲料中，按每千克体重添加硫3～5 mg，可以降低硒的毒性。

生态环境与畜禽养殖污染

畜牧业既是关系国计民生的支柱产业，也是乡村振兴重中之重产业振兴的支柱产业。

2020年9月国务院办公厅关于促进畜牧业高质量发展的意见(国办发〔2020〕31号)指出:畜牧业是关系国计民生的重要产业,肉蛋奶是百姓"菜篮子"的重要品种。科技部网站指出"畜禽养殖产业是我国农业的支柱产业,其产值占全国农林牧渔业总产值的1/3,是关系食品供给与安全、解决2亿多人就业、带动食品加工等多个相关产业发展的大产业,同时期指明环境污染严重是制约养殖业发展的四大瓶颈之一"。农业面源污染已占全国全部水体污染的1/3,且污染了近一半的地下水。我国每年养殖污水排放量达38亿t,2020年6月生态环境部、国家统计局和农业农村部联合发布的《第二次全国污染源普查公报》显示畜禽养殖业水污染物排放的化学需氧量、氨氮、总氮、总磷分别占农业污染源的93.7%、51.2%、42.1%和56.4%以上。畜禽粪便排泄物已成为我国农业面源污染的最大来源。这与十九大"美丽中国"和二十大生态文明建设严重相悖。2021年底,农业农村部关于印发《"十四五"全国畜牧兽医行业发展规划》的通知(农牧发〔2021〕37号)明确指出2020年全国畜禽粪污综合利用率达到76%,到2025年将达到80%(约束性指标),加快推进畜禽粪污资源化利用和病死畜禽无害化处理,着力构建种养结合发展机制,促进畜禽粪肥还田利用,提高畜牧业绿色发展水平,畅通种养结合路径。实施《"十四五"全国畜禽粪肥利用种养结合建设规划》,畅通农业内部资源循环。推行液体粪肥机械化施用,培育粪肥还田社会化服务组织,推行养殖场(户)付费处理、种植户付费用肥,建立多方利益联结机制,进一步完善标准体系,促进农业标准和环境标准的衔接。

大力发展畜牧业是实现乡村振兴的重要途径,我们要发展畜牧业就必须要重视养殖环境保护和解决养殖环境污染问题。目前熟练掌握养殖水、土环境的源头控制、使用过程控制及最终污染处理已刻不容缓,因此掌握相关养殖环境检测标准、评价标准、畜牧场建场设计中水土环境工程建设等标准和实施就具有重要现实意义,同学们在为国富民强奋斗的过程中也实现了当代大学生的人生价值,体现了科技的力量和自身的时代担当。

项目三　畜禽场绿化技术

任务1　畜禽场绿化带建设

学习目标

针对畜禽场管理岗位技术任务要求，学会畜禽场场界绿化带、畜禽场场内隔离林带、畜禽场道路两旁林带、畜禽场运动场遮阴林带、畜禽场草地绿化等实践操作技术。了解畜禽场绿化可以改善畜牧场生态环境，同时还可以促进生产持续稳定健康发展，学生能够树立起环境保护的意识。

任务实施

一、畜禽场场界绿化带

在畜牧场场界周边以高大的乔木或乔、灌木混合组成林带。该林带一般由2～4行乔木组成。场界绿化带的树种以高大挺拔、枝叶茂密的杨树、柳树或常绿针叶树木等为宜，主要起到美化环境、防风固沙的作用。在北方地区，为了减轻冬季的寒风侵袭和冻害，在场界西侧和北侧的林带宽度应在10 m以上。

二、畜禽场场内隔离林带

在畜牧场各功能区之间或不同单元之间，可以用乔木和灌木混合组成隔离林带，防止人员、车辆及动物随意穿行，以防止病原体的传播。这种林带一般中间种植1～2行乔木，两侧种植灌木，宽度以3～5 m为宜。

三、畜禽场道路两旁林带

位于场内外道路两旁，一般由1～2行树木组成。树种应选择树冠整齐美观、枝叶开阔的乔木或亚乔木(图2-23)，如槐树、松树、杏树等。要根据道路宽度选择树种的高矮，以不影响自然采光为宜。

图 2-23　畜禽场绿化带

四、畜禽场运动场遮阴林带

位于运动场四周，一般由 1～2 行树木组成。树种应选择树冠高大、枝叶茂盛、开阔的乔木，主要起到遮阴、挡风的功能。

五、畜禽场草地绿化

畜牧场不应有裸露地面，除植树绿化外，还应种草、种花，起到美化、绿化环境的作用。

任务 2　畜禽场绿化植物的选择

学习目标

针对畜禽场管理岗位技术任务要求，学会因地制宜地选择适合当地自然条件的畜禽场绿化树种、绿篱植物和牧草等技能，最大限度地发挥绿化植物的环境效益。培养学生具体问题具体分析的能力。

任务实施

我国地域辽阔，自然环境条件差异很大，花草树木种类多种多样，可供环境绿化的树种除要求适应当地的水土光热环境以外，还需要具有抗污染、吸收有害气体等功能。

一、选择树种

可以选择洋槐树、法国梧桐、小叶白杨、毛白杨、加拿大白杨、钻天杨、旱柳、垂柳、榆树、榉、朴树、泡桐、红杏、臭椿、合欢、刺槐、油松、桧柏、侧柏、雪松、樟树、大叶黄杨、榕树、桉树、银杏树、樱花树、桃树、柿子树等。

二、选择绿篱植物

常绿绿篱可用桧柏、侧柏、杜松、小叶黄杨等；落叶绿篱可用榆树、鼠李、紫穗槐等；花篱可用连翘、太平花、榆叶梅、珍珠梅、丁香、锦带花、忍冬等；刺篱可用黄刺梅、红玫瑰、野蔷薇、花椒、山楂等；蔓篱则可选用地锦、金银花、蔓生蔷薇和葡萄等。绿篱植物生长快，要经常整形，一般高度以 100～120 cm、宽度以 50～100 cm 为宜。无论何种形式都要保证基部通风和足够的光照。

三、选择牧草

牧草可以选择紫花苜蓿、红三叶、白三叶、黑麦草、无芒雀麦、狗尾草、羊茅、苏丹草、百脉根、草地早熟禾、燕麦草、串叶松香草。

知识链接

动物福利

动物福利是让动物在健康与快乐状态下生活，本质上是动物有机体及心理与其环境维持协调的状态。动物福利不但指动物身体健康，而且要求动物的心理健康，精神愉快，无疾病，无行为异常，无心理紧张、负担、恐惧、压抑、痛苦和折磨等感觉。为此，应当为不同种类动物创造与其相适应的外部条件，以满足动物的需要。因此，要求饲养人员、畜主或其他与动物打交道的人员做到以下几方面：①保持动物健康，满足动物生理的、社会的及行为的需要；②在动物不同的生长或生产阶段及不同饲养体系中，理解关心动物，避免其痛苦；③在家畜、家禽、水产动物以及野生动物的饲养中，利用合理的管理方法，使动物机体每日的活动达到理想的平衡状态。

农场动物数量占据地球上动物的绝大多数，是动物福利的焦点，提升动物福利，重点要提升农场动物福利。

一、提供良好的生活环境

保证科学的饲喂与管理。根据动物的消化生理特点和生长阶段制定的营养配方，及时确保饮用清洁水，当实施生产操作如断奶、转群、计划免疫等前，应在日粮中或水中增加复合多维，以预防应激。生产中许多措施会给动物带来痛苦和应激，我们应该充分重视，如肉牛的烙记、断角、去势，小牛、小羊的断尾、打耳标，仔猪断奶、剪牙、断尾、剪耳号、去势，鸡的断喙、去爪、阉割，幼犬的断尾、断牙、立耳术。严禁斗犬、斗鸡，严禁为了育肥或生产鹅肥肝而强行填塞饲料，严禁为了提高蛋鸡产蛋量而采取饥饿强制换羽。

二、改善周围环境及畜禽舍条件

(一)周围环境要求

首先,选址要远离居住区、高速公路、机场等交通干线。其次,各养殖场之间距离不少于500 m。再次,养殖人员生活区要与场区严格分离。

(二)畜禽舍条件

首先,应满足动物的空间需求,动物有自由饮水、采食、休息、运动、排泄的空间;放养或舍饲的,应有带充足的户外运动场,尽可能采取自然光照和自然通风,保证空气质量。其次,应改善畜禽的地面质量。如仔猪需要保温或能加热的地板,育肥猪可选择漏缝或半漏缝的地板,利用在圈舍中提供良好环境条件来提高动物福利。再次,提供福利设施,如通风、供热、降温等系统设备,但使用的设备不能妨碍畜禽的采食和休息。

(三)畜禽垫料

畜禽生活在某些垫料上(玉米秸、稻草等),能引发探究行为、减少咬尾和其他异常行为,保证趴卧区干净干爽,并可以减少 NH_3 和 CO_2 的排放。设有深垫圈畜禽床可减少畜禽体表的皮外伤,提高胴体品质。厚垫料平养对各畜禽群可明显提高生产性能,可减少产床动物应激,降低畜禽的肢蹄损伤和腹泻,提高畜禽的生长速度,降低料肉比,提高动物福利水平,减少应激,可明显提高畜禽自身的免疫力和生产性能。

(四)播放音乐

适宜的音乐刺激还可以提高动物的学习和记忆能力,并增强免疫功能。音乐是一种重要的调节畜禽情绪的手段。声音,特别是突然发出的音量大的声音或异常的响动,对于畜禽也是一种潜在的应激源。播放音乐使畜禽间的攻击打斗行为显著降低,躺卧姿势发生率显著高于站立姿势,说明音乐确实吸引了畜禽的注意力,使其更加安静。

(五)添加玩具的方法

一般来说,动物对可破坏的材料具有较大的兴趣,如有带树皮的木头、木板、铁链、轮胎、编织袋等等都会引起畜禽的极大兴趣,群体注意力集中在这些玩具上。而且添加这类玩具不会给畜禽场增加过多的成本,但可提高动物福利水平。

(六)夏季提供喷淋

喷淋设备可供畜禽在夏季淋浴、滚泥以减少体外寄生虫造成的皮肤红斑,降低热应激。

(七)湿帘(冷风机)

在机械通风的进风口处设一湿帘,湿帘的水循环流动,空气流经湿帘时由于水分的蒸发而降温,给畜禽舍带来冷风,从而降低畜禽舍温度。目前较适用于密闭型的种畜禽舍较多。

三、满足动物的社会行为需要

尽可能满足家畜原有的采食行为、身体护理行为、运动行为、休息行为、交往行为、领域行为、性行为、探查行为等。

四、选择适应性品种

选择具有较好适应性的品种，如地方品种；选择生长速度适中的品种，如兼用型品种；选择生长速度快瘦肉率高的品种；慎用转基因或克隆品种。

五、保证畜禽粪便得到妥善处理

畜禽粪便的贮存应有足够的容量空间，还可以堆肥处理（常用于农村养殖户）、组合生产复合肥、干燥处理、生物处理等，尽快实现粪污的无害化、资源化利用。

六、制定合理的保健策略

卫生保健是动物福利的重心，特别是在集约化养殖的发展阶段，更应该重视动物的健康状况，这也关系到牧场动物生产的经济效益。坚持“预防为主，防重于治”的原则，治疗时最好做药敏试验，选择低端抗生素、中药或抗生素替代物来控制细菌性疾病。疫苗免疫也是动物健康的最重要保障。

七、改善运输环境，定点屠宰

改善运输前装载给动物造成的应激和伤害，改善长时间运输途中车厢过分拥挤、通风差、无遮挡、饮水、饲喂、清洁等得不到保障的动物福利问题。对于食用动物应采用人道的方法定点屠宰，大动物需要单独进入屠宰间，通过高压电击昏后再进行屠宰。

生 态 养 殖

生态养殖指根据不同养殖生物间的共生互补原理，利用自然界物质循环系统，在一定的养殖空间和区域内，通过相应的技术和管理措施，使不同生物在同一环境中共同生长，实现保持生态平衡、提高养殖效益的一种养殖方式。

生态养殖是在我国农村大力提倡的一种生产模式，其最大的特点就是在有限的空间范围内，人为地将不同种的动物群体以饲料为纽带串联起来，形成一个循环链，目的是最大限度地利用资源，减少浪费，降低成本。

相对于集约化、工厂化养殖方式来说，生态养殖是让畜禽在自然生态环境中按照自身原有的生长发育规律自然地生长，而不是人为地制造生长环境和用促生长剂让其违反自身原有的生长发育规律快速生长。

生态养殖的畜禽大部分时间是处在散养自由活动状态，随时随地都有可能排出粪便，这些粪便如不能及时清理，则不可避免地会造成环境污染，也容易造成疫病传播，进而影响饲养者的经济效益和人们的身体健康。因此，应及时清理畜禽粪便，减少环境污染，保证环境卫生。

思考与训练

1. 监测畜禽场的雾霾，制定并实施畜禽场雾霾控制措施。

2. 到畜禽场，对沼气池的建造与管理利用等进行调研，写出调研报告。

3. 在畜禽场建造并实践发酵床技术。

4. 制定并实施畜禽场粪尿污染治理措施。

5. 实施畜禽场粪肥无害化利用技术。

6. 制定并实施畜禽场水源保护措施。

7. 对畜禽场水质卫生指标pH、溶解氧、水质余氯进行测定，写出监测报告。

8. 对畜禽场处理的污水进行悬浮物、浊度、氨氮、铜及锌、化学需氧量(COD)、五日生化需氧量(BOD_5)、总有机碳(TOC)、总大肠菌群(MPN)治理效果测定，写出监测报告。

9. 对畜禽场的土壤进行卫生评价。

10. 对畜禽场绿化带建设进行科学规划。

模块三

畜禽场环境管理技术

导读

畜禽场环境管理技术是对畜禽的活动环境进行组织实施、监督与调节，以达到畜禽生产特定管理目标的一系列活动。通过本模块的学习，应学会畜禽场环境消毒、畜禽场的杀虫灭鼠、病死畜禽尸体无害化处理等畜禽场管理的实践技术。

项目一 畜禽场环境消毒技术

任务1 畜禽场环境消毒方法

学习目标

针对畜禽场畜禽管理岗位技术任务要求，学会畜禽场机械消毒、物理消毒、化学消毒、生物消毒等实践操作技术。树立科学的生物安全观，保护人畜健康。

任务实施

一、畜禽场机械消毒

用清扫、铲刮、洗刷等机械方法清除污物及沾染在墙壁、地面以及设备上的粪尿、残余饲料、废物、垃圾等，这样可减少大气中的病原微生物。必要时，应将舍内外表层附着物一齐清除，以减少感染疫病的机会。如使用臭氧发生器对畜禽舍进行消毒(图3-1)。

图 3-1 臭氧发生器对畜禽舍进行消毒

微课:养殖场消毒

二、畜禽场物理消毒

(一)日光照射

日光照射消毒是指将物品置于日光下暴晒，利用太阳光中的紫外线、阳光灼热和干燥作用,使病原微生物灭活的过程。这种方法适用于对畜禽场、运动场场地、垫料和可以移出室外的用具等进行消毒。

在强烈的日光照射下,一般的病毒和非芽孢菌经数分钟到数小时即可被杀灭。常见的病原微生物被日光照射杀灭的时间,巴氏杆菌为6～8 min,口蹄疫病毒为1 h,结核杆菌为3～5 h。

(二)辐射消毒

紫外线照射消毒是用紫外线灯照射杀灭空气中或物体表面的病原微生物的过程。紫外线照射消毒常用于种蛋室、兽医室等空间以及人员进入畜禽舍的消毒,由于紫外线容易被吸收,对物体的穿透能力很弱,所以紫外线只能杀灭物体表面和空气中的微生物(图3-2)。

图3-2　紫外线照射消毒

(三)高温消毒

高温消毒是利用高温环境破坏细菌、病毒、寄生虫等病原体结构、杀灭病原的过程,包括火焰消毒、煮沸消毒和高压蒸汽消毒等消毒形式。

1. 火焰消毒

火焰消毒是利用火焰喷射器喷射火焰灼烧耐火物体或者直接焚烧被污染的低价值易燃物品,以杀灭黏附在物体上的病原体的过程(图3-3)。火焰消毒是一种简单可靠的消毒方法,杀菌率高,平均杀菌率达97%以上,消毒后设备表面干燥。此方法常用于畜禽舍墙壁、地面、笼具、金属设备等表面的消毒。使用火焰消毒时应注意每种火焰消毒器的燃烧器要与特定的燃料相配,要选用说明书指定的燃料种类;要撤除消毒场所的所有易燃易爆物,以免引起火灾;先用药物进行消毒,再用火焰喷射器消毒,才能提高灭菌效率。

图3-3　畜禽舍火焰消毒

2. 煮沸消毒

煮沸消毒是将被污染的物品置于水中蒸煮，利用高温杀灭病原的过程。煮沸消毒经济方便，应用广泛，消毒效果好。一般病原微生物 100 ℃沸水中 5 min 即被杀死，经 1～2 h 煮沸可杀死所有的病原体。这种方法常用于体积较小而耐煮的物品如衣物、金属、玻璃器具的消毒（图 3-4）。

3. 高压蒸汽消毒

高压蒸汽消毒是利用水蒸气的高温杀灭病原体。其消毒效果确实可靠，常用于医疗器械等物品的消毒。应用的温度为 115 ℃、121 ℃或 126 ℃，一般需维持 20～30 min。

图 3-4　煮沸消毒器消毒

三、畜禽场化学消毒

化学消毒法是指使用化学消毒剂，通过化学消毒剂的作用破坏病原体的结构以直接杀死病原体或使病原体的增殖发生障碍的过程。化学消毒法比其他消毒方法速度快、效率高，能在数分钟内进入病原体内并将其杀灭。所以，化学消毒法是畜牧场最常用的消毒方法。

（一）清洗法

用一定浓度的消毒剂对消毒对象进行擦拭或清洗，以达到消毒的目的。常用于对种蛋、畜禽舍地面、墙裙、器具进行消毒。

（二）浸泡法

浸泡法是一种将需消毒的物品浸泡于消毒液中进行消毒的方法。常用于对医疗器具、小型用具、衣物进行消毒。

（三）喷洒法

将一定浓度的消毒液通过喷雾器或高压喷枪喷洒于畜禽舍、设施或物体表面以进行消毒。常用于对畜禽舍地面、墙壁、笼具等进行消毒。喷洒法简单易行、效力可靠，是畜牧场最常用的消毒方法。

（四）熏蒸法

利用化学消毒剂挥发或在化学反应中产生的气体，以杀死封闭空间中病原体（图 3-5），这是一种作用彻底、效果可靠的消毒方法。常用于对孵化室、无畜禽的畜禽舍等空间进行消毒。

（五）气雾法

利用气雾发生器将消毒剂溶液雾化为气雾粒子对空气进行消毒。由于气雾发生器喷射出的气雾粒子直径很小（<200 nm），质量极小，所以，能在空气中较长时间飘浮并可以进入细小的缝隙中，因而消毒效果较好，是消灭气源性病原微生物的理想方法。如全面消毒畜禽舍空间，每立方米用 5%过氧乙酸溶液 2.5 mL（图 3-6）。

图 3-5　畜禽舍的熏蒸消毒

图 3-6　畜禽舍的气雾消毒

四、畜禽场生物消毒

生物消毒法是利用微生物在分解有机物过程中释放出的生物热杀灭病原性微生物和寄生虫卵的过程。在有机物分解过程中，畜禽粪便温度可以达到 60～70 ℃，可以使病原性微生物及寄生虫卵在十几分钟至数日内死亡。生物消毒法是一种经济简便的消毒方法，能杀死大多数病原体，主要用于粪便消毒。

任务 2　畜禽场常规消毒管理

学习目标

针对畜禽场畜禽管理岗位技术任务要求，学会建立并严格执行畜牧场消毒管理制度、畜禽场消毒方法、孵化场消毒方法、隔离场消毒方法等实践操作技术。

任务实施

一、建立并严格执行畜牧场消毒管理制度

在消毒的操作过程中，影响消毒效果的因素很多，如果没有一个详细、全面的消毒管理制度并严格执行，消毒的随意性大，就不可能收到良好的消毒效果。所以养殖场必须制订消毒计划，按照消毒计划要求严格实施。

消毒计划（程序）的内容应该包括消毒的场所或对象，消毒的方法，消毒的时间和次数，消毒药品的选择、配比稀释、交替更换，消毒对象的清洁卫生以及清洁剂或消毒剂的使用等。

消毒计划应落实到每一个饲养管理人员，要严格按照计划执行并监督检查，避免随意性和盲目性；要定期进行消毒效果检测，通过肉眼观察和微生物学的监测，确保消毒的效果，有效减少或排除病原体。

(一)畜禽场环境经常性消毒

经常性消毒指在未发生传染病的条件下,为了预防传染病的发生,消灭可能存在的病原体,根据畜牧场日常管理的需要,随时或经常对畜牧场环境以及畜禽经常接触到的人以及一些器物如工作穿着的衣、帽、靴进行消毒。消毒的主要对象是接触面广、流动性大、易受病原体污染的器物、设施和出入畜牧场的人员、车辆等。例如,在场舍入口处设消毒池(槽)和感应式喷雾消毒设备(图 3-7、图 3-8),是其中最简单易行的一种经常性消毒方法。

图 3-7 出入畜牧场车辆消毒

图 3-8 入口处感应式人员喷雾消毒

(二)畜禽场环境定期消毒

定期消毒指在未发生传染病时,为了预防传染病的发生,对于有可能存在病原体的场所或设施如圈舍、栏圈、设备用具等进行定期消毒。

当畜群出售、畜禽舍空出后,必须对畜禽舍及设备、设施进行全面清洗和消毒,以彻底消灭微生物,使环境保持清洁卫生。

(三)畜禽场环境突击性消毒

突击性消毒指在某种传染病暴发和流行的过程中,为了切断传播途径,防止其进一步蔓延,对畜牧场环境、畜禽、器具等进行的紧急性消毒。由于病畜(禽)排泄物中含有大量病原体,带有很大危险性,因此必须对病畜进行隔离,并对隔离畜禽舍进行反复的消毒。要对病畜所接触过的和可能受到污染的器物、设施及其排泄物进行彻底的消毒。对兽医人员在防治和试验工作中使用的器械设备和所接触的物品也应进行消毒。

突击性消毒所采取的措施:①封锁畜牧场,谢绝外来人员和车辆进场,本场人员和车辆出入也须严格消毒;②与患病畜接触过的所有物件,均应用强消毒剂消毒;③要尽快焚烧或填埋垫草;④用含消毒液的气雾对舍内空间进行消毒;⑤将舍内设备移出,清洗、曝晒,再用消毒溶液消毒;⑥墙裙、水泥地面用水冲洗干净后,用 3%氢氧化钠溶液喷洒消毒,间隔 1 天清水冲洗后再用过硫酸氢钾按 1∶200 的浓度喷洒消毒一次;⑦将畜禽舍密闭,将设备用具移入舍内,用甲醛气体熏蒸消毒。

(四)畜禽场环境临时消毒

对有可能被病原微生物感染的地区及畜禽,为防止病畜禽携带的病原传播所进行的消毒,称为临时消毒。临时消毒应尽早进行,根据传染病的种类和用具选用合适的消毒剂。

(五)畜禽场环境终末消毒

发病地区消灭了某种传染病,在解除封锁前,为了彻底消灭病原体而进行的最后消毒,称为终末消毒。终末消毒不仅要对病畜禽周围一切物品及畜禽舍进行消毒，还要对痊愈畜禽场环境、畜禽体表进行消毒。

二、畜禽场消毒方法

(一)畜禽场入场消毒

畜禽场大门入口处设立消毒池(池宽同大门，长为机动车轮周长的 1.5 倍)，内放 3%氢氧化钠溶液，每 15 天更换 1 次。大门入口处设消毒室，消毒室可采用感应式喷雾消毒法，也可以用紫外线灯消毒法，一切人员皆要在此用漫射紫外线照射 5～10 min，进入生产区的工作人员，除按照要求消毒外，必须更换场区工作服、工作鞋，通过消毒池进入自己的工作区域，严禁相互串舍(圈)。不准带入可能传染的畜产品或物品。

(二)畜禽舍消毒

畜禽舍除保持干燥、通风、冬暖、夏凉以外，平时还应做好消毒。一般分两个步骤进行：第一步先进行机械清扫。第二步用消毒液消毒。畜禽舍及运动场应每天打扫，保持清洁卫生，料槽、水槽干净，每周消毒一次，圈舍内可用 1∶200 过硫酸氢钾做带畜消毒，0.3%～0.5%过氧乙酸做舍内环境和物品的喷洒消毒或加热做熏蒸消毒(每立方米空间用 2～5 mL)。

1. 空畜禽舍的常规消毒

首先彻底清扫干净粪尿。用 3%氢氧化钠喷洒和刷洗墙壁、笼架、槽具、地面，消毒 1 天后，用清水冲洗干净，待干燥后，用 1∶200 过硫酸氢钾喷洒消毒(图 3-9)。对于密闭畜禽舍，还可应用甲醛熏蒸消毒，方法是每立方米空间用 40%甲醛 30 mL，倒入适当的容器内，再加入高锰酸钾 15 g，注意，此时室温不应低于 15 ℃，否则要加入热水 20 mL。为了减少成本，也可不加高锰酸钾，但是要用猛火加热甲醛，使甲醛迅速蒸发，然后熄灭火源，密封熏蒸 12～14 h，打开门窗，除去甲醛气味。

2. 带畜禽消毒

在日常管理中，对畜禽舍应经常进行定期消毒。可选用 1∶200 过硫酸氢钾、0.2%～0.5%的过氧乙酸等无刺激性消毒剂进行喷雾消毒。这种定期消毒一般带畜禽进行，每隔两周或 20 d 左右进行一次(图 3-9 至图 3-11)。

图 3-9　畜禽舍的喷洒消毒

(三)饲养设备及用具的消毒

将可移动的设施、器具定期移出畜禽舍，清洁冲洗，置于太阳下曝晒。将食槽、饮水器等移出舍外曝晒，再用 1%～2%的漂白粉、0.1%的高锰酸钾及氯已定(洗必泰)等消毒剂浸泡或洗刷。

(四)畜禽粪便及垫草的消毒

在一般情况下，畜禽粪便和垫草最好采用生物消毒法消毒。采用这种方法可以杀灭大多数病原体如口蹄疫、猪瘟、猪丹毒及各种寄生虫卵。但是对患炭疽、气肿疽等传染病的病畜粪便，应采取焚烧或经有效消毒剂处理后深埋。

图 3-10　带畜禽消毒

图 3-11　畜禽舍地面、墙壁的消毒

(五)畜禽舍外环境消毒

畜禽舍外环境及道路要定期进行消毒,填平低洼地,铲除杂草,灭鼠、灭蚊蝇、防鸟等。

(六)畜禽场消毒注意事项

(1)畜禽场大门、生产区和畜禽舍入口处皆要设置消毒池,内放火碱液,一般 10～15 d 更换新配的消毒液。畜禽舍内用具消毒前,一定要先彻底清扫粪尿。

(2)尽可能选用广谱的消毒剂或根据特定的病原体选用对其作用最强的消毒药。消毒药的稀释浓度要准确,应保证消毒药能有效杀灭病原微生物,并要防止腐蚀、中毒等问题的发生。

(3)有条件或必要的情况下,应对消毒质量进行监测,检测各种消毒药的使用方法和效果。并注意消毒药之间的相互作用,防止互作使药效降低。

(4)不准任意将两种不同的消毒药物混合使用或消毒同一种物品,因为两种消毒药合用时常因物理或化学配伍禁忌而使药物失效。

(5)消毒药物应定期替换,不要长时间使用同一种消毒药物,以免病原菌产生耐药性,影响消毒效果。

三、孵化场消毒方法

孵化场卫生状况直接影响种蛋孵化率、健雏率及雏鸡的成活率。一个合格的受精蛋孵化为健康的雏鸡,在整个孵化过程中所有与之有关的设备、用具都必须是清洁、卫生的。孵化场的卫生消毒包括人员、种蛋、设备、用具、墙壁、地面和空气的卫生消毒。

(一)孵化场消毒操作步骤

1. 人员的消毒

孵化场人员进出孵化室必须消毒,其他外来人员一律不准进入。要求在大门口内设二门,门口设消毒池,池内经常更换消毒液,二门内设淋浴室及更衣室,工作人员进入时需脚踏消毒池,入门后淋浴,更换工作服后方可进入。工作服应定期清洗、消毒。服装可用百毒杀等洗涤后用紫外线照射消毒。工作人员用消毒液洗手消毒。

2. 种蛋的消毒

首先要选择健康无病的种鸡群且没有受到任何污染的种蛋,种蛋从鸡舍收集后进行筛选,剔除粪蛋、脏蛋及不合格蛋后将种蛋放入干净消过毒的蛋托上立即消毒。种蛋正式孵化前,一

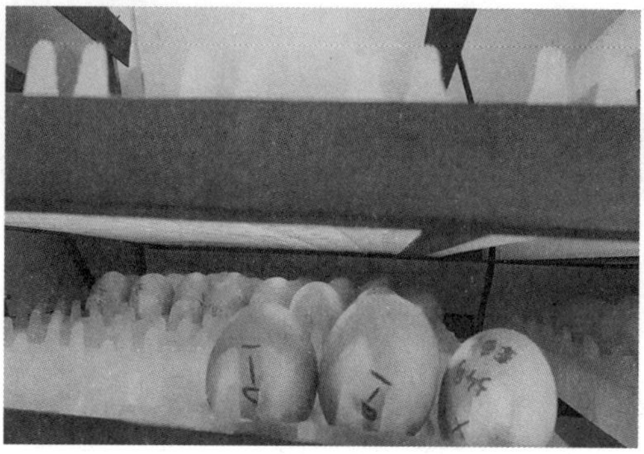

图 3-12 种蛋熏蒸消毒

般需要消毒 2 次，第一次在集蛋后进行；第二次在加热孵化前。一般每天收集种蛋 2～4 次，每次收集后立即放入专用消毒柜或消毒厨内，用甲醛、高锰酸钾熏蒸消毒。用量为每立方米空间用福尔马林 30 mL，高锰酸钾 15 g，熏蒸 15～20 min。要求密闭，温热（温度 25 ℃）、湿润（湿度为 60%）。种蛋库每周定期清扫和消毒，最好用拖布打扫，用熏蒸法消毒，或用 0.05%新洁尔灭消毒。种蛋库保持温度 12～16 ℃，湿度 70%～80%为宜。种蛋入孵到孵化器，但尚未加温孵化前，再消毒一次，方法同第一次。要特别注意的是种蛋“出汗”后不要立即消毒，要等种蛋干燥后再用此方法消毒（图 3-12）。另外，入孵 24～96 h 的种蛋不能用上述方法消毒。

3. 孵化设备及用具的消毒

孵化器的顶部和四周易积飞尘和绒毛，要由专门值班员每天擦拭一次，最好用湿布，避免飞尘等飞扬。每批种蛋由孵化器出雏器转出后，将蛋盘、蛋车、周转箱全部取出冲洗，孵化器里外打扫干净，断电后用清水冲洗干净，包括孵化器顶部、四壁、地面、加湿器等，然后将干净的蛋车、蛋盘，放入孵化器消毒。可以喷洒 0.05%的新洁尔灭或 0.05%的百毒杀，也可以用甲醛 42 mL/m^3，高锰酸钾 21 g/m^3 的剂量熏蒸消毒。雏鸡注射器、针头、镊子等用前需高温蒸煮消毒 10 min。

4. 空气及墙壁地面的卫生消毒

由于种蛋和进入人员易将病原菌带入孵化场，出雏时绒毛和飞尘也易散播病菌，而孵化室内气温较高，湿度较大利于细菌繁殖，所以孵化室内空气的卫生消毒十分重要。首先，要将孵化器与出雏器分开设置，中间设隔墙及门。1～18 胚龄的胚胎在孵化器中，19～21.5 胚龄转入出雏器中出雏，21.5 d 后初雏转入专门雏鸡存放室。其次，孵化室要设置足够大功率的排风扇，排出污浊的空气。每台孵化器及出雏器要设置通风管道与风门相接，将其中的废气直接排出室外。出雏室在出雏时及出完后都要开排风扇，有条件的孵化场还可以设置绒毛收集器以净化空气。每出完一批鸡都要对整个出雏室彻底打扫消毒一次，包括屋顶、墙壁及整个出雏室。程序为清扫—高压冲洗—消毒。消毒用 0.05%的新洁尔灭或 0.05%的百毒杀或 0.1%的碘伏喷洒。

（二）孵化场消毒注意事项

（1）遵守消毒的原则和程序。不同的消毒药物有着不同的消毒对象，选择时应加以注意。

（2）注意孵化用具的定期消毒和随时消毒。

四、隔离场消毒方法

隔离场使用前后，货主用口岸动植物检疫机关指定的消毒药物按动植物检疫机关的要求进行消毒，并接受口岸动植物检疫机关的监督。

(一)隔离场消毒操作步骤

1. 运输工具的消毒

装载动物的车辆、器具及所有用具须经消毒后方可进出隔离场。

2. 铺垫材料的消毒

运输动物的铺垫材料须进行无害化处理,可采用焚烧方法进行消毒。

3. 工作人员的消毒

工作人员、饲养人员及经动植物检疫机关批准的其他人员进出隔离区(隔离场饲养人员须专职),所有人员均须消毒、淋浴、更衣,经消毒池、消毒道出入。

4. 畜禽舍和周围环境的消毒

保持动物体、畜禽舍(池)和所有用具的清洁卫生,定期清洗、消毒,做好灭鼠、防毒等工作。

5. 死亡和患有特定传染病动物的消毒

发现可疑患病动物或死亡的动物,应迅速报告口岸动植物检疫机关,并立即对患病动物停留过的地方和污染的用具、物品进行消毒,患病(死亡)动物按照相关规定进行消毒处理。

6. 动物排泄物及污染物的消毒

隔离动物的粪便、垫料及污物、污水须经无害化处理后方可排出隔离场。

(二)隔离场消毒注意事项

(1)经常更换消毒液,保持有效浓度。

(2)病死动物的消毒处理应按照有关的法律法规进行。

(3)工作人员进出隔离场必须遵守严格的卫生要求。

任务3　畜禽场环境消毒药物的选择与应用

学习目标

针对畜禽场畜禽管理岗位技术任务要求,学会强碱性消毒药物、强氧化性消毒药物、阳离子表面活性剂消毒药物、有机氯类消毒药物、复合酚类消毒药物、双链季胺酸盐类消毒药物、卤素类消毒药物、酸类消毒药物的选择与应用等实践操作技术。

任务实施

一、强碱性消毒药物的选择与应用

强碱性消毒药临床上常用的有烧碱、生石灰及草木灰等。消毒的基本原理为通过与细菌、病毒、芽孢等直接或间接接触方式,以其碱性物质作用并破坏病原的蛋白质和核酸等生命物质,造成病原的代谢紊乱,从而起到杀灭作用。

(一)烧碱

烧碱(又名苛性钠、火碱,一般指氢氧化钠)是一种强碱性高效消毒药,杀菌力强,并且具有

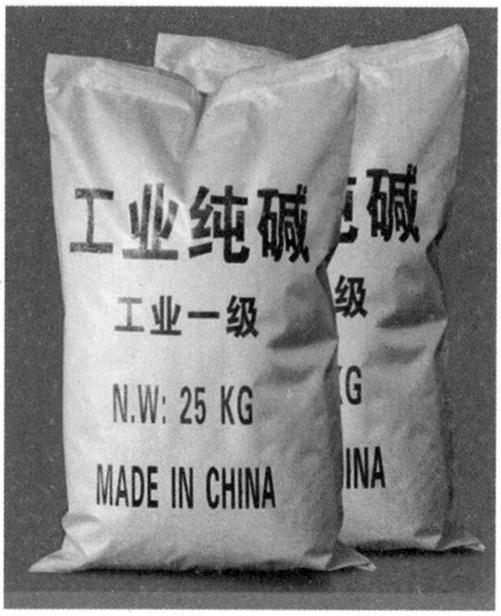

图 3-13　烧碱

很强的腐蚀性，因此不宜对金属制品进行消毒，但是对病毒、细菌、芽孢均有很强的杀灭作用，同时对某些寄生虫卵也有一定的杀灭作用(图 3-13)。1%～2%的水溶液用于消毒养殖场地、圈舍、饲槽、器具、运输车辆等；3%～5%的水溶液可用于消毒芽孢污染区域。烧碱对金属物品有腐蚀作用，因此在消毒后，要用清水冲洗干净。同时烧碱对皮肤、被毛、黏膜、衣物也有强腐蚀和损坏作用，消毒人员使用时，要注意自身防护，以防造成损伤。在对圈舍和饲槽等消毒时，要做到先清空圈舍或将动物移出，待消毒完毕后间隔 1 天用清水冲洗地面、饲槽后再将动物移入圈舍。

消毒用的氢氧化钠制剂大部分是含有 90%左右氢氧化钠的粗制碱液，由于价格较低且易获得，常代替精制氢氧化钠作消毒药使用。

(二)生石灰

生石灰主要成分为氧化钙，为白色或灰白色硬块，利用氧化钙和水反应生成氢氧化钙，使水质呈强碱性，从而达到消毒的作用，其对大多数病原菌有较强的消毒作用，但不能杀灭细菌的芽孢。生石灰是无机盐类中最常用的一种消毒药物，价格便宜，易为养殖户所接受。实际应用中常配成 10%～20%的溶液对畜禽地面、墙壁、栏杆等处消毒，也可与粪便混合消毒。对于阴湿地面、粪池周围及污水沟等处的消毒，可提高生石灰的百分比(70%～80%)，将生石灰加水搅和而成的粉末直接洒在需消毒区域。同时，在病死畜禽进行深埋无害化处理时，在深埋坑的底部和覆土层的底部撒上生石灰，再覆土掩埋，能够有效地杀死病原微生物。石灰乳不宜久贮，长时间在空气中暴露会吸收二氧化碳变成粉末状碳酸钙，应现用现配。直接将生石灰撒布在干燥地面上，不能生成氢氧化钙，也不具有消毒作用(图 3-14)。

图 3-14　生石灰消毒

二、强氧化性消毒药物的选择与应用

常用的有过氧乙酸、高锰酸钾等，多用于病毒、细菌、芽孢和真菌的杀灭。

(一)过氧乙酸

过氧乙酸为强氧化剂，有很强的氧化性，遇有机物放出新生态氧而起氧化作用，为高效、速效、低毒、广谱杀菌剂，对细菌、芽孢、病毒、真菌均有杀灭作用。此外，由于过氧乙酸在空气中具有较强的挥发性，对空气进行杀菌、消毒具有良好的效果(图 3-15)。

过氧乙酸对眼睛、皮肤、黏膜和上呼吸道有强烈刺激作用，在配制和使用时要注意防护。同时对金属、棉、毛、化纤织物具有腐蚀和漂白作用，对上述材料慎用过氧乙酸消毒，若必须使用时，消毒后应即刻用水冲洗干净，以减少损坏。

实际应用中 0.2%～0.5%的溶液多用于圈舍、饲槽、用具、车辆、地面及墙壁的喷雾消毒。因其蒸气有刺激性，消毒圈舍时人畜不能留在圈舍内。但其分解产物无毒副作用。

过氧乙酸稀释后不能久贮，1%溶液只能保效几天，应现用现配。

(二)高锰酸钾

高锰酸钾是最强的氧化剂之一，遇有机物时即释放出初生态氧和二氧化锰，而无游离状氧原子放出，故不出现气泡。初生态氧有杀菌、除臭、解毒作用。二氧化锰能与蛋白质结合成盐，在低浓度时呈收敛作用，高浓度时有刺激和腐蚀作用(图 3-16)。高锰酸钾的杀菌能力随浓度升高而增强，0.1%的溶液能杀死多数细菌的繁殖体，2%～5%的溶液能在 24 h 内杀死细菌芽孢。酸性环境下，高锰酸钾杀菌能力会得到明显提高。生产实践中常配成 0.05%～0.1%的水溶液，供畜禽自由饮用，预防和治疗胃肠道疾病。0.5%的溶液可用于皮肤、黏膜和创伤消毒及洗胃解毒。高锰酸钾与福尔马林联合使用，可用于畜禽圈舍、孵化室等空气的熏蒸消毒。

因高锰酸钾具有一定的腐蚀性，可对呼吸道、皮肤、眼结膜、消化道等造成损伤，使用时要谨慎。

图 3-15　过氧乙酸消毒液

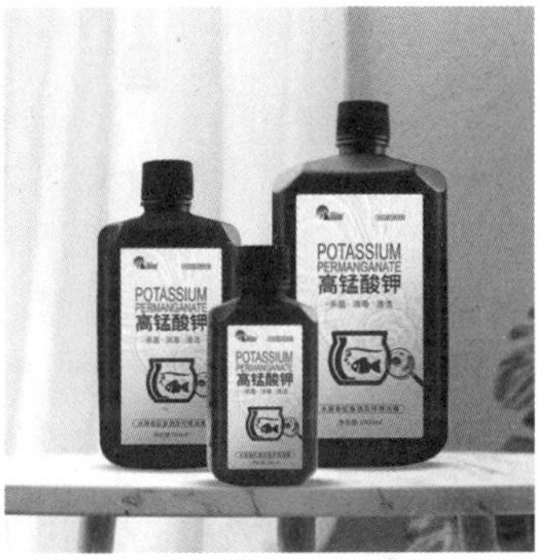

图 3-16　高锰酸钾消毒药

(三)臭氧

臭氧为已知最强的氧化剂。臭氧在水中的溶解度较低(3%)。臭氧稳定性差，在常温下可自行分解为氧。所以臭氧不能瓶装贮备，只能现场生产，立即使用。

臭氧的杀菌原理主要是靠强大的氧化作用，使酶失去活性导致微生物死亡。臭氧是一种广谱杀菌剂，可杀灭细菌繁殖体和芽孢、病毒、真菌等，并可破坏肉毒杆菌毒素。在畜禽场消毒方面，臭氧的用途主要有以下几种。

1. 畜禽场饮用水和养殖污水的消毒

用臭氧处理污水的工艺流程是：污水先进入一级沉淀，净化后进入二级净化池，处理后进入调节储水池，通过污水泵抽入接触塔，在塔内与臭氧充分接触 10～15 min 排出。

2. 物体表面消毒

饲养用具、饲料加工用具、工作服、围栏、保育箱等放密闭箱内消毒。臭氧对表面上污染的微生物有杀灭作用，一般要求 60 mg/m^3，相对湿度≥70%，作用 60～120 min 才能达到消毒效果。

3. 畜禽舍内空气消毒

臭氧对空气中的微生物有明显的杀灭作用，采用 30 mg/m^3 浓度的臭氧，作用 15 min，对自然菌的杀灭率达到 90%以上。用臭氧消毒空气，必须是在人离开的条件下，消毒后至少过 30 min 才能进入。可用于手术室、病房、无菌室等场所的空气消毒。

三、阳离子表面活性剂消毒药物的选择与应用

新洁尔灭是阳离子表面活性剂消毒药物。其既有清洁作用，又有抗菌消毒效果，抗菌作用快、毒性小，既对畜禽组织无刺激性，又对金属及橡胶无腐蚀性，但价格较高(图 3-17)。

实际生产中 0.1%溶液可以对器械用具消毒，0.5%～1%溶液可用于手术的局部消毒。使用中要避免与阴离子活性剂，如与肥皂等共用，因为共用会降低消毒的效果。

四、有机氯类消毒药物的选择与应用

有机氯类消毒药主要对细菌、芽孢、病毒及真菌具有较强杀菌作用，缺点是药效持续时间较短，药物不易久存。漂白粉是常用的有机氯类消毒药物之一。

(一)漂白粉

漂白粉又称氯化石灰，主要成分是次氯酸钙。漂白粉遇水产生极不稳定的次氯酸，易分解产生氧原子和氯原子，通过氧化和氯化作用，产生强大迅速的杀菌作用(图 3-18)。漂白粉的消毒作用与有效氯含量有关，有效氯含量一般为 25%～36%，当有效氯含量低于 16%时不适用于消毒。漂白粉能用于圈舍、饲槽、用具、车辆的消毒。一般用其 5%～20%混悬液喷洒消毒，干燥粉末也能起到消毒作用。同时可用于饮水消毒，每升水中加入 0.3～1.5 g 漂白粉，不但能杀菌，而且具有除臭作用。漂白粉用时现配，久贮则有效氯含量逐渐降低。因其具有一定的漂白作用，不能用于有色棉织品和金属用具的消毒。漂白粉溶液有轻微毒性，使用浓溶液时应注意安全。

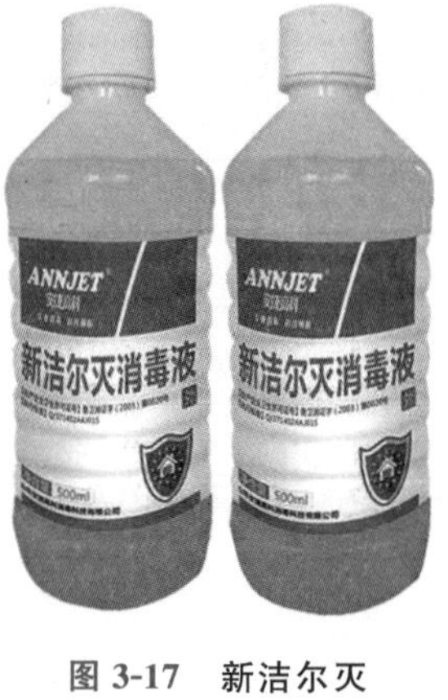

图 3-17　新洁尔灭

图 3-18　漂白粉

(二)次氯酸钠溶液

次氯酸钠溶液是一种非天然存在的强氧化剂。它的杀菌效力比氯气更强，属于真正高效、

广谱、安全的强力灭菌、杀病毒药剂，已经广泛用于包括自来水、中水、养殖循环水、养殖污水等各种水体的消毒和防疫消杀。同其他消毒剂相比较，次氯酸钠溶液非常具有优势。它清澈透明，易溶于水，彻底解决了氯气、二氧化氯、臭氧等气体消毒剂所存在的难溶于水而不易做到准确投加的技术困难，消除了液氯、二氧化氯等药剂时常具有的跑、泄、漏、毒等安全隐患，消毒中不产生有害健康和损害环境的副反应物，也没有漂白粉使用中带来的许多沉淀物。正因为有这些特性，所以，它消毒效果好，投加准确，操作安全，使用方便，易于储存，对环境无毒害、不产生第二次污染，还可以在任意环境工作状况下投加。但是，由于次氯酸钠液不易久存(有效时间大约为一年)，加之从工厂采购需大量容器，运输烦琐不便，而且工业品存在一些杂质，溶液浓度高也更容易挥发，因此，次氯酸钠多以发生器现场制备的方式来生产，以便满足配比投加的需要(图 3-19)。

图 3-19　次氯酸钠及喷雾消毒器

五、复合酚类消毒药物的选择与应用

复合酚类消毒药除可以杀灭细菌、病毒和霉菌外，对多种寄生虫卵也有杀灭作用。要注意不能与碱性药物或其他消毒药混合使用。常用的为消毒灵(图 3-20)。

消毒灵是一种强力、速效、广谱、对人畜无害、无刺激性和腐蚀性的消毒剂。可带畜消毒，易于储运，使用方便，成本低廉，不使衣物着色是其最突出的优点。广泛用于各种环境、场所、圈舍、饲具、车辆等的消毒。使用时按比例加水溶解，配成消毒液进行浸泡、喷洒、喷雾、熏蒸消毒。

图 3-20　消毒灵

六、双链季胺酸盐类消毒药物的选择与应用

双链季胺酸盐类消毒药是一类新型的消毒药，具有性质比较稳定、安全性好、无刺激性和腐蚀性等特点。以主动吸附、快速渗透和阻塞呼吸来杀灭病毒、细菌、霉菌、真菌及藻类致病微生物。在指定使用浓度下，对人畜安全可靠，无毒无刺激，不产生抗药性，并且在水质硬度较高的条件下，消毒效果也不会减弱。适合于饲养场地、栏舍、用具、饮水器、车辆、孵化机及种蛋的

消毒，如百毒杀(图 3-21)。百毒杀具有速效和长效双重效果，能杀灭细菌、霉菌、病毒、芽孢和球虫等。实际应用中 150 mg/kg 可用于圈舍、环境喷洒或设备器具洗涤、浸泡消毒，用于预防传染病的发生；250 mg/kg 在传染病发生季节或附近养殖场发生疫病时，用于圈舍喷洒、冲洗消毒；500 mg/kg 在病毒性或细菌性传染病发生时，用于紧急消毒。

七、卤素类消毒药物的选择与应用

(一)二氧化氯消毒剂

二氧化氯消毒剂是国际上公认的新一代广谱强力消毒剂，被世界卫生组织列为 A1 级高效安全消毒剂，杀菌能力是氯气的 3～5 倍；可应用于畜禽活体、饮水、鲜活饲料消毒保鲜、栏舍、空气、地面、设施等环境消毒、除臭；本品使用安全、方便，消毒除臭作用强，单位面积使用价格低(图 3-22)。

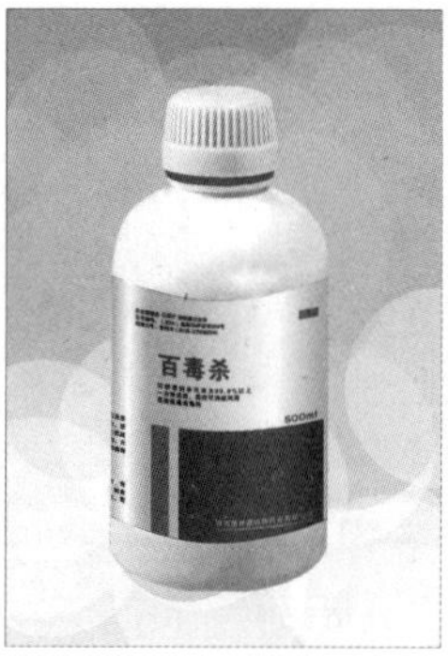

图 3-21　百毒杀

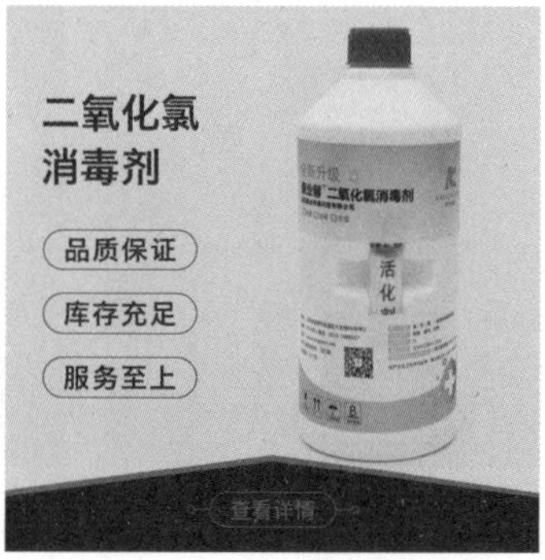

图 3-22　二氧化氯消毒剂

(二)消毒威(二氯异氰尿酸钠)

使用方便，主要用于畜禽场地喷洒消毒和浸泡消毒，也可用于饮水消毒，消毒力较强，可带畜、禽消毒。使用时按说明书标明的消毒对象和稀释比例配制(图 3-23)。

(三)二氯异氰尿酸钠烟熏剂

用于畜禽栏舍、饲养用具的消毒；使用时，按每立方米空间 2～3 g 计算，置于畜禽栏舍中，关闭门窗，点燃后即离开，密闭 24 h 后，通风换气即可；还可用于畜禽养殖大棚的消毒(图 3-24)。

图 3-23　消毒威

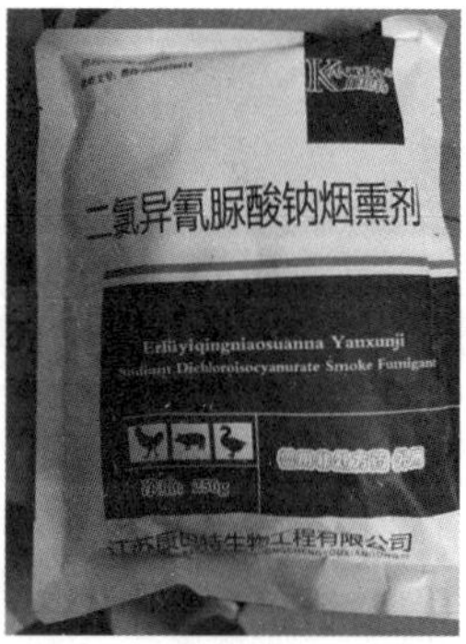

图 3-24　二氯异氰尿酸钠烟熏剂

八、酸类消毒药物的选择与应用

农福为酸类消毒剂，由有机酸、表面活性剂和高分子量杀微生物剂混合而成。对病毒、细菌、真菌、支原体等都有杀灭作用。常规喷雾消毒按 1∶200 稀释，每平方米使用稀释液 300 mL；多孔表面或有疫情时，按 1∶100 稀释，每平方米使用稀释液 300 mL；消毒池按 1∶100 稀释，至少每周更换 1 次(图 3-25)。

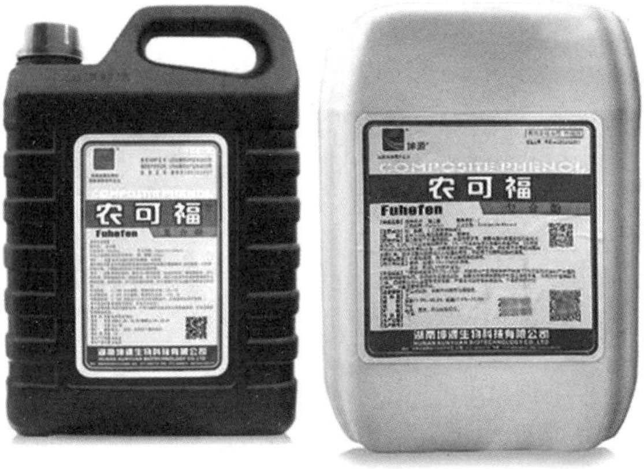

图 3-25　农福消毒剂

项目二　畜禽场杀虫灭鼠

微课：灭蝇防鼠

任务1　畜禽场的灭鼠方法

学习目标

针对畜禽场畜禽管理岗位技术任务要求，学会畜禽场建筑防鼠、器械灭鼠、化学药物灭鼠等实践操作技术。树立环境保护意识，切断传播媒介，预防疾病发生。

任务实施

一、畜禽场建筑防鼠

建筑防鼠是从猪场建筑和卫生着手控制鼠类的繁殖和活动，把鼠类在各种场所的生存空间限制到最低限度，使它们难以找到食物和藏身之所。要求猪舍及周围的环境整洁，及时清除残留的饲料和生活垃圾。猪舍建筑要求墙基、地面、门窗等坚固，一旦发现洞穴立即封堵。

(1)粪池、粪缸应严密封盖。

(2)垃圾、腐烂有机物应有容器装载并加盖；栽种花木不施未经发酵的有机肥。

(3)地下管线沟或暗渠应密封。

(4)新建和改建房屋、马路的沙井口，应设置活动闸板或水封曲管。

(5)建筑防鼠设置要求。

①下水道及排水口及时修复破碎的地下管道，与室外相通的排水口、管道要安装单向闸门或稳固的防鼠栏栅，可用固定式和插入式，栏栅间距小于 1 cm，与排水口、管道边缝也不超过 1 cm。

②门、窗关闭良好，缝隙小于 0.6 cm。木质门及门框向外一面的下部，镶高度为 30 cm 的金属板。如地面不平导致门下缝超过 0.6 cm 时，应加设 5 cm 高的门槛。食品、粮食仓库应同时安装表面光滑、高度大于 50 cm 的防鼠闸板。

③所有管线进出建筑物的孔洞要用水泥堵塞。

二、畜禽场器械灭鼠

常用的有鼠夹子和电子捕鼠器(电猫)。此方法应注意捕鼠前要考察当地的鼠情，弄清本地以哪种鼠为主，便于采取有针对性的措施。此外诱饵的选择常以蔬菜、瓜果做诱饵，诱饵要经常更换，尤其阴天老鼠更容易上钩。捕鼠器要放在鼠洞、鼠道上，小家鼠常沿壁行走，褐家鼠常走沟壑。捕鼠器要经常清洗。

（一）平板夹捕鼠法

首先要收藏好室内的食物，放置鼠夹时插牢诱饵。横梁尖端铁锈磨干净，微微搭在架夹上，饵料一受力就能牵动弹簧。听到鼠夹声要立即进行处理。捕到老鼠后，要及时清除夹上的血迹、气味。在连续捕鼠时，鼠夹要经常更换地方（图 3-26）。

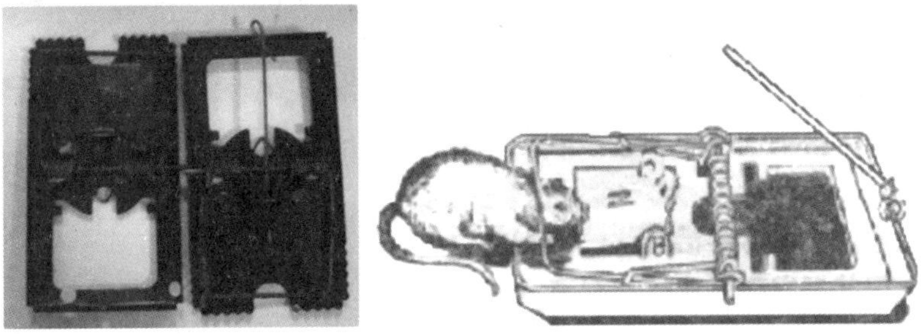

图 3-26　平板夹捕鼠

（二）黏鼠板灭鼠

1. 选用能够自动诱导老鼠上门取食的黏鼠板

一般能够诱导老鼠上门取食的黏鼠板都配有诱鼠剂之类的产品，这样能提高灭鼠的效率，只要等着老鼠自动上门就行了。

2. 黏鼠板的黏性

普通的黏鼠板对付小老鼠时黏性尚可，可是一旦去黏大老鼠时就不一定能黏住，所以在选用黏鼠板时，一定要选黏度强的黏板。

3. 黏鼠板的使用

如果要想更好地黏住老鼠，我们要留心去观察老鼠的活动范围与来回的路线，在其活动范围和路线上去设下黏鼠板，提高其灭鼠的成功率。

4. 黏鼠板使用注意事项

黏鼠板不要放置在日晒雨淋的地方，不要放在灰尘多的地方，以免影响黏鼠板的最佳效果（图 3-27）。

（三）电子灭鼠器

老鼠体接触高压导线时，高压电流通过鼠体与大地之间形成回路。通过鼠体的高压电流驱动捕鼠器的声光报警灯电路发出报警信号，同时在高压电流的作用下鼠体不能行动，全身麻热，窒息直至死亡。机器连续工作 1 min 左右，机器会自动切断高压输出，高压停止工作，老鼠倒地，30 min 左右机器恢复待机功能，重新进入捕鼠状态，等待下一只老鼠的到来（图 3-28）。灭鼠器使用方法如下。

1. 潮湿地面

将地线插入地面，并用水再次洒湿地面（保证地面导电性良好），然后在距离地面 3～5 cm 处拉一根火线。老鼠在地面行走碰到火线即可被击毙。

图 3-27　黏鼠板

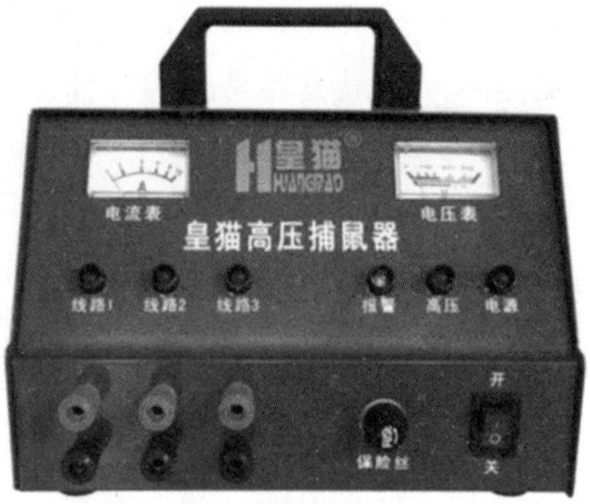

图 3-28　电子灭鼠器

2. 干燥地面

拉上下(或左右平行)两根铁丝,间距 3～5 cm,上面铁丝连接火线,下面铁丝连接地线。当老鼠从两根线中间经过(同时碰到火线和地线)老鼠即可被击毙。

3. 畜禽场布线

在畜禽场布线时可以用支架、竹签、铁钉等作支撑,把线架起(两根线的距离可以根据鼠体大小自由调整),细铁丝与支撑物之间要用绝缘和耐高压的塑料胶管隔开,防止火线和地线之间导电。

三、畜禽场化学药物灭鼠

(一)常用灭鼠药

常用灭鼠药主要是肠道灭鼠药,有急性灭鼠剂和慢性灭鼠剂两类。只需服药一次即可奏效的称为急性灭鼠剂,或速效药。需一连几天服药效果才显著的称为慢性灭鼠剂,或缓效药,前者多用于野外,后者多用于居民区内。

1. 磷化锌

磷化锌为灰色粉末,有显著蒜味,不溶于水,有亲油性。干燥时稳定,但受潮湿后缓慢分解,遇无机强酸则迅速反应,放出磷化氢气体。主要作用于神经系统,破坏代谢。中毒后食欲减退,活动性下降,常常后肢麻痹,最终死亡。作用快,是速效药。配制毒饵浓度一般为 2%～5%。本品毒力的选择性不强,对人类与禽、畜毒性和对鼠类相近,故应注意安全。食用本剂第一次中毒未死的鼠再次遇到时,容易拒食,不宜连续使用。

2. 毒鼠磷

本品为白色粉末或结晶,很难溶解于水,无明显气味,在干燥状态下比较稳定。它的主要毒理作用是抑制神经组织和细胞内胆碱酯酶,对鼠类毒力大,且选择性不强。鼠吃下毒饵经 4～6 h 出现症状,10 h 左右死亡。毒鼠磷对大鼠类的适口性较好,再次遇到时拒食不明显,用于野鼠与家鼠效果均较好。毒鼠磷对人、畜的毒力也强,对鸡的毒力很弱。但对鸭、鹅很强。使用时注意安全。毒鼠磷灭家鼠常用浓度是 0.5%～1.0%,灭野鼠可增加到 1%～2%。

3. 杀鼠灵

本品为白色结晶,难溶于水,易溶于碱性溶液成钠盐。无臭无味,相当稳定。它是世界上使用最广的抗凝血灭鼠剂，是典型的慢性药。杀鼠灵的毒力和服药次数有密切关系。服药一次，只有在剂量相当大时才能致死，多次服用时，虽各次服药总量远低于一次服药的致死量，也可能致鼠死亡。它主要破坏鼠类的血液凝固能力，并损伤毛细血管，引起内出血，以致贫血、失血、最终死亡。它作用较缓慢，一般服药后 4～6 d 死亡，少数个体可超过 20 d。加大剂量并不能加速死亡。

由于杀鼠灵用量低，适口性好，毒饵易被鼠类接受，加之作用慢，不引起保护性反应，效果通常很好。不过，投饵量必须大大超过急性药毒饵，投饵期不应短于 5 d。

杀鼠灵对褐家鼠的慢性毒力很强，但对小家鼠、黄胸鼠等稍弱。在禽、畜、猫、猪中敏感，鸡、鸭、牛等耐力很大。总的看来是当前最安全的杀鼠剂之一。

杀鼠灵的使用浓度为 0.025%。因用量低，常先将纯药稀释成 0.5%或 2.5%母粉或配成适当浓度的钠盐溶液，然后加入诱饵中制成毒饵。

4. 敌鼠钠盐

敌鼠钠盐为土黄色结晶粉末，纯品无臭无味，溶于乙醇、丙酮和热水，性质稳定。敌鼠也为黄色，不溶于水。它们的毒理作用与杀鼠灵基本相同。

敌鼠钠盐对鼠的毒力强于杀鼠灵，因而，投饵次数可减少，但对禽、畜危险性相应增加。它对小家鼠、黄胸鼠的毒力也强于杀鼠灵，对长爪沙鼠等野鼠有较好的杀灭效果。敌鼠钠盐的适口性不如杀鼠灵，尤其是在浓度较高时。敌鼠钠盐适口性较好。它对鸡、鸭、羊、牛等的毒力较小，但对猫、兔、狗毒力较大。对人的毒力也较强，可能引起中毒。按照敌鼠钠盐的毒力，其使用浓度应为 0.01%～0.0125%，但为了减少投饵次数而往往用 0.025%，在野外灭鼠甚至用 0.1%～0.2%。但浓度越高，适口性越差，反而会降低效果。

(二)诱饵

诱饵的好坏也直接影响灭鼠效果，必须选择鼠类喜食的诱饵。大规模灭鼠使用的诱饵有以下几种类型：①整粒谷物或碎片，如小麦、大米、莜麦、高粱、碎玉米等。②粮食粉，如玉米面、面粉等，主要用于制作混合毒饵。通常可用 60%～80%玉米面加 20%～40%面粉。③瓜菜，如白薯块、胡萝卜块等，主要用于制作黏附毒饵，现配现用。

(三)毒饵的配制

①灭鼠药、诱饵黏着剂等必须符合标准。②拌饵均匀，使灭鼠药均匀地与诱饵混合；在使用毒力大的灭鼠药时应先配成适当浓度的母粉或母液再与诱饵相混。母粉与母液的含药量必须准确。③灭鼠药的浓度适中，不可过低，也不能过高。过高影响适口性，反而降低灭鼠效果。对慢性药来说，提高浓度并不能相应地加快奏效速度。

(四)毒饵投放最好由受过训练的人员进行

投放方法有：①按洞投饵：对洞穴明显的野鼠适用。②按鼠迹投放：大部分地区家鼠洞不易找到，但活动场所容易确定，可用此法投药。③等距投放：在开阔地区消灭野鼠，按棋盘格方式，每行每列各隔一定距离放毒饵一堆。④均匀投放：一般只限野鼠，适于鼠密度高，地广人稀之处。⑤条带投放：每隔一定距离在一条直线上投药，用于灭野鼠。在家庭中灭鼠投饵可以采取晚上布放，白天收掉，以免误伤儿童及禽、兽；也可用毒饵盒，毒饵盒可就地取材，因时因鼠而异。毒饵盒的置放一般不超过 5 d，若 5 d 以上无鼠入内，应更换地点。灭家鼠时，每户放毒饵盒 1～2 个即可，但应地点合适，使用之初勤检查，及时补充新鲜毒饵。鼠密度下降后，每月检查一次，以保证安全。

化学灭鼠法在规模化猪场比较常用，优点是见效快、成本低，缺点是容易引起人畜中毒。因此灭鼠药要选择对人畜安全的低毒药物，并且由专人负责撒药布阵、捡鼠尸，撒药要考虑鼠的生活习性，有针对性地选择鼠洞、鼠道。常用的灭鼠药有敌鼠钠、大隆、卫公灭鼠剂等(抗凝血灭鼠剂)，此类药物共同的特点是不产生急性中毒症状，鼠类易接受，不易产生拒饲现象，对人畜比较安全。

(五)化学灭鼠药物投放方法

(1)投药前要做到垃圾密闭收集、完善防鼠设施，以断绝鼠粮，提高灭鼠效果。

(2)室外，投放在发现有鼠的墙角、墙边、鼠道上，离墙 3～5 cm，或直接投放在鼠洞里；在沟渠、池塘边、绿化带边等处也可投放，每隔 5～10 m 一堆，每堆 10～20 g。室内，每 1 m^2 投放 2 堆(每堆 20～25 g)。

(3)鼠药被盗要及时补充，老鼠食用多少补充多少，多食多补，少食少补，保证老鼠进食到足够量的鼠药。连续投放新鲜鼠药不得少于 3 d。

(4)投放鼠药时应做好个人防护，戴手套，投放完后要洗净手。

任务2　畜禽场消灭蚊蝇的措施

学习目标

针对畜禽场畜禽管理岗位技术任务要求，学会控制和消除蚊蝇滋生条件、畜禽场消灭蚊蝇幼虫、消灭蛹、杀灭成蚊蝇、药物速效灭蝇、采用生物学方法控制蚊蝇等实践操作技术。

任务实施

一、控制和消除畜禽场蚊蝇滋生条件

(一)储粪场、污水池等是蚊蝇的主要滋生地

应保持储粪场、污水池等的清洁，化粪池盖板无破损，并定期检查，发现有蝇蛆滋生要及时处理。

(二)及时清理粪堆

畜禽舍内外应经常打扫，使地面无粪便、垃圾和饲料残留。

(三)畜禽场各种垃圾及时清理

粪污池、垃圾箱等存放处要用水泥砖石铺成并加盖，经常清扫，定期清除，消除死角，保持清洁。若发现蝇类滋生，用 0.5%～1% 的敌百虫或倍硫磷进行喷洒，粪污要进行无害化综合治理。

二、畜禽场消灭蚊蝇幼虫

(一)物理方法消灭蚊蝇幼虫

1. 水淹

一般水淹 1 d 以上蝇蛆即全部死亡。

2. 捞捕

"捞",捞出的蝇蛆可喂家禽;"捕",设捕蛆沟,防止蝇蛆爬出沟外。

3. 闷杀

在粪污池坑表面撒上约 6 cm 草木灰,也可用开水闷杀。

4. 堆肥

用泥封堆肥法,夏季约 1 周,春秋需 2 周时间。

(二)化学药物消灭蚊蝇幼虫

通常选择幼虫滋生集中的场所如垃圾堆、粪堆、粪坑等环境施行喷洒。药物灭蝇蛆的操作应注意以下几点:在进行滋生地处理前,对滋生情况进行调查,对阳性滋生物进行控制。喷洒时将滋生物喷湿,杀灭垃圾袋等容器内的蝇蛆要将杀虫剂喷入容器内。对短时间内不能及时清除的垃圾进行定期控制,6—9 月份每 3 天喷洒 1 次,其余月份每周喷洒 1 次。

采用的药物有:敌百虫(0.5%～1%)水溶液每天喷 300～500 mL/m^2。0.5%倍硫磷乳剂每天喷 500 mL/m^2。0.05%～0.1%二嗪哝(地亚哝)乳剂每天喷 500 mL/m^2。灭幼脲 0.012 5%～0.025%悬浮剂每天喷 500 mL/m^2,可保持 14 d 以上。

三、畜禽场消灭蛹

(一)紧土灭蛹

对滋生有蝇蛹的松土洒水后敲打结实,使蛹羽化为成蝇后钻不出来。

(二)湿土灭蛹

改变蛹土湿度,对有蛹的土或滋生物用水浇洒,使之潮湿,以减少蝇蛹的羽化率。

四、畜禽场杀灭成蚊蝇

(一)器械捕杀

1. 捕蝇笼或灭蚊蝇器

主要适应于室外蝇多的场所,捕蝇笼或灭蚊蝇器应有专人管理,早放晚收,勤换诱饵,防止猫狗将笼子弄翻(图 3-29)。

2. 黏蝇纸

将黏蝇纸挂在畜圈禽舍及蝇多的地方黏捕苍蝇。在室内,黏蝇纸应放在明亮的、苍蝇喜停息的地方,一般可保持 10～14 d 黏性。用过的黏蝇纸要烧掉。

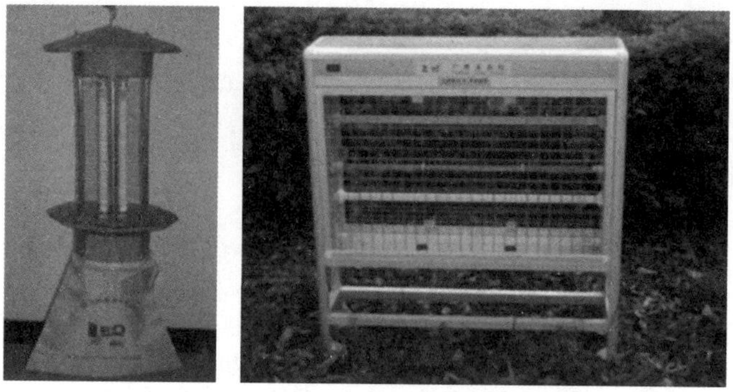

图 3-29　畜禽场灭蚊蝇器

3. 毒蝇绳或布条

将粗绳浸入 0.1%二嗪农悬剂中，浸透后取出晾干，将绳挂于室内灭蝇。用时将绳或布条悬挂于天棚或铁丝上，游离端离地 2～2.5 m，每 10 m^2 挂一条。主要用于马厩、猪圈、禽舍、猪食房、室内厕所等苍蝇较多的场所。其他主要浸泡药物有：0.6%氯氰菊酯；0.1%凯灵素。上述的毒蝇绳残效期可以保持 2～3 个月，失效后可以再浸药悬挂。

4. 毒饵诱杀

灭蝇毒饵是将胃毒作用强的杀虫剂搀入蝇类所喜爱的诱饵中制成。家庭自制的饵料可就地取材，采用家蝇喜食的各种食物，也可用动物内脏，臭鱼烂虾，甚至是吃剩的水果等。为了提高毒饵的引诱力，还可以在毒饵中加入少量鱼骨粉或糖醋液。用时将毒饵盛于浅盘内，如为液体毒饵，须将棉球、纱布或细沙置于盘中露出液面，供苍蝇停落吸食。常用的毒饵有 1%敌百虫糖液；1%～2%敌百虫饭粒；0.2%敌百虫鱼杂；0.03%溴氰菊酯毒蝇液，每隔 10 d 左右更换或添加杀虫液 1 次。

5. 滞留喷洒

(1)畜圈、禽舍灭蝇。对畜圈、禽舍的顶棚，垃圾箱的内上盖和外壁可选用 5%奋斗呐，配成 0.02%～0.04%有效浓度的水悬剂，用量为 50～100 mL/m^2。也可用 2.5%的凯素灵，配成 0.03%有效浓度的水悬剂，用 50～100 mL/m^2 量喷洒。对室外的玻璃窗和纱窗也可选用上述杀虫剂进行涂刷。

(2)室内灭蝇。对前厅、走廊的照明灯具和灯线、房梁的下角处用 0.04%有效浓度的奋斗呐水悬剂按 25～50 mL/m^2 的用量涂刷，对纱窗纱门全部涂刷。对不经常打开的玻璃窗的玻璃及窗框衔接处的四周边缘，用 0.04%奋斗呐或凯素灵以及 0.6%有效浓度的氯氰菊酯乳剂进行涂刷，药膜宽度约3 cm。对雨水淋过的纱窗纱门要及时涂刷。用药后 45 d 后再重复用药。

(3)树木灭蝇。对距房舍较近、蝇类易栖息的树木等，用 0.2%有效浓度的氯氰菊酯乳剂喷洒。

6. 电子灭蚊蝇器

电子灭蚊蝇器是根据蚊蝇习性设计制作的特殊电子程序，包括诱蝇素、转动轮、电机、集蝇盒等装置，在转动轮内装填诱料，对蝇虫具有极强的诱惑力，利用转动轮的特制功能，使蚊蝇在叮吃的过程中不知不觉地被滚筒卷入机器上方的集蝇盒中，最终因为集蝇盒的密闭和无食物而死掉，从而达到捕蝇的目的(图 3-30)。

图 3-30　电子灭蚊蝇器

五、畜禽场药物速效灭蝇

多用于突击灭蝇和疫情发生时的现场处理。在市场上出售的除虫药物多数是以拟除虫菊酯复配成酊剂、油剂、乳剂等剂型，对蝇杀灭效果较好。

(1)5%沙飞克水乳剂稀释为0.1%～0.025%，用量1～2 mL/m^2，用超低容量喷雾器向室内空间喷洒。

(2)4%氯氰菊酯乳剂，用量0.1 mL/m^2，用超低容量喷雾器向室内外空间喷洒，关闭门窗，20 min杀死室内全部蝇类。

(3)0.2%氯氰菊酯乳剂，用于垃圾堆、粪堆灭成蝇，1～2 mL/m^2，用储压式喷雾器进行表面喷洒，20 min灭蝇效率为70%～80%。

六、畜禽场生物学控制蚊蝇方法

控制蚊蝇的生物学方法是在粪便中培养蚊蝇的天敌。蚊蝇的天敌包括甲虫、螨和黄蜂等。在自然情况下，粪便中蚊蝇的天敌较少。干燥的畜禽粪便有利于苍蝇天敌的发育。我们可以定期在畜禽舍的粪便上投放苍蝇的天敌。

项目三　畜禽饲养密度与畜禽舍垫料控制

任务1　畜禽饲养密度控制

学习目标

针对畜禽场畜禽管理岗位技术任务要求，学会控制畜禽适宜的饲养密度，优化畜禽舍空气环境等实践操作技术。

任务实施

饲养密度是指舍内畜禽密集的程度。一般用每头畜禽所占用的地面面积来表示，对家禽也用每平方米地面面积所饲养的只数来表示，它是影响畜禽舍空气环境卫生指标的因素之一。

一、控制饲养密度，优化畜禽舍空气环境

（一）舍温

在同一幢畜禽舍内，饲养密度大，畜禽散发出来的热量总和就多，舍内气温高，空气质量差，饲养密度小则低。因此，为了防暑防寒，在条件允许的情况下，夏季可适当降低饲养密度，冬季可适当提高饲养密度，但也要兼顾舍内空气环境。

（二）湿度

在同一幢畜禽舍内，饲养密度大时，由地面蒸发和畜体排出的水汽量较多，舍内地面较潮湿；密度小则比较干燥。

（三）对舍内微粒、微生物、有害气体含量和噪声强度的影响

在同一幢畜禽舍内，饲养密度大，微粒、微生物、有害气体的数量就多，噪声也比较频繁和强烈；密度小则相反。

另外，饲养密度还决定了每头畜禽活动面积的大小，决定了畜禽相互发生接触和争斗机会的多少，这些对畜禽的起卧、采食、睡眠、排泄等行为都有直接影响。因此，确定适宜的饲养密度，是控制畜禽空气环境质量的重要措施。

二、畜禽适宜饲养密度的控制

在畜禽生产中必须根据具体情况具体分析，建立适宜的饲养密度。几种畜禽常用的饲养密度方案见表 3-1 至表 3-4。

表 3-1　每头猪所需面积　　m^2/头

猪群类别	每栏头数	每头占地面积/m^2	
		实心地板	漏缝地板
种公猪	1	5.0～7.0	4.0～6.0
空怀母猪	3～6	1.5～2.0	1.4
妊娠母猪	1(单养)	2.5～3.0	1.2
妊娠母猪	2～4(群养)	2.0～2.5	1.4～1.8
哺乳母猪	1	5.0～5.5	4.0～4.5
断奶仔猪	10～20	0.3～0.6	0.2～0.4
生长猪	8～12	0.6～0.9	0.4～0.6
肥育猪	8～12	0.9～1.2	0.6～0.8
后备猪	2～4	0.7～1.0	0.9～1.0

表 3-2　每头肉牛所需面积

肉牛类别	妊娠母牛	犊牛	断奶犊牛	1 岁犊牛	育肥牛(平均体重 340 kg)	育肥牛(平均体重 430 kg)	公牛	分娩母牛	空怀母牛
占地面积/m^2	4.65	1.86	2.79	3.76	4.18	4.65	11.12	9.29～11.12	2.04

表 3-3　每只羊所需面积　　m^2/只

羊舍地面类型		公羊(80～130 kg)	母羊(68～90 kg)	母羊带羔羊(2.3～14 kg)		育肥羔羊(14～50 kg)
羊舍地面	实体地面	1.9～2.8	1.1～1.5	1.4～1.9*	0.14～0.19(羔羊补料)	
	漏缝地板	1.3～1.9	0.74～0.93	0.93～1.1*		
露天场地	实地面	2.3～3.7	2.3～3.7	2.9～4.6		
	漏缝地面	1.5	1.5	1.9		0.93*

注：* 产羔率超过 170%，每只羊占地面积增加 0.46 m^2。

表 3-4　鸡适宜饲养密度

地面平养		笼养		网上平养	
周龄	只/m^2	周龄	只/m^2	周龄	只/m^2
0～6	20	0～1	60	0～6	24

续表3-4

地面平养		笼养		网上平养	
周龄	只/m^2	周龄	只/m^2	周龄	只/m^2
7～14	12～10	2～3	40	7～18	14
15～20	8～6	4～6	34		
		7～11	24		
		12～20	14		

任务2　畜禽舍垫料控制

学习目标

针对畜禽场畜禽管理岗位技术任务要求，学会分析畜禽舍垫料应满足的条件、垫料功能与畜禽舍垫料应用方法等实践操作技术。

任务实施

垫料是指畜禽生活的畜床或地面上铺垫的材料。在畜牧生产中，它是改善畜禽舍内环境的一项辅助性措施，对畜禽舍空气环境有一定的作用。

一、垫料应满足的条件及其种类

(一)垫料应满足的条件

导热性差、吸水性强，柔软，干净，有肥料价值，来源充足，成本低。

(二)垫料种类

1. 秸秆类

常用的有稻草、麦秸等。稻草的吸水力为324%，麦秸为230%，二者都很柔软，且价廉、来源广。注意腐败或被病菌污染的垫料不能用。为提高吸水能力，最好铡短使用。

2. 野草、树叶

二者吸水力均在200%～300%。树叶柔软适用，野草常夹杂较硬的枝条，易刺伤皮肤和乳房，也易混入有毒植物，用前要注意检查与清理杂质。

3. 刨花、锯末

其优点是吸水性很强，约为420%，导热性小、柔软，缺点是肥料价值低。

4. 干土

导热性小，吸收水分和有害气体的能力强，且来源广泛，取之不竭，北方农村广泛使用。缺点是容易污染畜禽被毛和皮肤，易使舍内尘土飞扬。

5. 泥炭

导热性小，吸水性达600%以上，吸氨能力达1.5%～2.5%，本身呈酸性，有较强的杀菌作用。

二、畜禽舍垫料功用

(一)保暖

垫料通常是农副产品，如稻草、麦秸等秸秆，它们的导热性一般都较低，冬季在导热性强的地面上铺上垫料，可以明显降低畜体向地面的热传导。垫料越厚，效果越好。例如，冬季刚出生的犊牛、仔猪和雏鸡，若放在温室里，且铺设垫料，则可以明显提高培育效果。

(二)吸潮

垫料的吸水能力均在200%～400%，只要勤铺勤换，就能避免尿液流失，保持地面干燥；同时，垫料还可吸收空气中的水汽，有利于降低舍内空气湿度。值得注意的是，在畜禽舍建设过程中，地基和基础的吸水能力也要加强。

(三)吸收有害气体

多数垫料(如各种秸秆、树叶等)可以直接吸收有害气体，同时，垫料在吸收了畜禽粪尿后，对 NH_3、H_2S 的溶解能力增强，能降低有害气体浓度，改善舍内空气新鲜程度。垫草用量对畜舍内空气卫生状况和牛的产奶量的影响见表3-5。

表3-5　垫草用量对畜内空气卫生状况和牛的产奶量的影响

牛舍编号	2 kg 垫草			4 kg 垫草		
	相对湿度/%	含氨量/(mg/kg)	产奶量/L	相对湿度/%	含氨量/(mg/kg)	产奶量/L
1	78.7	22.9	3.6	73.7	14.7	4.2
2	77.1	14.1	3.2	70.6	11.2	3.6
3	68.9	27.6	4.3	67.0	14.9	6.0
4	77.4	87.5	7.1	74.2	19.2	7.9

(四)柔软、弹性大

畜禽舍地面一般较硬，铺上垫料后，柔软舒适，可以改善地面或畜床的舒适程度，避免坚硬的地面对孕畜、幼畜和病弱畜等造成损伤和褥疮的发生。

(五)保持畜体清洁

经常更换和翻转垫料，可以吸收和掩盖畜禽粪尿，减少粪尿与畜体直接接触，降低畜禽体外寄生虫病的发生率，保持畜体清洁干燥。

(六)用后可做肥料或饲料

一般垫料中混有粪便，用后清除栏外，就地打堆发酵腐熟，可做优良有机肥使用，尤其以猪发酵床的垫料肥效较好。

三、畜禽舍垫料应用方法

(一)常换法

及时将湿污垫料拣出来,换上新鲜干净的垫料。这种方法舍内比较干净,但垫料用量大、费工、费时,有时换垫料时引起的灰尘较多,若跨度较大的畜禽舍使用垫料时,可用机械直接开进畜禽舍清除垫料。

(二)厚垫法

每天或数天增铺一些新垫料,直到春末天暖后或一个饲养期结束后一次性清除。这种方法保暖性好、省工、省力,肥料质量好,在长时间生物学发热过程中,能提高地温,垫料内也将形成大量B族维生素,但舍内有害气体含量高。同时,由于舍内湿度高,有利于寄生虫、微生物的生存和繁殖,因此,畜禽易患呼吸道疾病、寄生虫类病、传染性胃肠炎疾病等。

项目四　病死畜禽尸体无害化处理

任务1　病死畜禽尸体深埋无害化处理方法

动画：猪场废弃物处理体系

学习目标

针对畜禽场畜禽管理岗位技术任务要求，学会畜禽场病死畜禽尸体深埋地点的选择、深埋方法及注意事项等实践操作技术。

微课：填埋法

任务实施

深埋法是处理畜禽病害肉尸的一种常用、可靠、简易的方法（图3-31）。

图3-31　病死畜禽尸体深埋无害化处理方法

一、病死畜禽尸体深埋地点的选择

应远离居民区、水源、泄洪区、草原及交通要道，避开岩石地区，位于主导风向的下方，不影响农业生产，避开公共视野。

二、病死畜禽尸体深埋挖坑

(一)挖掘及填埋设备

挖掘机、装卸机、推土机、平路机和反铲挖土机等,挖掘大型掩埋坑的适宜设备应是挖掘机。

(二)修建掩埋坑

1. 大小与深度

掩埋坑的大小取决于场地和所需掩埋物品的多少。坑应尽可能深(2～7 m)、坑壁应垂直。

2. 宽度与长度

坑的宽度应能让机械平稳地水平填埋处理物品,例如,如果使用推土机填埋,坑的宽度不能超过一个举臂的宽度(大约 3 m),否则很难从一个方向把肉尸水平地填入坑中(图 3-32)。坑的长度则应由填埋物品的多少来决定。

图 3-32 病死畜禽尸体深埋

3. 容积

估算坑的容积可参照以下参数:坑的底部必须高出地下水位至少 1 m,每头大型成年动物(或 5 头成年羊)约需 1.5 m^3 的填埋空间,坑内填埋的肉尸和物品不能太多,掩埋物的顶部距坑面不得少于 1.5 m。

三、病死畜禽尸体深埋的方法

(一)坑底处理

在坑底洒生石灰,数量可根据掩埋尸体的多少确定(0.5～2.0 kg/m^2),厚度达 2～5 cm。

(二)尸体处理

动物尸体先用 10%漂白粉上清液喷雾(200 mL/m^2),作用 2 h 后再入坑。

(三)入坑

将处理过的动物尸体投入坑内,使之侧卧,并将污染的土层和转运尸体时的有关污染物,如垫草、绳索、饲料和其他物品等一并入坑。

(四)掩埋

先用 40 cm 厚的土层覆盖尸体,然后再放入未分层的生石灰或干漂白粉(2～5 cm 厚),然后覆土掩埋,平整地面,覆盖土层厚度不应少于 1.5 m。

(五)设置标识

掩埋场应设置警示标志,并得到合理保护。

(六)场地检查

掩埋后,应定期对掩埋场地进行必要的检查,以便在发现渗漏或其他问题时及时采取相应措施,在场地可被重新开放载畜之前,应对无害化处理场地再次复查,以确保牲畜的生物和生理安全。最后复查应在掩埋坑封闭后 3 个月进行。

四、病死畜禽尸体深埋注意事项

(1)对牛、马等大型动物,可开膛切开瘤胃(牛)或盲肠(马),让腐败分解的气体逃逸,避免因尸体腐败产生的气体导致未开膛动物的鼓胀,造成坑口表面的隆起甚至尸体被挤出。对动物尸体的开膛应在坑边进行,任何情况下都不允许人到坑内去处理动物尸体。

(2)掩埋工作应在现场督察人员的指挥、控制下,严格按程序进行操作,所有工作人员必须接受岗前培训。

任务 2　病死畜禽尸体焚烧无害化处理方法

学习目标

针对畜禽场畜禽管理岗位技术任务要求,学会病死畜禽尸体焚烧地点的选择、焚烧火床的准备、焚烧方法及注意事项等实践操作技术。

任务实施

焚烧是一种较完善的处理病死畜禽尸体的方法,但不能利用产品,且成本高,有污染。但对一些危害人、畜健康极为严重的传染病病死畜禽的尸体,仍有必要采用此法。焚烧可采用的方法有:柴堆火化、焚化炉和焚烧窑或焚烧窑坑等(图 3-33)。

微课:焚烧法

图 3-33　病死畜禽尸体焚烧无害化处理方法

一、病死畜禽尸体焚烧地点的选择

应远离居民区、建筑物、易燃物品，上方不能有电线、电话线，地下不能有自来水管、燃气管道，周围有足够的防火带，位于主导风向的下方，避开公共视野。

二、病死畜禽尸体焚烧火床的准备

(一)十字坑法

按十字形挖两条坑，其长为 2.6 m、宽 0.6 m、深 0.5 m，在两坑交叉处的坑底堆放干草或木柴，坑沿横放数条粗湿木棍，将尸体放在架上，在尸体的周围及上面再放些木柴，然后在木柴上倒些柴油，并压以砖瓦或铁皮。

(二)单坑法

挖一条长 2.5 m、宽 1.5 m、深 0.7 m 的坑，将取出的土堆堵在坑沿的两侧。坑内用木柴架满，坑沿横架数条粗湿木棍，将尸体放在架上，以后处理同上法。

(三)双层坑法

先挖一条长、宽各 2 m，深 0.75 m 的大沟，在沟的底部再挖一长 2 m、宽 1 m、深 0.75 m 的小沟，在小沟沟底铺以干草和木柴，两端各留出 18～20 cm 的空隙，以便吸入空气，在小沟沟沿横架数条粗湿木棍，将尸体放在架上，以后处理同上法。

三、病死畜禽尸体焚烧

(一)摆放动物尸体

把尸体横放在火床上，较大的动物放在底部，较小的动物放在上部，最好把尸体的背部向下，而且头尾交叉，尸体放置在火床上后，可切断动物四肢的伸肌腱，以防止在燃烧过程中肢体的伸展。

(二)浇燃料

1. 燃料的种类和数量

应根据当地资源而定，以下数据可作为焚化一头成年大牲畜的参考：①大木材 3 根，2.5 m×100 mm×75 mm；②干草一捆；③小木材 35 kg；④煤炭 200 kg；⑤液体燃料 5 L。总的燃料需要可根据一头成年牛大致相当 4 头成年猪或肥羊来估算。

2. 浇燃料，设立点火点

当动物尸体堆放完毕，且气候条件适宜时，用柴油浇透木柴和尸体(不能使用汽油)，然后在距火床 1.0 m 处设置点火点。

(三)焚烧

用煤油浸泡的破布作引火物点火，保持火焰的持续燃烧，在必要时要及时添加燃料。

(四)焚烧后处理

①焚烧结束后，掩埋燃烧后的灰烬，表面撒上消毒剂；②填土高于地面，场地及周围消毒，设立警示牌，及时查看。

四、病死畜禽尸体焚烧注意事项

(1)应注意焚烧产生的烟气对环境的污染。

(2)点火前所有车辆、人员和其他设备都必须远离火床，点火时应顺着风向进入点火点。

(3)进行自然焚烧时应注意安全，须远离易燃易爆物品，以免引起火灾和人员伤害。

(4)运输器具应当消毒。

(5)焚烧人员应做好个人防护。

(6)焚烧工作应在现场督察人员的指挥、控制下，严格按程序进行，所有工作人员在工作开始前必须接受培训。

任务3　病死畜禽尸体化尸池发酵无害化处理方法

学习目标

针对畜禽场畜禽管理岗位技术任务要求，学会畜禽场病死畜禽尸体化尸池地点的选择、建造病死畜禽尸体化尸池等实践操作技术。

任务实施

畜禽场化尸池发酵法是将尸体抛入专门的动物尸体发酵池内，利用生物热的方法将尸体发酵分解，以达到无害化处理的目的(图3-34)。

图3-34　病死畜禽尸体化尸池发酵无害化处理方法

一、病死畜禽尸体化尸池地点的选择

选择远离住宅、动物饲养场、草原、水源及交通要道的地方。

二、病死畜禽尸体化尸池的建造与化尸要求

发酵池为圆井形，深9～10 m，直径3 m，池壁及池底用不透水材料制作而成(可用砖砌成后涂一层水泥)。池口高出地面约30 cm，池口做一个盖，盖平时落锁，池内有通气管。如有条件，尸体堆积于池内，当堆至距池口1.5 m处时，再用另一个池。此池封闭发酵，夏季不少于2个月，冬季不少于3个月，待尸体完全腐败分解后，可以挖出作肥料，两池轮换使用。

任务4　病死畜禽尸体化制法无害化处理

学习目标

针对畜禽场畜禽管理岗位技术任务要求，学会病死畜禽尸体化制法概念、种类、原理及方法。

任务实施

病死畜禽尸体化制法是一种现代化的处理病死畜禽尸体的方法，病死动物尸体经过长时间的高温高压化制处理，病菌被杀灭，达到防疫灭菌的目的。化制法分为湿化工艺和干化工艺两种。

微课:化制法

一、化制法概述

化制法是指在化制机(图3-35、图3-36)密闭的高压容器内，通过向容器夹层或容器通入高温饱和蒸汽，在高温、压力的作用下，将病死动物尸体消解转化为无菌溶液和干物质骨渣，同时将所有病原微生物彻底杀灭的过程。化制法具有操作较简单、处理能力强、灭菌效果好、处理周期短等优点；但缺点是在处理过程中易产生恶臭气体，还需进一步处理，设备上都会配有除臭器，将废气合理处理。此法适用于中心城市畜禽无害化处理，也可用于养殖场、屠宰场、实验室、无害化处理厂、食品加工厂等对病死动物及动物制品进行无害化处理，是一种比较合理的处理方式，建议使用。

图3-35　化制机(一)

图3-36　化制机(二)

二、化制法种类及方法

(一)干化工艺无害化处理设备

干化工艺无害化处理设备处理量大,以蒸汽为能源,高温高压化制处理,需配备蒸汽锅炉。锅炉规格根据无害化设备的处理量不同而不同。相对于湿化工艺来说,干化工艺投资较大,占地面积也大,处理后的物料为肉骨粉(图 3-37)和油脂(图 3-38),可作为饲料利用。处理过程中有废水以及废气产生,因此必须配备污水处理设备以及废气处理设备。该方法优点是处理量大,至少 1 t 以上。处理后的产物可销售,有一定的经济效益。缺点是占地面积大、投资大、需要备案。适合大型无害化处理中心处理,是目前运用较多的一种方法。

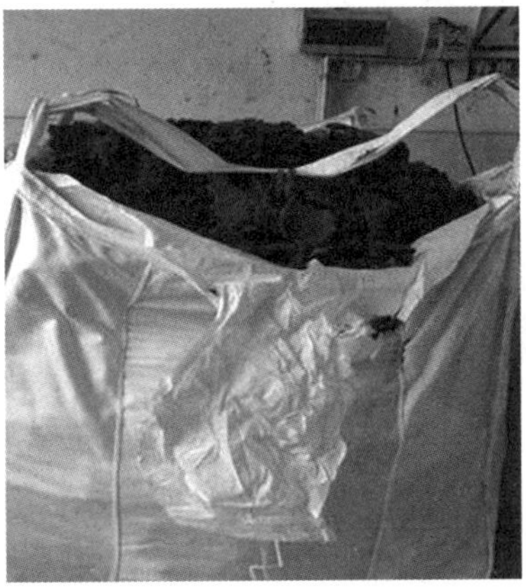

图 3-37　**成品肉骨粉**

图 3-38　**油脂收集器**

微课:**高温法和硫酸分解法**

(二)湿化工艺无害化处理设备

湿化工艺无害化处理设备又叫湿化机,占地面积小,操作简单,投资小。相对的处理量也较小,处理量为 100 kg/批次、300 kg/批次、500 kg/批次以及 1 000 kg/批次。一个批次 4～6 h 左右,根据处理物的不同,处理时间也不同。工作温度在 150～160 ℃,工作压力在 0.5～0.6 MPa,同样以蒸汽为能源,病死动物尸体经过长时间的高温高压化制处理,病菌被杀灭,达到防疫灭菌的目的。处理完后有大约 25%～30%的废水产生,同时罐内还有部分固体残渣。废水导入到场区内的污水处理池中进行处理即可,不需要额外采购污水处理设备。残渣可与动物粪便一起发酵产生有机肥,也可以投入到沼气池中进行发酵产生沼气。优点就是投资小、易操作、半自动化操作、占地面积小、高温高压化制灭菌,防止病死动物体内的病菌传播。缺点就是处理完以后有部分固体残渣,不能再利用,不能创造二次收益。适合个人养殖场、屠宰场以及小型无害化处理中心使用。

知识链接

一、现代技术在畜牧业环境保护中的应用

(一)生态环保饲料技术

提高畜禽的饲料利用率,尤其是提高饲料中氮、磷的利用率,降低畜禽粪便中氮和磷污染,是消除畜牧环境污染的治本之举。为了达到这一目的,应用生态营养原理,开发环保饲料,可收到良好效果。

所谓生态环保饲料是指围绕解决畜禽产品公害和减轻畜禽粪便对环境的污染问题,从饲料原料的选购、配方设计、加工饲喂等过程,进行严格质量控制和实施动物营养系统调控,以改变、控制可能发生的畜产品公害和环境污染,使饲料达到低成本、高效益、低污染效果的饲料。在实用日粮的配合中必须放弃常规的配合模式,而尽可能降低日粮蛋白质和磷的用量以解决环境恶化问题;同时要添加商品氨基酸、酶制剂和微生物制剂,通过营养、饲养办法来降低氮、磷和微量元素的排泄量;采用消化率高、营养平衡、排泄物少的饲料配方技术。此生态环保饲料可以用公式表示为:

生态环保饲料＝饲料原料＋酶制剂＋微生态制剂＋饲料配方技术

生态环保饲料主要有饲料原料型、微生态型和综合型。饲料原料型生态环保饲料的特点是所选购的原料消化率高、营养变异小、有害成分低、安全性高,同时,饲料成本低。如秸秆饲料、酸贮饲料、绿肥饲料等。饲料原料型生态环保饲料并不能单方面起到净化生态环境的功效,它需要与一定量的酶制剂、微生态制剂配伍和采用有效的饲料配方技术,才能起到生态环保饲料的作用。微生态型生态环保饲料是在饲料中添加一定量的酶制剂、益生素,以调节胃肠道菌群平衡,促进有益菌的生长繁殖,提高饲料的消化率,具有明显降低污染的能力。综合型生态环保饲料综合考虑了影响环境污染的各种因素,能全面有效地控制各种生态环境污染,但这种饲料成本往往较高。

(二)生物和生态净化技术

通过生物手段净化畜粪及污水,主要是利用厌氧发酵原理,将污物处理后变为沼气和有机肥,这是目前世界上应用最广泛、处理量较大、费用低廉、适用性较强的经济有效的方法。此法在正常气温条件下可使污染物 BOD_5 减少 70%～90%。

常规的污水处理方法是沉淀、过滤和消毒。但在大中型集约化畜牧场,污水排放量大,经过沉淀、酸化水解等一级处理后,出水中 COD 和 SS 含量仍然较高,尚需进行二级处理方可达到排放标准。人工湿地的应用将有效地解决这一问题。

人工湿地由碎石构成碎石床,在碎石床上栽种耐有机物污水的高等植物,植物本身能吸收人工碎石床上的营养物质,这在一定程度上使污水得以净化;同时,当污水渗流石床后,在一定时间内碎石床会生长出生物膜,在近根区有氧情况下,生物膜上的大量微生物把有机物氧化分解成二氧化碳和水,通过氨化、硝化作用把含氮有机物转化为含氮无机物。在缺氧区,通过反硝化作用脱氧。所以,人工湿地碎石床既是植物的土壤,又是一种高效的生物滤床,是一种理想的全方位生态净化方法。

微生态塘是由土壤、生物和填料(如卵石、活性炭、活性污泥等)混合组成的微型生态湿地塘,其中不仅有分解者生物、生产者生物,还有消费者生物,三者分工协作,对环境中的污染物进行更为有效的过滤、降解与利用。环境污染中的不溶性有机物通过湿地塘的沉淀、过滤作用,可以很快地被截留继而被微生物分解利用;其他可溶性污染物则可通过植物根系生物膜的吸附、吸收及生物共代谢降解过程而被降解去除。其中环境中的有机污染物不仅被细菌和真菌降解净化,而且其降解的最终产物,包括原来的无机化合物也可作为C、N、P等营养源,并以太阳能为初始能源,参与生物的新陈代谢过程,从低营养级到高营养级逐级迁移转化并释放出氧气,增加环境中表层溶氧,为好氧微生物和动植物的生长提供环境营养条件,维持了生态系统的循环运转,从根本上净化环境污染,改善环境质量。

(三)畜牧生态工程技术

生态畜牧业是遵循现代生态学、生态经济学的原理和规律,运用系统工程方法来组织和指导畜牧业生产,最终实现畜牧业的高产、优质、高效和持续发展。

生态畜牧业将畜牧业生产与环境保护密切联系起来,既克服了传统畜牧业分散经营、规模小、技术含量低的缺点,又克服了集约化畜牧业割裂畜牧业与种植业的联系,忽视动物生物学特性和行为特性的需求的弊端。生态畜牧业的最大特点是变废为宝,对营养物质多层次分级利用。

生态畜牧业产业化经营是生态畜牧业生产的一种组织和经营形式,是畜牧业发展的必然趋势。

1. 生态畜牧业产业化生产体系的组成

畜牧科技的进步、畜产品市场的激烈竞争和经济利益的综合作用使畜牧业各个生产环节的专业化和社会化程度不断增加,而这些环节的专业化和社会化程度不断增加,一方面推动了畜牧业生产的发展;另一方面使畜牧业生产的各个环节的联系更加紧密。这就必然要求生产者和经营者以畜产品市场需求为导向,以畜产品加工和营销为龙头,科学合理地确立生产要素的联结方式和效益分配原则,充分发挥畜牧业生产要素专业化和社会化的优势,实现生态畜牧业的产业化经营。

生态畜牧业产业化生产体系主要包括饲料饲草的生产与加工、动物优良品种选育与繁殖、科学化规范化的畜禽饲养管理、畜牧生产环境控制与环境保护、动物福利与动物保健、畜产品加工、畜产品市场与营销等环节。

2. 现代生态畜牧业的经营方式

(1)季节性生态畜牧业经营。季节畜牧业主要是指草原地区根据气候特点和牧草及家畜生长发育的特点,在夏秋季多养畜,使之适时利用生长旺季的牧草,而当冷季来临时,就将一部分家畜及时淘汰,或在农区异地肥育,以收获畜产品。牧草生长和草地贮草量有明显的季节性,而草地饲养的家畜对营养物质的需求则有相对的稳定性,牧草与家畜的“供求”矛盾是制约畜牧业发展的关键环节。在我国草原地区,经一个冬春季后,家畜体重要下降50%～70%,在灾害年份,往往引起家畜春乏死亡,造成严重损失。发展季节性生态畜牧业,可以克服这个矛盾,提高畜牧业生产水平。

(2)现代草地生态畜牧业集约经营。现代草地生态畜牧业集约经营则强调增加草地建设和动物养殖的投入力度,表现在以下几个方面。①重视草地建设:通过人工播种、施肥、灌溉、围栏封育,提高草地生产力。②合理控制畜群规模:根据草地生产力,确定适宜的载畜量,防止超载过牧对草原的破坏。③加强畜群补饲:贮存青干草,在枯草季节给家畜补饲青干草和精料,提高家畜生产水平。④加强防寒设施建设,为家畜越冬提供暖棚。⑤进行计划免疫和药浴,预防疾病发生。

(3)生态畜牧业的集约化经营。生态畜牧业集约化经营就是生产的规模化、工厂化,在生产过程中,注意资金、技术、设备的投入,注意家畜粪便等废弃物的处理与利用,将集约化畜牧业生产与环境保护相结合,具有生产力高、生态效益好的优点。

(4)现代农牧结合型生态畜牧业的经营。利用种植业与畜牧业之间存在着相互依赖、互供产品、相互促进的关系,将种植业与畜牧业结合经营,走农牧并重的道路,提高农牧之间互供产品的能力,形成农牧产品营养物质循环利用,借以提高农牧产品循环利用效率,表现为农牧之间的一方增产措施可取得双方增产的效果。例如,美国艾奥瓦州和明尼苏达州大农场一方面种植大量的玉米、大豆;另一方面饲养种猪、肉猪、肉鸡,建立饲料厂,这些厂用外购的预混料配上自产玉米、大豆为农场家畜生产全价饲料。畜牧场粪便和污水可作为农作物的肥料。这种经营方式提高了农牧生态系统物质循环利用效率,显著降低了农牧业生产成本,取得了良好的经济效益和生态效益。

二、畜禽生态养殖技术

(一)生态养殖的基本特点

生态养殖是近年来在我国大力提倡的一种生产模式,其最大的特点就是在有限的空间范围内,人为地将不同种的动物群体以饲料为纽带,与农业作物生产结合起来,形成一个物质再利用的循环链,最大限度地利用资源及资源再生,减少浪费,降低成本。利用无污染的土地、水域,或者运用生态技术措施,改善养殖、种植的生态环境,使用无公害饲料、肥料,生产出无公害绿色食品和有机食品。

(二)生态养殖改善环境的基本模式

1. "种—养"结合型或"种—养—加"结合型模式

"种—养"结合型就是将畜禽养殖所产生的粪便用于施肥,提高土壤肥力,达到粮食高产、稳产的目的,其特点是养畜积肥、肥多粮多、粮多肥多,是我国农村最简单、最原始、最环保的粪便利用方式。"种—养—加"结合型模式,是利用农副业加工副产品(如豆腐渣、淀粉渣等)饲喂畜禽,粪便施肥,以达到粮食增产目的。

2. "种—养—沼"模式

畜禽粪污能够被微生物发酵分解转化而产生沼气,在发酵的过程中,病原菌、寄生虫卵减少95%以上。沼气可用作能源,沼液则是一种速效性有机肥料,剩余的废渣还可以返田增加肥力,改良土壤,防止土地板结。这种模式是以畜禽养殖为中心,沼气工程为纽带,集种、养、渔、副、加工业于一体的生态系统,具有生产成本低、资源利用率高、环境保护效果好的优点。

3. "种—禽—林"模式

利用林树、果树间空地进行鸡、鸭等的放养,让其在林中自由活动,采食林间的杂草和虫蚁,充分利用自然生态饲料,粪便还田。该模式既保证了林果的正常生长,避免了杂草丛生和虫害侵袭,又减少了饲养成本,缓解了养殖业造成的环境污染,减少林果地的化肥使用量,改良了土壤品质，形成了种养结合的良性循环，创造出综合效益。其缺点是要求土地面积大，家禽的生长速度比在圈养和规模化饲养条件下低，不适合大规模养殖场，适合在林地资源丰富的地区推广。

4. “种—养—果(林、茶)”模式

利用林园、果园、茶园空地，进行家畜圈养，粪尿分离后，粪便发酵生产有机肥，粪尿等经沉淀处理后用作附近果(林、茶)园的肥料。优点是养殖业和种植业均实现增产、增效，缺点是土地配套量大，部分场污水处理不充分。

5. “种—养—菇”模式

此模式是将畜禽粪便在阳光下晒干后粉碎或堆积发酵，以一定比例与粉碎后的稻草等混合，通过发酵制作成蘑菇的培养料，用以种植蘑菇的粪便利用模式。该模式使畜禽粪便中的营养物质得到充分利用，种植蘑菇的废料还可以继续利用，种植其他的菇类，或者还田种菜、种粮。此种模式基本不存在粪便污染，而且经济效益显著，在我国的许多省份得到了广泛推广应用。

三、畜禽养殖粪便废弃物的资源化处理

(一)饲料综合利用化模式

将收集的新鲜畜禽粪便通过烘干、高温灭菌、除臭、发酵、微波处理、化学处理等方式处理，经机械粉碎后，作为其他畜禽的饲料或饲料添加剂，以达到杀菌消毒、降低污染、提高粪便利用率的目的。该模式的优点是粪便的综合利用率高，缺点是成本投入大，粪便要求新鲜。适合规模化、集约化的畜禽养殖场采用。

(二)食物链生态处理利用模式

利用畜禽粪便养殖蚯蚓、蝇蛆、蝇蛹和培育浮游生物等，将食物链条中的这些中间生物回收作为畜禽饲料，从而提高粪便利用率和利用的安全性。该模式具有方法简单，粪便利用降解效果好，二次污染风险小的优点。

(三)生物处理技术模式

生物处理技术模式是在畜禽粪便中添加人工培养的微生物发酵菌株，促使粪便快速发酵，通过烘干、杀菌、消毒、粉碎、造粒、包装等一系列工艺的处理，生产有机肥料的粪便处理技术。该模式具有效率高、除臭效果好等优点，发酵后产生的生物有机肥有利于提高作物产量和品质，适用于无公害农产品和绿色食品生产。但是该技术投资大、工艺技术复杂，适合工厂化的规模生产。

(四)沼气能源的再利用

即利用厌氧微生物活动将粪便中的有机物分解为甲烷、二氧化碳和水。一般通过建设大中型畜禽粪便沼气工程对粪便污水进行集中处理，处理后废水可达标排放。更重要的是可实现废弃物的综合利用，变废为宝、化害为利。大中型沼气工程是实现集约化养殖粪便污染防治，对畜禽粪便污水进行工程化治理的一条主要途径。

四、节能减排是畜禽养殖业可持续发展的根本策略

农业、农村的节能减排是国家节能减排的重要组成部分，而畜牧业又是农业、农村节能减排的一个主要内容。抓好农业和农村节能减排，不仅有利于优化能源结构，缓解能源压力，而且有利于保护和改善农村生态环境，提高农民生活质量，有利于降低农业生产成本，提高农产品竞争力和农业可持续发展能力，有利于增加商品能源供应，促进农民增收，拓展农业功能，有利于推进废弃物循环利用，减少农村面源污染，改善农民生产生活条件，创建农村美好环境。

（一）畜牧业节能减排的基本原则

1. 减量化

在畜禽养殖过程中通过干湿分离、雨污分离、饮污分离等技术手段减少废弃物的产生，降低治理成本。如猪的饲养过程采用“改自来水冲圈为无水打扫，改水槽供水为自动乳嘴式饮水，改稀料为干湿料饲喂，推广良种缩短饲养周期”等技术措施可减少粪尿排泄。

2. 无害化

将废弃物进行无害化处理，控制环境污染。通常的做法是首先将粪便干湿分离，干粪经堆积自然发酵后用作肥料；污水经蓄粪池沉淀后，进行达标排放。

3. 资源化

通过制作有机肥、再生饲料等综合利用途径，减少污染物排放，如养殖场可建设沼气池和有机复合肥料厂或再生饲料厂，变废为宝。

4. 生态化

将养殖业与种植业、水产业、林业等有机结合，推广多种生态养殖模式，大力推行饲料、肥料的转化技术，提高农、畜废弃物的转化利用率，降低能耗，促进养殖业和农业生产的生态循环发展。

（二）畜牧养殖业节能减排的具体措施

养殖业要做到节能减排，就要从养殖的各个环节着手，在设施、管理等各方面按照国家有关规定严格执行。尽可能地节约能源消耗，减少污染物的排放。就具体的饲养管理而言，应该抓好养殖前和养殖中的各项节能减排措施。

1. 畜禽饲养前期

第一，合理选址、合理规划、适度规模是防止畜禽养殖业污染的重要途径。第二，新建、改推广生物发酵床零排放技术。

2. 饲养管理期间

第一，节约用水，减少污染物排放总量。鸡场、猪场宜采用饮水器，以降低饮用水浪费和污物排放量。采用节水型的圈舍清洗方式，降低用水量，减少液态水粪的形成，减少养殖场污水排放量。第二，通过营养调控降低畜禽有毒有害物质的排出量。在饲料中合理使用合成氨基酸、植酸酶、益生素和非淀粉多糖降解酶、有机微量元素、除臭剂等，以相应地降低粪尿中氮、磷、不可消化营养素、微量元素的排出，以及有害气体的产生。

(三)做好固体粪肥、畜禽场污水、臭气处理

1. 固体粪肥的处理与利用

包括以下几种:物理处理技术,主要利用畜禽粪便干燥技术,经过除臭、灭菌、脱水等处理,将畜禽粪便加工成有机肥。好氧发酵技术,在供氧条件下,微生物迅速繁殖,使物料温度逐渐升高至70～80 ℃,粪便中的有机物被氧化分解,使非蛋白氮转化为可消化氮,故发酵可得到无臭、无虫卵、无病原菌的优质有机肥。堆肥技术,在自然环境条件下将作物秸秆与养殖场粪便一起堆沤发酵以供作物生长时利用,该技术利用微生物分解粪便中对作物不利的物质,是好氧发酵技术之一。厌氧发酵技术,主要用于沼气生产,又叫沼气发酵技术。综合利用技术,将各种资源化技术组合起来,提高废物利用处理效率。目前常用的方法是立体养殖,充分利用地面空间或水域从事养殖业,实现资源多层次综合利用,大幅度提高养殖效益。

2. 畜禽场污水的处理与利用

包括以下几种:固液分离与理化处理系统,处理流程为,固液分离→沉淀→气化→酸化→净化→鱼塘→排放。这种处理系统基本可将污水净化到排放标准,并使其得到综合利用。厌气池发酵处理系统,处理流程为,畜禽舍排出的粪水→厌气池→沉淀池→净化池→灌溉农作物。此处理系统能使厌氧发酵生产的沼气作为能源。畜禽污水经无害化、净化处理后可还田使用,实现污水资源化利用。

生态环境保护

坚持用最严格制度最严密法治保护生态环境。这是我国生态文明建设的制度保障。“我国生态环境保护中存在的突出问题,大多同体制不健全、制度不严格、法治不严密、执行不到位、惩处不得力有关。”保护生态环境必须依靠制度、依靠法治。必须把制度建设作为推进生态文明建设的重中之重,健全源头预防、过程控制、损害赔偿、责任追究的生态环境保护体系,构建产权清晰、多元参与、激励约束并重、系统完整的生态文明制度体系,强化制度供给和执行,让制度成为刚性约束和不可触碰的高压线。

思考与训练

1. 畜禽场机械消毒、物理消毒、化学消毒、生物消毒方法都有哪些?

2. 到畜禽场、孵化场、隔离场等生产单位建立畜禽场消毒管理制度,有效选择不同消毒方法与消毒药物进行消毒技术的实践操作。

3. 到畜禽场进行消灭老鼠、消灭蚊蝇的实践操作,建立畜禽场灭鼠灭蚊蝇管理制度。

4. 采用控制畜禽适宜的饲养密度、利用合理的畜禽舍垫料进行实践操作。

5. 畜禽场病死畜禽尸体深埋、焚烧、化尸池发酵无害化处理方法及注意事项是什么?到畜禽场进行实践操作,建立畜禽场病死畜禽尸体无害化处理管理制度。

模块四

畜禽场建场设计技术

导读

科学合理的畜禽场建场规划、畜禽舍设计是畜禽健康养殖与高效生产的重要保障。本模块应学会畜禽场规划、畜禽舍设计与建造等实践操作技术。

项目一　畜禽场建场规划与布局

任务1　选择畜禽场场址

学习目标

针对畜禽场管理岗位技术任务要求，学会畜禽场场址自然条件与社会条件选择等实践操作技术。

任务实施

一、畜禽场场址自然条件选择

（一）地势地形

地势是指场地的高低起伏状况；地形是指场地的形状、范围以及地物（山岭、河流、道路、草地、树林、居民点）的相对平面位置状况。畜禽场应选在地势较高、干燥平坦、排水良好和向阳背风的地方。

平原地区一般场地比较平坦、开阔，场址应注意选择比周围地段稍高的地方，以利排水。地下水位要低，以低于建筑物地基深度 0.5 m 以下为宜(图 4-1)。

图 4-1　平原地区猪场场址

山区建场应选在稍平缓坡上，坡面向阳，总坡度不超过25%，建筑区坡度应在2.5%以内。山区建场还要注意地质构造情况，避开断层、滑坡、塌方的地段，也要避开坡底和谷地以及风口，以免受山洪和暴风雪的袭击。

（二）土质

对施工地段地质状况要了解，主要是收集工地附近的地质勘查资料，地层的构造状况，如断层、陷落、塌方及地下泥沼地层。对土层土壤要了解，如土层土壤的承载力，是否是膨胀土或回填土。此外，了解拟建地段附近土质情况，对施工用材也有意义，如砂层可以作为砂浆、垫层的骨料，可以就地取材节省投资。

（三）水源水质

水源水质与畜禽场生产、生活等用水有着密切关系，要给以足够的重视，水质优良、水量充足、水源易于防护。首先要了解水源的情况，如地面水（河流、湖泊）的流量，汛期水位；地下水的初见水位和最高水位，含水层的层次、厚度和流向。对水质情况需了解酸碱度、硬度、透明度，有无污染源和有害化学物质等。如有条件则应提取水样做水质的物理、化学和生物污染等方面的化验分析。了解水源水质状况是为了保障拟建场区域的供水能力，能否满足畜禽场生产、生活等用水要求（表4-1）。

表4-1　畜禽需水量　　L/(d·头)

动物种类	畜禽种类	需水量
奶牛	成年奶牛	80
	公牛与后备牛	50
	<2岁青年牛	30
	<6个月犊牛	20
马	役用、驹乘、1.5岁以上青年马	60
	哺乳母马	80
	种用公马	70
	<1.5岁驹	45
羊	成年羊	10
	<1岁羊	3
猪	种公猪、成年母猪	25
	带仔母猪	5
	>4月龄幼猪及育肥猪	15
	断奶仔猪	5
禽	鸡和火鸡	1
	鸭和鹅	1.25

（四）用地面积

畜禽养殖要尽量利用废弃地和荒山荒坡等未利用土地，不占或少占耕地，禁止占用基本农田。规模化畜禽场用地面积原则上按猪 1～1.5 m^2/头、牛 7～8 m^2/头、禽 15 m^2/100 羽的标准折算建筑面积，并安排相应的临时用地。

二、畜禽场场址社会条件选择

(一)卫生防疫要求地理位置

为防止畜禽场受到周围环境的污染，选址时应避开居民点的污水排出口，不能将场址选在有环境污染企业的下风处。按照畜禽场建设标准，要求距离铁路、高速公路、交通干线不小于 1 000 m，距离一般道路不少于 500 m，距离其他畜禽场、兽医机构、畜禽屠宰场不小于 2 000 m，距居民区不小于 3 000 m，且必须在常年主导风向的下风向。禁止在以下地区或地段建场：规定的自然保护区、生活饮用水水源保护区、风景旅游区，受洪水或山洪威胁及有泥石流、滑坡等自然灾害多发地带、自然环境污染严重的地区。

(二)交通条件

为了满足畜禽场饲料、产品的进出，在确保防疫安全的前提下，场址应尽可能选择在交通相对方便的位置，场外应通有公路，但应远离交通主干线。

(三)用电及电信保障

畜禽场生产、生活用电都要求有可靠的供电电源和供电条件。要配备应急发电机，预防停电，同时要保障电信畅通。

(四)饲料基地

饲料费用一般可占生产成本的 70%左右。因此在选择场址时，应考虑饲料的就近供应，草食家畜的青粗饲料应尽量当地供应，或本场自行种植，降低粗饲料运输费。

(五)合理利用土地

必须遵守合理利用土地的原则，不得占用基本农田，尽量利用荒地和劣地建场，大型畜禽企业分期建设时，场址选择应一次完成、分期征地。畜禽场场址选择见图 4-2。

图 4-2 畜禽场场址选择

知识链接

一、建立畜禽场条件

建立一个畜禽场，必须从场址选择、场区规划布局、场内卫生设施以及场内卫生保护措施等多方面综合考虑，合理设计，为畜禽生产创造一个良好的环境。畜禽场是畜禽生产的主要场所，也是畜禽进行生产的重要外界环境条件，畜禽场环境的好坏，直接影响畜禽舍内空气环境质量和畜牧生产的组织。污染的环境会影响畜禽的生存，如果畜禽场建设不好，管理不善对畜禽和人来说，便成了污染源。良好的畜禽场环境应具备的条件是：

(1)畜禽场应当为其饲养的畜禽提供适当的繁殖条件和生存、生长环境。

(2)有与其饲养规模相适应的生产场所和配套的生产设施。

(3)有为其服务的畜牧兽医技术人员。

(4)具备法律、行政法规和国务院畜牧兽医行政主管部门规定的防疫条件。

(5)有对畜禽粪便、废水和其他固体废弃物进行综合利用的沼气池等设施或者其他无害化处理设施。

(6)具备法律、行政法规规定的其他条件。畜禽场、养殖小区兴办者应当将畜禽场、养殖小区的名称、养殖地址、畜禽品种和养殖规模，向畜禽场、养殖小区所在地县级人民政府畜牧兽医行政主管部门备案，取得畜禽标识代码。省级人民政府根据本行政区域畜牧业发展状况制定畜禽场、养殖小区的规模标准和备案程序。

二、畜禽场禁止建设要求

(1)生活饮用水的水源保护区、风景名胜区以及自然保护区的核心区和缓冲区。

(2)城镇居民区、文化教育科学研究区等人口集中区域。

(3)法律、法规规定的其他禁养区域。

三、畜禽场应当建立养殖档案

(1)畜禽的品种、数量、繁殖记录、标识情况、来源和进出场日期。

(2)饲料、饲料添加剂、兽药等投入品的来源、名称、使用对象、时间和用量。

(3)检疫、免疫、消毒情况。

(4)畜禽发病、死亡和无害化处理情况。

(5)国务院畜牧兽医行政主管部门规定的其他内容。

任务2　畜禽场规划与布局

学习目标

针对畜禽场管理岗位技术任务要求，学会畜禽场场地功能区划分、畜禽场建筑物布局等实践操作技术。

任务实施

一、畜禽场场地功能区划分

具有一定规模的畜禽场，通常分为四个功能区，即生活区、管理区、生产区和隔离区。各区的位置要从卫生防疫和工作方便的角度考虑，根据场地地势和当地全年主风向，如图4-3所示的模式图顺序安排各区。按照此方案配置，可减少或防止畜禽场产生的不良气味、噪声及粪尿污水对生活环境和管理区工作环境造成的污染，并能控制疫病的传染。

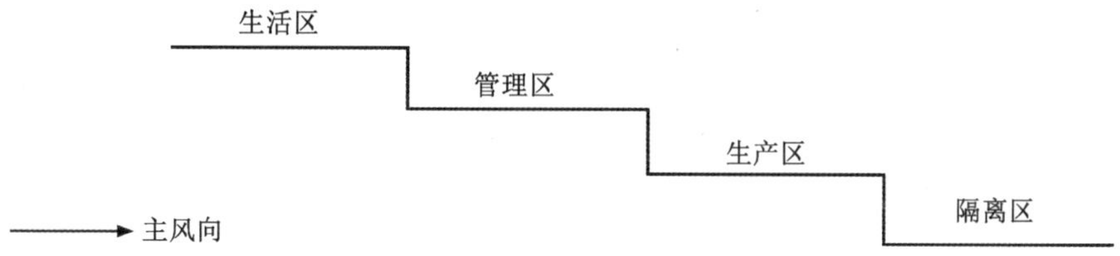

图4-3　按地势、风向的分区规划顺序图

（一）生活区

生活区应位于畜禽场上风向和地势较高的地段，包括职工宿舍、食堂、文化娱乐设施等。

（二）管理区

管理区是牧场从事经营管理活动的功能区，与社会环境具有极为密切的联系。包括行政和技术办公室、饲料加工车间及料库、车库、杂品库等。此区位置的确定，除考虑风向、地势外，还应考虑与外界联系的方便性。既要考虑防疫安全，又要考虑饲料的运输方便，应将饲料加工车间和料库设在该区与生产区隔墙处。外来人员只能在管理区活动，不得进入生产区。场外运输的车辆也严禁进入生产区，故车棚、车库应设在管理区。

（三）生产区

生产区是畜禽场的核心区域，是从事畜禽养殖的主要场所，布置不同类型的畜禽舍及蛋库、孵化间、挤奶厅、乳品处理间、羊剪间、畜禽采精室、人工授精室、畜禽装车台等生产建筑。此区应设在畜禽场的中心地带。自繁自养畜禽场应将种畜禽（包括繁殖群）、幼畜禽与生产群（商品群）畜禽分开，在不同地段，分区饲养管理。通常将种畜禽群、幼畜禽群安排在比较安全的上风处和地势较高处，然后依次为青年畜禽群、生产（商品）畜禽群。以一个自繁自养的猪场为例，猪舍的布局根据主风方向和地势由高到低的顺序，依次设置种猪舍、产房、保育猪舍、生长猪舍、育肥猪舍(图 4-4)。

图 4-4　畜禽场生产区

生产区内与饲料有关的建筑物。如饲料调制、贮存间和青贮塔，原则上应设置在生产区上风处和地势较高处，同时要与各畜禽舍保持方便的联系。设置时还要考虑与饲料加工车间保持最方便的联系。青贮塔位置要便于青贮原料从场外运入，避免外面车辆进入生产区。

由于防火的需要，干草和垫草的堆放场所必须设在生产区的下风向，并与其他建筑物保持 60 m 的防火间距。由于卫生防护的需要，干草和垫草的堆放场所不但应与排粪场、病畜禽隔离舍保持一定的卫生间距，还要考虑避免场外运送干草、垫草的车辆进入生产区。

(四)隔离区

隔离区包括兽医诊疗室、病畜隔离舍、尸坑或焚尸炉、粪便污水处理设施等，应设在场区的最下风和地势较低处，并与畜禽舍保持 300 m 以上的卫生间距。该区应尽可能与外界隔绝、四周设置有隔离屏障，如防疫沟、围墙、栅栏或浓密的乔灌木混合林带，并设单独的通道和出入口。处理病死畜禽的尸坑或焚尸炉应严密隔离。

(五)场内道路与排水

生产区的道路应区分为运送饲料、产品和用于生产联系等的净道，以及运送粪污、病畜禽、死畜禽的污道。净道与污道不得混用或交叉，以利于卫生防疫。

场区排水设施，一般可在道路一侧或两侧设明沟，沟壁、沟底可砌砖、石，也可将土夯实做成梯形或三角形断面，结合绿化固坡，防止塌陷。

二、畜禽场建筑物布局

(一)畜禽场布局

1. 禽场布局

根据走道与饲养区的布置形式，平养鸡舍平面布置可分为无走道平养、单走道平养、中走道双列式平养、双走道双列式平养、双走道四列式平养等形式。

根据笼架配置和排列方式上的差异，笼养鸡舍平面布置分为无走道式和有走道式两大类。

图 4-5 是饲养规模为 10 000 套曾祖代成年种鸡场平面布置图。该场地处北京郊区平原地区，全场建筑面积约 8 000 m^2，其中生产建筑面积 6 400 m^2。根据场地地势平整，形状基本规则，南北长、东西短的地形特点，结合该地区夏季主导风向为南风和西南风、冬季主导风向为西北风的气候条件，场区的总体规划布局是北侧为生产区，布置原种鸡舍、测定鸡舍、育成鸡舍、育雏舍，禽舍排列采用单列式，西侧为净道，东侧为污道，最东北端设临时粪污场。育雏舍单独置于生产区西侧，有道路和绿化隔离。南侧为办公与生产辅助区，设置锅炉房、水泵房、水塔、浴室、维修室、车库、食堂、孵化厅、更衣消毒室、办公楼、门卫室，其中锅炉房位于场区的西南角，对生产区和辅助生产区影响最少。

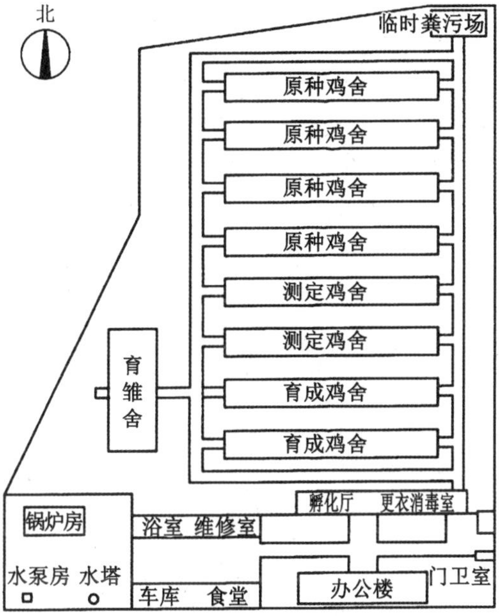

图 4-5 某原种鸡场平面布置图

2. 猪场布局

如图 4-6 所示某父母代猪场平面布置。该场占地约 9.3 万 m^2，建筑面积 7 680 m^2，其中生产建筑面积 6 750 m^2。一期工程设计规模为 300 头核心母猪，年产种猪 2 400 头，育肥猪 2 900 头。该地区夏季主导风向为南风和西南风，冬季主导风向为西北风。场区总体布局是南侧为主入口、门卫室、办公楼、选猪舍等，其中选猪舍位于东南角，外部选购种猪的人员和车辆不用进入场内；中部为生产区，猪舍采用双列布置，中间为净道，东西两侧为污道，东列按生产工艺流程从北往南依次排列公猪及配种舍、母猪舍、产房、保育舍、育成舍，西侧主要是育肥舍和预留发展用地，东北角是兽医室及病猪隔离舍，场区最北端是临时堆粪场，与生产区有围墙和 50 m 的绿化隔离带隔开；兽医室及病猪舍位于场区东侧不好利用的三角形地带。

3. 牛场布局

图 4-7 是某 500 头成年奶牛良种繁育场平面布置图。场区内不设青贮设施和饲料加工厂，所需的青贮饲料和精料由场外集中配送，场区只设精料成品库。挤奶厅中设置有胚胎生产技术室，主要进行种牛超排、取卵及鲜胚分割等技术处理。场区内的道路分净道、污道，为确保

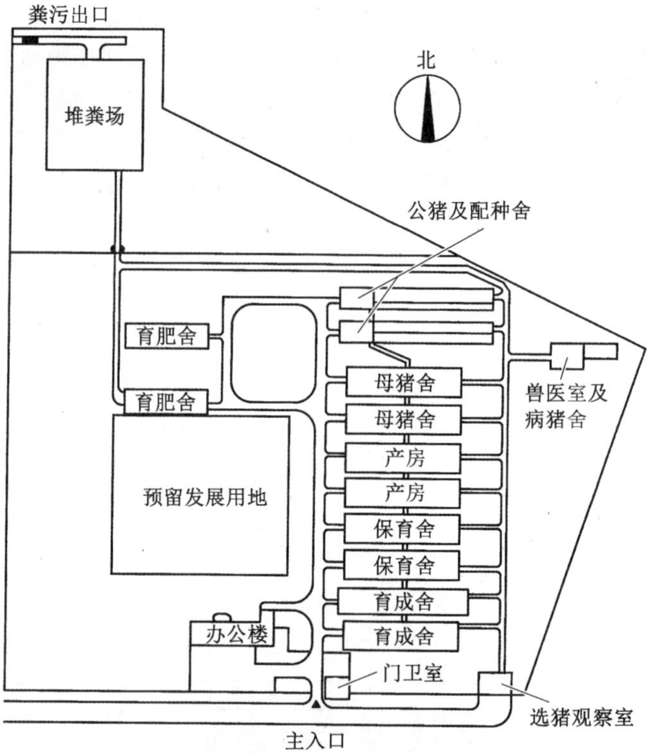

图 4-6　某种猪场平面布置图

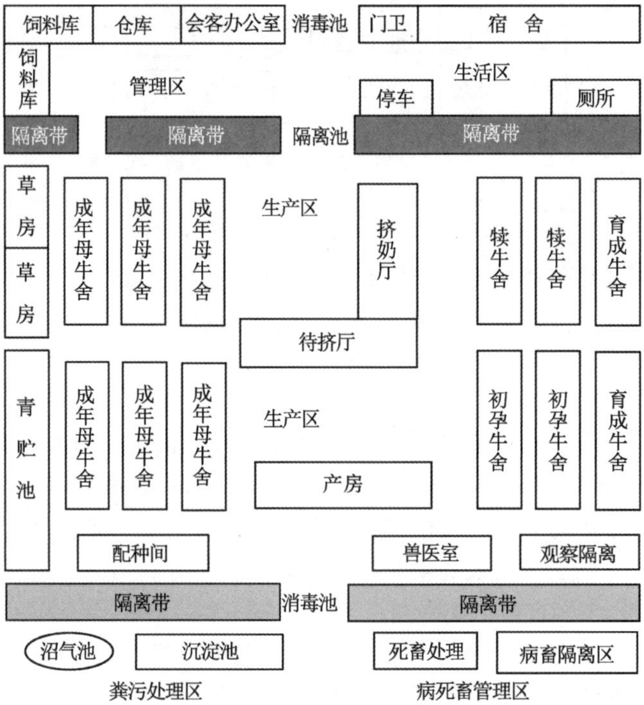

图 4-7　奶牛场平面布置图

消防需要，整个场区道路形成环行通道，平时采用隔离栏杆，保证净污道严格分开，运送饲草饲料、运送牛奶及其他所需物品的车辆由与净道相通的西门出入，粪污和病牛由与污道相连的东南门出入。工作人员则通过办公楼的消毒更衣室进入场内。

(二)建筑物的位置

确定每栋建筑物和各种设施的位置时，主要根据它们之间的功能联系和卫生防疫要求加以考虑。应将相互联系密切的建筑物和设施就近设置，以便于生产。例如，某商品猪场的生产工艺流程是：种猪配种—妊娠—分娩—哺乳—保育—育成—育肥—上市。因此，考虑各建筑物和设施的功能联系，应按种公猪舍、配种间、空怀母猪舍、妊娠母猪舍、产房、保育舍、育成猪舍、育肥猪舍、装猪台的顺序相互靠近设置。饲料调制、贮存间和贮粪场等，与每栋猪舍都发生密切联系，其位置的确定应尽量使其至各栋猪舍的线路距离最短，同时要考虑净道和污道的分开布置及其他卫生防疫要求。畜禽场建筑物与设施功能联系见图 4-8。

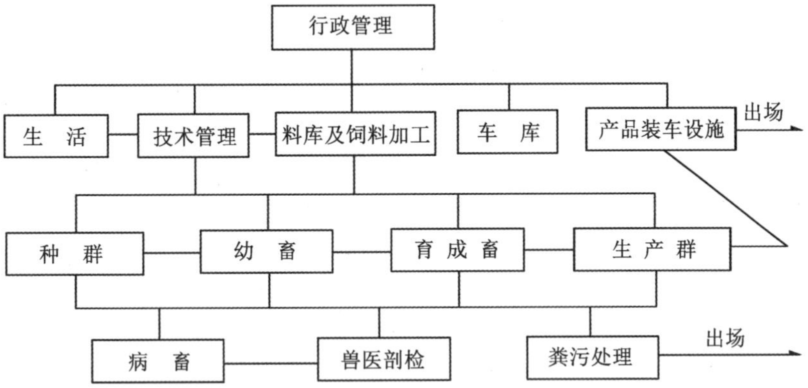

图 4-8　畜禽场建筑物和设施的功能联系

(三)建筑物的排列

牧场建筑物通常应设计为东西成排、南北成列，尽量做到整齐、紧凑、美观。生产区内畜禽舍的布置，应根据场地形状、畜禽舍的数量和长度，酌情布置为单列、双列或多列。要尽量避免横向狭长或竖向狭长的布局，因为狭长形布局势必加大饲料、粪污运输距离，使管理和生产联系不便，也使各种管线距离加大，建场投资增加，而方形或近似方形的布局可避免这些缺点。因此，如场地条件允许，生产区应采取方形或近似方形布局(图 4-9 至图 4-11)。

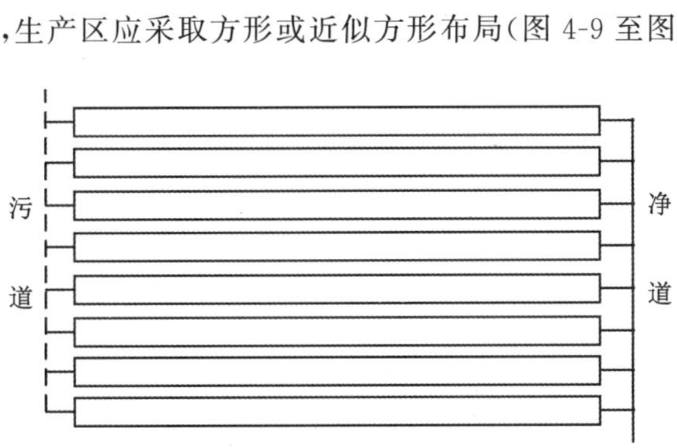

图 4-9　单列畜禽舍

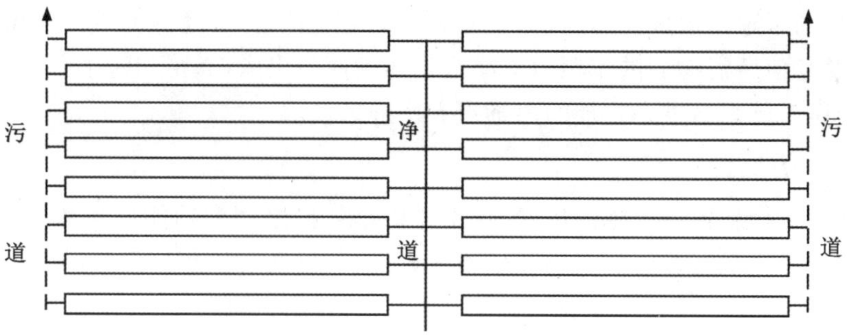

图 4-10 双列畜禽舍

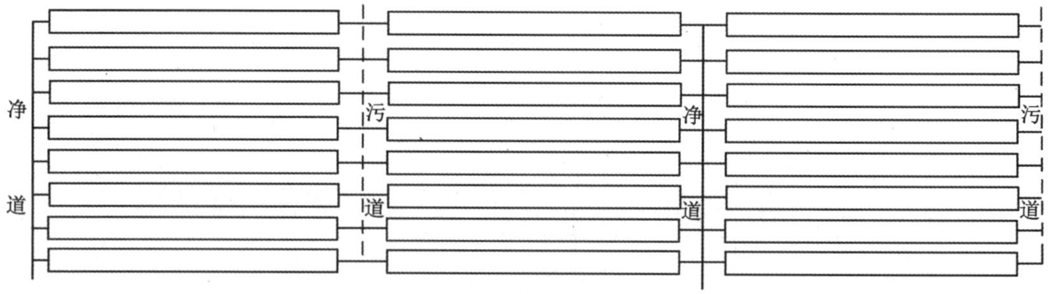

图 4-11 多列畜禽舍

(四)建筑物的朝向

畜禽舍建筑物的朝向关系到舍内的采光和通风状况。我国大陆地处北纬 20°～50°,太阳高度角冬季小、夏季大,夏季盛行东南风,冬季盛行西北风。因此,畜禽舍宜采取南向,这样的朝向,冬季可增加射入舍内的直射阳光,有利于提高舍温;而夏季可减少舍内的直射阳光,以防止强烈的太阳辐射影响家畜。同时,这样的朝向也有利于减少冬季冷风渗入和增加夏季舍内通风量,畜禽舍朝向可根据当地的地形条件和气候特点,采取南偏东或偏西 15°以内配置(图 4-12、图 4-13)。

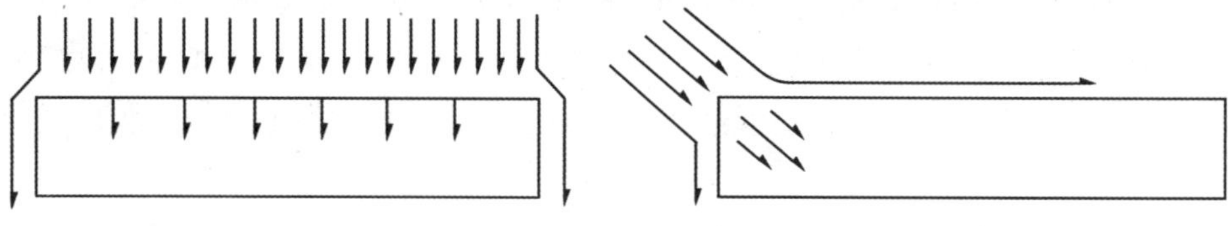

图 4-12 畜禽舍朝向与冬季冷风渗透量的关系

a. 主风与纵墙垂直,冷风渗透量大 b. 主风与纵墙成 0°～45°角,冷风渗透量小

(五)建筑物的间距

相邻两栋建筑物纵墙之间的距离称为间距。确定畜禽舍间距主要从日照、通风、防疫、防火和节约用地等多方面综合考虑。间距大,前排畜禽舍不致影响后排光照,并有利于通风排污、防疫和防火,但势必增加牧场的占地面积。因此,必须根据当地气候、纬度、场区地形、地势等情况,酌情确定畜禽舍适宜的间距(图 4-14)。

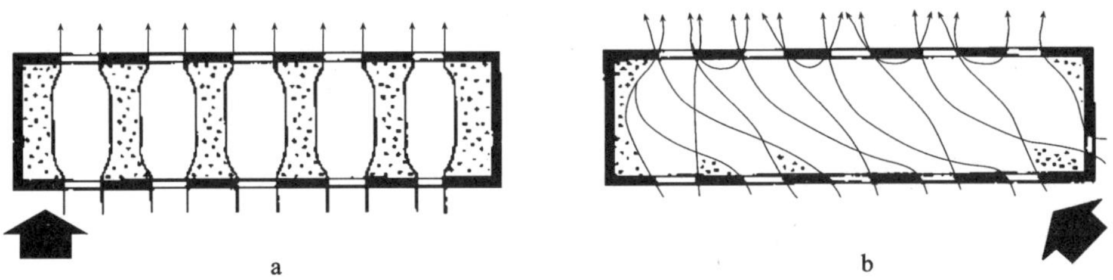

图 4-13　畜禽舍朝向与夏季舍内通风效果的关系

a. 主风与畜禽舍长轴垂直，舍内涡风区大　b. 主风与畜禽舍长轴呈 30°～45°角，舍内涡风区小

图 4-14　畜禽舍间距

根据日照确定畜禽舍间距时，应使南排畜禽舍在冬季不遮挡北排畜禽舍日照为原则，一般可按一年内太阳高度角最小的冬至日计算，而且应保证冬至日 9:00—15:00 这 6 h 内畜禽舍南墙满日照，这就要求间距不小于南排畜禽舍的阴影长度。经计算，南向畜禽舍当南排舍高(一般以檐高计)为 H 时，要满足北墙畜禽舍的上述日照要求，在北纬 40°地区(北京)，畜禽舍间距约需 2.5H，北纬 47°地区(齐齐哈尔)则需 3.7H。可见，在我国绝大部分地区，间距保持檐高的 3～4 倍时，可满足冬至日 9:00—15:00 南向畜禽舍的南墙满日照。

根据通风要求确定间距时，应使下风向的畜禽舍不处于相邻上风向畜禽舍的涡风区内，这样既不影响下风向畜禽舍的通风，又使其免遭上风向畜禽舍排出的污浊空气的污染，有利于卫生防疫。据试验，当风向垂直于畜禽舍纵墙时，涡风区最大，约为其檐高 H 的 5 倍，如图 4-15 所示；当风向不垂直于纵墙时，涡风区缩小。可见，畜禽舍的间距取檐高的 3～5 倍时，可满足畜禽舍通风排污和卫生防疫要求。

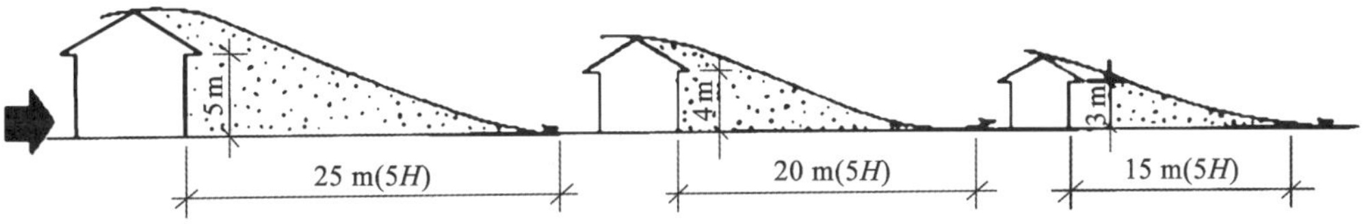

图 4-15　风向垂直于纵墙时畜禽舍高度与涡风区的关系

防火间距取决于建筑物的材料、结构和使用特点。可参照我国建筑防火规范。

畜禽舍建筑一般为砖墙、混凝土屋顶或木质屋顶并做吊顶，耐火等级为二级或三级，防火间距为 6～8 m。

知识链接

一、畜禽场场地规划原则

(1)根据地势和当地全年主风向,按功能分区,合理布置各种建筑物。

(2)充分利用场区原有的自然地形、地势,有效利用原有道路、供水、供电线路,尽量减少土石方工程量和基础设施工程费用,以降低成本。

(3)合理组织场内、外的人流和物流,为畜禽生产创造有利的环境条件,实现高效生产。

(4)保证建筑物具有良好的朝向,满足采光和自然通风条件,并有足够的防火通道间距。

(5)畜禽场建设必须考虑畜禽的粪尿、污水及其他废弃物的处理和利用,符合清洁生产的要求。

(6)在满足生产要求的前提下,建筑物布局紧凑,节约用地,少占或不占可耕地。在占地满足当前使用功能的同时,应充分考虑今后的发展,留有余地。征用土地时确定场地面积可参考表 4-2。

表 4-2　畜禽场所需场地面积

牧场类型	规模	所需面积/(m^2/头)	备注
奶牛场	100～400 头成年乳牛	160～180	
繁殖猪场	100～600 头基础母猪	5～100	按基础母猪计
肥猪场	年上市 0.5 万～2 万头肥猪	5～6	本场养母猪,按上市母猪头数计
羊场		15～20	
蛋鸡场	10 万～20 万羽蛋鸡	0.65～1.0	本场养种鸡,蛋鸡笼养,按蛋鸡计
蛋鸡场	10 万～20 万羽蛋鸡	0.5～0.7	本场不养种鸡,蛋鸡笼养,按蛋鸡计
肉鸡场	年上市 100 万羽肉鸡	0.4～0.5	本场养种鸡,肉鸡笼养,按存栏 20 万羽计
肉鸡场	年上市 100 万羽肉鸡	0.7～0.8	本场养种鸡,肉鸡平养,按存栏 20 万羽计

二、畜禽舍设计的依据

(一)满足人体工作空间和畜禽生活空间需要

为操作方便和提高劳动效率,人体尺度和人体操作所需要的空间范围是畜禽舍建筑空间设计的基本依据之一。此外,为了保证畜禽生活、生产和福利的需要还必须考虑畜禽的体形尺寸和活动空间。

(二)畜禽舍面积标准和设备尺寸

1. 畜禽舍面积标准

(1)鸡舍面积标准与设备参数。鸡舍的建筑面积因鸡品种、体形以及饲养工艺的不同而差异很大。目前国内没有统一标准，在鸡舍设计的时候要依据实际情况灵活进行。表4-3数据仅供参考。

表4-3　鸡舍面积标准及设备参数

项目		参数		
		轻型		重型
蛋鸡	地面平养建筑面积/(m^2/只)	0.12～0.13		0.14～0.24
	笼养建筑面积/(m^2/只)	0.02～0.07		0.03～0.09
	饲槽长度/(mm/只)	75		100
	饮水槽长度/(mm/只)	25		19
	产蛋箱/(只/个)	4～5		4～5
		0～4周龄	5～10周龄	11～20周龄
肉仔鸡及育成母鸡	开放舍建筑面积/(m^2/只)	0.05	0.08	0.19
	密闭舍建筑面积/(m^2/只)	0.05	0.07	0.12
	饲槽长度/(mm/只)	25	50	100
	饮水槽长度/(mm/只)	5	10	25

(2)猪舍面积标准。我国颁布了中、小型集约化养猪场建设标准(GB/T 17824.1—2022)，有关猪舍的面积可以参照此标准进行设计(表4-4)。

表4-4　各类猪群饲养密度指标

猪群类别	每栏饲养头数	每头占猪栏面积/m^2
种公猪	1	5.5～7.5
空怀、妊娠母猪限位栏	1	1.32～1.5
群饲	4～5	2.0～2.5
后备母猪	5～6	1.0～1.5
哺乳母猪	1	3.7～4.2
断奶仔猪	8～12	0.3～0.5
生长猪	8～10	0.5～0.7
育肥猪	8～10	0.7～1.0

(3)牛舍面积标准与设备参数。散放饲养时，成年乳牛占地面积5～6 m^2/头。拴系式饲养和散栏式饲养时牛床尺寸如表4-5所示。肉牛用饲槽采食宽度设计参数。限食时，成年母牛600～760 mm，育肥牛560～710 mm，犊牛460～560 mm；自由采食时，粗饲料槽150～200 mm，精饲料槽100～150 mm。自动饮水器50～75头/个。

表 4-5　牛床尺寸参数

牛的类别	拴系式饲养			牛的类别	散栏式饲养		
	长度/m	宽度/m	坡度/%		长度/m	宽度/m	坡度/%
种公牛	2.2	1.5	1.0～1.5	大牛种	2.1～2.2	1.22～1.27	1.0～4.0
成年乳牛	1.7～1.9	1.1～1.3	1.0～1.5	中牛种	2.0～2.1	1.12～1.22	1.0～4.0
临产牛	2.2	1.5	1.0～1.5	小牛种	1.8～2.0	1.02～1.12	1.0～4.0
产房	3	2	1.0～1.5	青年牛	1.8～2.0	1.0～1.15	1.0～4.0
青年牛	1.6～1.8	1.0～1.1	1.0～1.5	8～18 月龄	1.6～1.8	0.9～1.0	1.0～3.0
育成年	1.5～1.6	0.8	1.0～1.5	5～7 月龄	0.75	1.5	1.0～2.0
犊牛	1.2～15	0.5	1.0～1.5	1.5～4 月龄	0.65	1.4	1.0～2.0

2. 采食和饮水宽度标准

采食宽度和饮水宽度因畜禽种类、体形、年龄以及采食和饮水设备不同而异，参考表 4-6。

表 4-6　各类畜禽的采食宽度

禽畜种类	采食宽度/cm	畜禽种类	采食宽度/cm
牛：拴系饲养		成年公猪	35～45
3～6 月龄犊牛	30～50	蛋鸡：	
青年牛	60～100	0～4 周龄	2.5
泌乳牛	110～125	5～10 周龄	5
散放饲养		11～20 周龄	7.5～10
成年乳牛	50～60	20 周龄以上	12～14
猪：		肉鸡：	
20～30 kg	18～22	0～3 周龄	3
31～50 kg	23～27	4～8 周龄	8
51～100 kg	28～35	9～16 周龄	12
自动饲槽自由采食群养	10	17～22 周龄产蛋母鸡	15
成年母猪	35～40		15

3. 通道设置标准

畜禽舍沿长轴纵向布置畜栏时，纵向管理通道宽度可参考表 4-7，较长的双列或多列式畜禽舍每隔 30～40 m，沿跨度方向设横向通道，宽度一般为 1.5 m，马、牛舍为 1.8～2.0 m。

表 4-7　畜禽舍纵向通道宽度

畜禽舍种类	通道用途	使用工具及操作特点	宽度/cm
牛舍	饲喂 清粪及管理	用手工或推车饲喂精、粗饲料 手推车清粪、放奶桶、放洗乳房的水桶等	120～140 140～180

续表4-7

畜禽舍种类	通道用途	使用工具及操作特点	宽度/cm
猪舍	饲喂 清粪及管理	手推车喂料 清粪(幼猪舍窄、成年猪舍宽)、接产等	100～120 100～150
鸡舍	饲喂、捡蛋、清粪、管理	用特制手推车送料、捡蛋时,可采用一个通用车盘	笼养 80～90 平养 100～120

4. 畜禽舍及其内部设施高度标准

(1)畜禽舍高度　畜禽舍高度的确定主要取决于自然采光和通风要求,同时,考虑当地气候条件,寒冷地区畜禽舍高度一般以 2.2～2.7 m 为宜,跨度 9.0 m 以上的畜禽舍可适当加高。炎热地区为了有利于通风,畜禽舍高度不宜过低,一般以 2.7～3.3 m 为宜。

(2)门的高度　供人、畜、手推车出入的门一般高 2.0～2.4 m。

(3)窗的高度　畜禽舍窗的高低、形状、大小等,由畜禽舍的采光与通风设计要求决定。

(4)舍内外高差　为防止雨水倒灌,畜禽舍室内外地面一般应有 300 mm 左右的高差,场地低洼时应提高到 450～600 mm。供畜、车出入的大门,门前不设台阶而设 15%以下的坡道。舍内地面应有 0.5%～1.0%的坡度。

(5)畜禽舍内部设施高　饲槽、水槽、饮水器安置高度及畜禽舍隔栏(墙)高度,因畜禽种类、品种、年龄不同而异。

①饲槽、水槽设置。鸡饲槽、水槽高度一般应使槽上缘与鸡背同高;猪、牛的饲槽和水槽底可与地面同高或稍高于地面;猪用饮水器距地面的高度,仔猪为 10～15 cm,育成猪 25～35 cm,肥猪 30～40 cm,成年母猪 45～55 cm,成年公猪 50～60 cm。如将饮水器装成与水平呈 45°～60°角,则距地面高度 10～15 cm,即可供各种年龄的猪使用。

②隔栏(墙)的设置。平养成年鸡舍隔栏高度不应低于 2.5 m,用铁丝网或竹竿制作;猪栏高度一般为哺乳仔猪 0.4～0.5 m,育成猪 0.6～0.8 m,育肥猪 0.8～1.0 m,空怀母猪 1.0～1.1 m,怀孕后期及哺乳母猪 0.8～1.0 m,公猪 1.3 m;成年母牛隔栏高度为 1.3～1.5 m。

项目二　畜禽舍建造

任务1　畜禽生产工艺设计

学习目标

针对畜禽场管理岗位技术任务要求，学会猪生产工艺设计、蛋鸡生产工艺设计、奶牛生产工艺设计等实践操作技术。

任务实施

一、猪生产工艺设计

商品猪场的生产工艺流程：种猪配种—妊娠—分娩—哺乳—保育—育成—育肥—上市。因此，考虑各建筑物和设施的功能联系，应按种公猪舍、配种间、空怀母猪舍、妊娠母猪舍、产房、保育舍、育成猪舍、育肥猪舍、装猪台的顺序相互远近设置，如图 4-16 所示。饲料调制、贮存间和贮粪场等与每栋猪舍都发生密切联系。其设置的确定应尽量使其至各栋猪舍的线路距离最短，同时要考虑净道和污道的分开布置及其他卫生防疫要求。

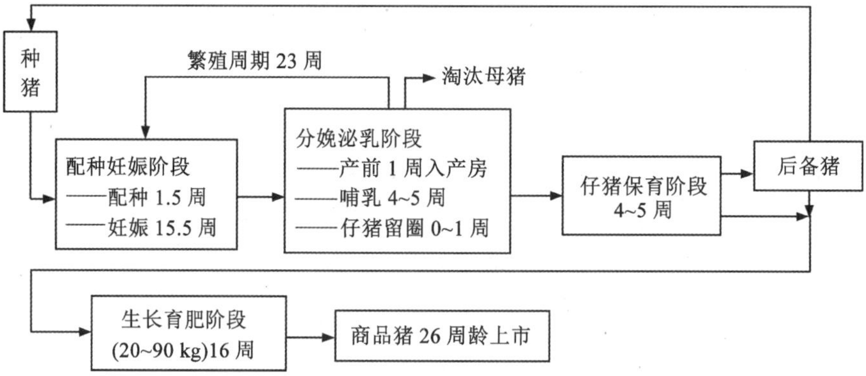

图 4-16　猪生产工艺

二、蛋鸡生产工艺设计

鸡生产工艺流程是根据鸡的不同阶段划分的，即0～6周龄为育雏期，7～20周龄为育成期，21～76周龄为产蛋期。由于不同养育阶段，鸡的生理状况不同。对环境、设备、饲养管理、技术水平等方面的要求也不同。此外，不同性质的鸡场其工艺流程也不同，如图4-17所示。因此，鸡场应分别建立不同类型的鸡舍，以满足鸡群生理、行为及生产等方面的需求，最大限度地发挥鸡群的生产潜能。

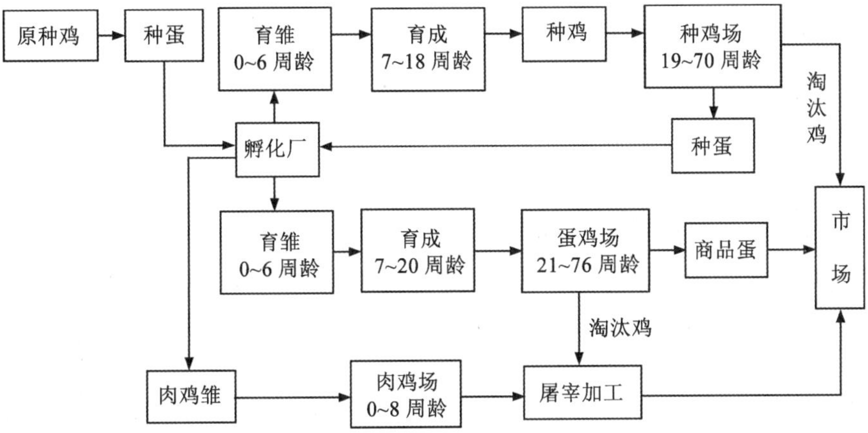

图 4-17　蛋鸡生产工艺

三、奶牛生产工艺设计

奶牛一般分犊牛、青年牛、成年乳牛和干奶牛。奶牛生产常采用的工艺流程为成年母牛配种、妊娠，经过10个月的妊娠期，分娩产下犊牛，哺乳2个月—断奶，饲养至6月龄—育成牛群，饲养至16月龄，体重达到350～400 kg时第1次配种，确认受孕—青年牛群妊娠10个月（临产前1周进入产房）—第1次分娩、泌乳。产后恢复7～10 d—成年牛群泌乳期10个月（泌乳2个月后，第2次配种），妊娠至8个月—干奶牛群干奶期2个月—第2次分娩、泌乳……直至淘汰。奶牛生产的工艺流程见图4-18。

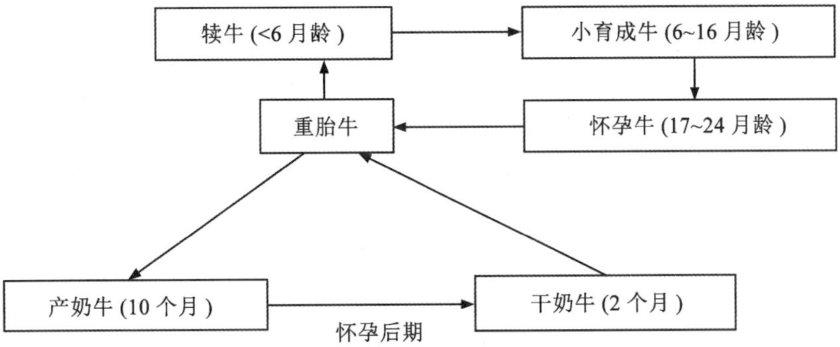

图 4-18　奶牛生产工艺

任务2　畜禽舍建造设计

学习目标

针对畜禽场管理岗位技术任务要求，学会封闭式畜禽舍、半开放式畜禽舍、开放式畜禽舍等建造设计的实践操作技术。

任务实施

一、封闭式畜禽舍建造设计

（一）封闭式畜禽舍的结构特点

封闭舍是由屋顶、围墙以及地面构成的全封闭状态的畜禽舍，通风换气仅依赖于门、窗或通风设备，该种畜禽舍具有良好的隔热能力，便于人工控制舍内环境。根据封闭畜禽舍有无窗户，可以将封闭畜禽舍分为有窗封闭舍和无窗封闭舍。有窗封闭畜禽舍四面有墙，纵墙上设窗，跨度可大可小。跨度＜10 m 时，可开窗进行自然通风和光照，或进行正压机械通风，也可关窗进行负压机械通风。由于关窗后封闭较好，采取供暖降温措施的效果较半开放式好，耗能也较少。无窗封闭畜禽舍也称“环境控制舍”，四面设墙，墙上无窗，进一步提高了畜禽舍的密封性和与外界的隔绝程度，但通风、光照、供暖、降温、排污、除湿等均需靠设备调控。无窗式畜禽舍在国外应用较多，且多为复合板组装式，它能创造较适宜的舍内环境，但土建和设备投资较大，耗能较多（图 4-19）。

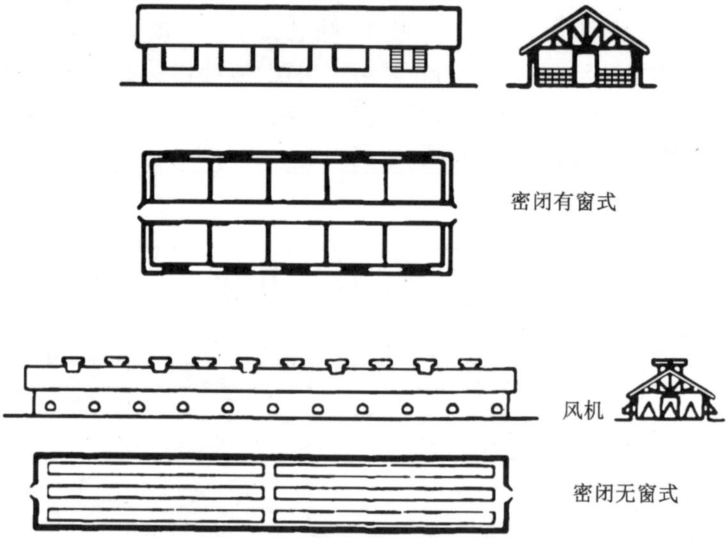

图 4-19　封闭畜禽舍结构

(二)封闭式畜禽舍小气候特点

封闭畜禽舍外围护结构具有较强的隔热能力,可以有效地阻止外部热量的传入和畜禽舍内部热量的散失,由于家畜的产热、机械和人类的活动,封闭舍空气温度往往高于舍外。空气中尘埃、微生物舍内大于舍外,封闭畜禽舍通风换气差时,舍内有害气体如氨、硫化氢等含量高于舍外(图 4-20)。

图 4-20　封闭猪舍

(三)封闭式畜禽舍使用范围

无窗封闭舍主要用作北方寒冷地区(1 月份平均气温为－28～－15 ℃)的猪舍和禽舍。有窗封闭舍主要适用于温暖地区(1 月份平均气温－5～15 ℃)猪、禽生产和寒冷地区牛、羊生产。

二、半开放式畜禽舍建造设计

(一)半开放式畜禽舍结构特点

半开放舍是三面有墙,一面仅有半截墙的畜禽舍,多用于单列的小跨度畜禽舍。这类畜禽舍的开敞部分在冬天可加以遮挡形成封闭舍。半开放式畜禽舍外围护结构具有一定的隔热能力。由于一面墙为半截墙、跨度小,因而通风换气良好,白天光照充足,一般不需人工照明、人工通风和人工采暖设备,基建投资小,运转费用小,但通风又不如开放舍。所以这类畜禽舍适用于冬季不太冷而夏季又不太热的地区使用。为了提高使用效果,可在半开放式畜禽舍的后墙开窗,夏季加强空气对流,提高畜禽舍防暑能力,冬季除将后墙上的窗子关闭外,还可在南墙的开露部分挂草帘或加塑料窗,以提高其保温性能(图 4-21)。

图 4-21　半开放式畜禽舍

(二)半开放式畜禽舍小气候特点

半开放式畜禽舍外围护结构具有一定的防寒防暑能力,冬季可以避免寒流的直接侵袭,防寒能力强于开放舍和棚舍,但空气温度与舍外差别不很大。

(三)半开放式畜禽舍使用范围

半开放式畜禽舍跨度较小,仅适用于小型牧场,温暖地区可用做成年畜禽舍,炎热地区可用作产房、幼畜禽舍。

三、开放式畜禽舍建造设计

(一)开放式畜禽舍结构特点

开放舍是指一面(正面)或四面无墙的畜禽舍,后者也称为棚舍。其特点是独立柱承重,不设墙或只设栅栏或矮墙,其结构简单,造价低廉,自然通风和采光好,但保温性能差(图 4-22)。

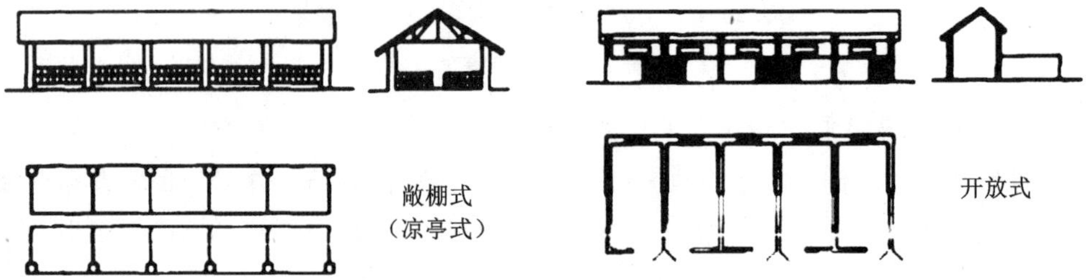

图 4-22 开放式畜禽舍结构

(二)开放式畜禽舍小气候特点

开放舍可以起到防风雨、防日晒作用,小气候与舍外空气相差不大。前敞舍在冬季对无墙部分加以遮挡,可有效地提高畜禽舍外围护结构的防寒能力。

(三)开放式畜禽舍使用范围

开放舍适用于炎热地区各种畜禽生产和温暖地区的成年猪、鸡、牛、羊生产,但须做好棚顶的隔热设计,也可用作遮阳棚、物料堆棚。畜禽舍样式的选择须综合考虑牧场性质和规模、当地气候、机械化程度、投资能力等,不可照搬套用别场图纸。

任务3 猪舍建筑设计

学习目标

针对畜禽场管理岗位技术任务要求,学会猪舍建筑平面布置形式、猪舍跨度和长度计算、门窗及通风洞口的平面布置、猪舍的剖面设计、猪栏设计与占地面积等实践操作技术。

任务实施

一、猪舍建筑平面布置形式

猪栏的排列有单列式、双列式和多列式(图 4-23 至图 4-25),具体选择时要考虑饲养工艺、设备类型、每栋舍饲养量、饲养定额、场地地形等情况。无论是哪种形式的猪栏排列,饲喂走道宽度一般为 1.2～1.5 m,清粪通道一般宽 1～1.2 m。一般情况下,采用机械喂料和清粪,走道宽度可以小一些,而采用人工送料和清粪,走道则需要宽一些。

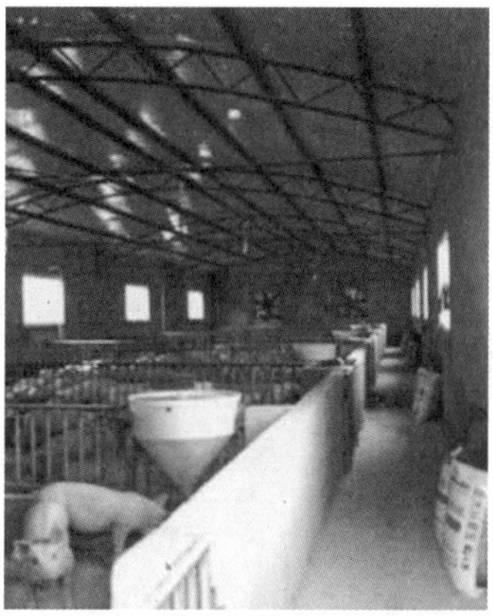

图 4-23 单列式生长育肥舍

图 4-24 双列式生长育肥舍

图 4-25 多列式哺乳母猪舍

二、猪舍跨度和长度计算

猪舍跨度主要由圈栏尺寸及其布置方式、走道尺寸及其数量、清粪方式与粪沟尺寸、建筑类型及其构件尺寸等决定。而猪舍长度根据工艺流程、饲养规模、饲养定额、机械设备利用率、场地地形等来综合决定,一般大约为 70 m。值班室、饲料间等附属空间一般设在猪舍一端,这样有利于场区建筑布局时满足净污分离。

下面以一个育肥猪舍为例说明如何确定猪舍跨度与长度。根据工艺设计，采用整体单元式转群，每个单元12圈，每圈饲养1窝猪，共设有6个单元，每窝育肥栏宽度2.8 m，栏长度3.23 m(2.03 m的实体猪床和1.2 m的漏缝地板)。每个单元采用双列布置，每列6圈，中间饲喂走道1 m，两侧清粪通道各0.6 m，粪尿沟各0.3 m，猪舍内外墙厚度均为0.24 m，猪舍平面布局采用单廊式，北侧走廊宽度1.5 m，南侧横向通道0.62 m。经排列布置和计算得单元长向间距9.5 m(3.23 m×2+1 m+0.6 m×2+0.3 m×2+0.24 m=9.5 m)，猪舍长度57 m(9.5 m×6=57 m)，跨度19.4 m(2.8 m×6+1.5 m+0.62 m+0.24 m×2=19.4 m)，如图4-26、图4-27所示。

在设计实践中，猪舍长度一般控制在70～100 m较为合适。

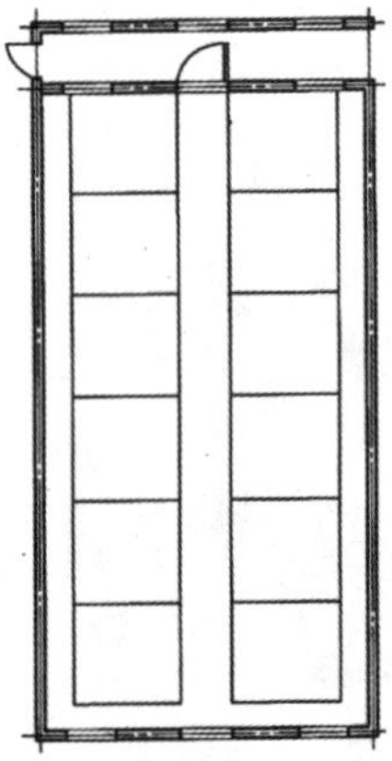

图4-26　单元式育肥猪舍平面布置

图4-27　双列式育肥猪舍

三、门窗及通风洞口的平面布置

门的位置主要根据饲养人员的工作和猪只转群线路需要设置，供人、猪、手推车出入的门宽度1.2～1.5 m，门外设坡道；双列猪舍的中间过道应用双扇门，宽度不小于1.5 m；圈栏门宽度不小于0.8 m，一律向外开启。

窗的设置应考虑采光和通风要求，面积大、采光多、换气好，但冬季散热和夏季传热多，不利于保温和防暑，通风口的设计应根据当地的气候条件，计算夏季最大通风量和冬季最小通风量需求，决定其大小、数量和位置。

四、猪舍的剖面设计

在剖面设计时，需要考虑猪舍净高、窗台高度、室内外地面高差以及猪舍内部设施与设备高度、门窗与通风洞口的设置等。

猪舍净高是指室内地面到屋架下弦、结构梁板底或天花板底的高度，一般单层猪舍的净高取2.4～2.7 m，通常窗台的高度不低于靠墙布置的栏位高度。公、母猪猪栏高度分别不少于1.2 m和1.0 m；饮水器安装高度以猪体的肩高为原则。

一般情况下，室内外地面高度差为 150～600 mm，取值要考虑当地的降雨情况，室外坡道坡度 10%～12.5%。值班室、饲料间的地面应高于送料道 20～50 mm，送料道比猪床高 20～50 mm。

一般漏缝地板猪舍的粪尿沟最浅处为 600 mm，普通地面猪舍的粪尿沟最浅处为 200 mm，坡度为 1.5%～3.0%。门洞口底标高一般同所处的地平面标高猪舍外门一般高 2.0～2.4 m，双列猪舍中间过道上设门时，高度不小于 2.0 m。南侧墙上窗底标高一般取 0.8～0.9 m，窗下设置的风机洞口底标高一般要高出地面 0.06 m 左右；北侧墙上窗底标高一般取 1.1～1.2 m，其下设置的地窗底标高一般也取 0.06 m。

五、猪栏设计与占地面积

（一）栅栏式猪栏

现代化猪场的猪栏多为栅栏式，适用于公猪、母猪及生长育肥猪群饲养。栅栏式猪栏就是猪舍内圈与圈之间以 0.8～1.2 m 高的栅栏相隔，栅栏通常由钢管、角钢、钢筋等金属型材焊接而成，一般由外框、隔条组成栏棚，几片栏栅和栏门组成一个猪栏。优点是占地面积小，便于观察猪只；夏季通风好，有利于防暑；便于饲养管理。缺点是钢材耗量大，投资成本较大；相邻圈之间接触密切，尤其在非洲猪瘟流行情况下，不利于该病防控（图 4-28）。

（二）实体猪栏

实体猪栏适用于专业户及小规模猪场饲养公猪、母猪及生长育肥猪。实体猪栏一般采用砖砌结构（厚度为 12 cm、高度为 1.0～1.2 m），外抹水泥或采用混凝土预制件组成（图 4-29）。优点是可以就地取材，投资费用低；相邻圈之间相互隔断，有利于防疫。缺点是猪栏占地面积大，不便于观察猪的活动，夏季通风不好，不利于防暑；不便于饲养管理。

图 4-28 栅栏式猪栏

图 4-29 实体猪栏

（三）综合式猪栏

综合式猪栏综合了上述两种猪栏的结构，一般是相邻的猪栏间采用 0.8～1.0 m 高的实体墙相隔，沿饲喂通道正面采用栏栅。该种猪栏集中了栅栏式猪栏和实体猪栏的优点，既适宜专业户及小规模猪场又适宜现代化猪场饲养公猪、母猪及生长育肥猪。

（四）母猪单体限位栏

母猪单体限位栏又叫定位栏，适用于集约化和工厂化养猪。它是由钢管焊接而成，由两侧栏架和前门、后门组成，前门处安装食槽和饮水器，栏长为2.1 m、宽为0.6 m、高为0.96 m(国际标准参数)。母猪单体限位栏见图4-30。

图 4-30　母猪单体限位栏

单体限位栏用于饲养空怀及妊娠母猪。与每圈群养母猪相比，限位栏饲养母猪的优点是便于观察发情与配种；避免母猪采食争斗，易掌握喂量，控制膘情。缺点是限制母猪运动，容易出现四肢软弱或肢蹄病。

(五)高床产仔栏

目前，高床产仔栏多用于现代化猪场的母猪产仔和哺育仔猪。高床产仔栏又叫母猪产床，有单母猪位和双母猪位，由底网、围栏、母猪限位架、仔猪保温箱、食槽组成。底网多采用直径为5 mm的圆钢编织的编织网或塑料漏缝地板，长为2.2 m、宽为1.7 m，下面附以角钢和扁铁，靠腿撑起，离地20 cm左右；围栏为底网四面侧壁，用钢管和钢筋焊接而成，长为2.2 m、宽为1.7 m、高为0.6 m，钢筋间缝隙为5 cm；母猪限位架长为2.2 m、宽为0.6 m、高为0.9～1.0 m，位于底网中间，限位架前安装母猪食槽和饮水器，仔猪饮水器安装在前部或后部；仔猪保温箱长为1 m、宽为0.6 m、高为0.6 m，也有其他尺寸的，有塑料、PVC板、树脂等材质的(图4-31)。优点是占地面积少，利用率高；便于管理；母猪限位栏，可防压或减少压死仔猪；仔猪不与地面接触，干燥、卫生，减少疾病和死亡。缺点是投资成本高。

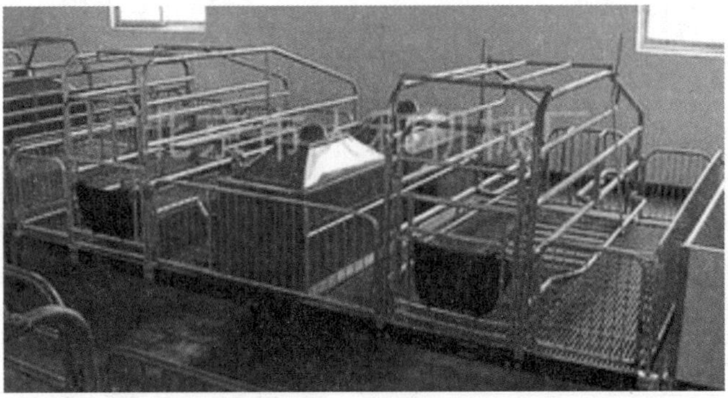

图 4-31　高床产仔栏

(六)高床育仔栏

高床育仔栏又叫小猪保育栏，目前高床育仔栏多用于现代化猪场培育仔猪，主要用于饲养4～10周龄的断乳仔猪，其结构与高床产仔栏的底网及围栏相同，只是高度为0.7 m，离地面20～40 cm，面积根据猪群大小而定，一般长为1.8 m、宽为1.7 m(可根据猪舍建设尺寸定制)，饲养断乳仔猪10头左右。优点是占地面积少，利用率高，便于管理，仔猪不与地面接触，干燥、卫生，提高仔猪存活率。缺点是投资成本高(图4-32)。

按照猪栏的用途分有公猪栏、配种栏、母猪栏、分娩栏、培育栏、生长栏和肥育栏。猪栏占地面积及结构尺寸见表4-8和表4-9。

图 4-32　高床育仔栏

表 4-8　每头猪所需要猪栏面积指标

猪群类别	每栏头数/头	实体地面猪栏/m^2	漏缝地板猪栏/m^2
种公猪	1	5.0～7.0	4.0～6.0
空怀母猪	3～6	1.5～2.0	1.4
妊娠母猪(单养)	1	2.5～3.0	1.2
妊娠母猪(群养)	2～4	2.0～2.5	1.4～1.8
哺乳母猪	1	5.0～5.5	4.0～4.5
断奶仔猪	10～20	0.3～0.6	0.2～0.4
生长猪	8～12	0.6～0.9	0.4～0.6
肥育猪	8～12	0.9～1.2	0.6～0.8
后备猪	2～4	0.7～1.0	0.9～1.0

表 4-9　几种猪栏(栏栅式)的主要技术参数　　mm

猪栏类别	长	宽	高	隔条间距	备注
公猪栏	3 000	2 400	1 200	100～110	
后备母猪栏	3 000	2 400	1 000	100	
保育栏	1 800～2 000	600～1 700	700	≤70	饲养一窝猪
	2 500～3 000	2 400～3 500	700	≤70	饲养 20～30 头猪
生长栏	2 700～3 000	1 900～2 100	800	≤100	饲养一窝猪
	3 200～4 800	3 000～3 500	800	≤100	饲养 20～30 头猪
肥育栏	3 000～3 200	2 400～2 500	900	100	饲养一窝猪

注：在采用小群饲养的情况下，空怀母猪、妊娠母猪栏的结构域尺寸和后备母猪猪栏相同。

任务4 鸡舍建筑设计

学习目标

针对畜禽场管理岗位技术任务要求，学会开放型鸡舍建筑设计、封闭型鸡舍建筑设计、鸡舍建筑平面尺寸确定、鸡舍的剖面设计等实践操作技术。

任务实施

一、开放型鸡舍建筑设计

(一)鸡舍特点

开放型鸡舍采用自然通风、自然采光和太阳辐射、畜体代谢热采暖等自然生物环境条件来满足鸡的生活环境。鸡舍侧壁上半部全部敞开，以半透明的或双幅塑料编织网做的双层帘或双层玻璃钢多功能通风窗为南北两侧壁围护结构，通过卷帘机控制启闭开度和檐下出气孔组织通风换气。利用纵向、上下通风，增强通风效果，达到鸡舍降温的目的。接收太阳辐射热能的温室效应和内外两层卷帘或双层窗，达到冬季增温和保温效果。

(二)适用范围

无论是蛋鸡和肉鸡，还是不同养育阶段的雏鸡、育成鸡、产蛋鸡均可选用，尤以太阳能资源充足的地区冬季效果最佳。

(三)效益情况

与传统的封闭型鸡舍相比，土建投资节约1/4～1/3。在日常管理中节电效果明显，为封闭型用电量的1/20～1/5。

(四)鸡舍建筑结构

根据不同地区和条件，有两种构造类型，砌筑型和装配型。砌筑型开放鸡舍，有轻钢结构大型波状瓦屋面，钢混结构平瓦屋面，砖拱薄壳屋面，混凝土结构梁、板材、多孔板屋面；还有高床、半高床、多跨多层和连续结构的开放型鸡舍。装配式鸡舍复合板块的复合材料也有多种：有金属镀锌板、金属彩色板、铝合金板、玻璃钢板及高乐竹篮胶合板等；芯层(保温层)有聚氨酯、聚苯乙烯等高分子发泡塑料，以及岩棉、矿渣棉、矿石纤维材料等。装配式鸡舍的构配件由专业厂家生产。

(五)鸡舍规格

该鸡舍建筑均为8 m跨度，2.6～2.8 m高度，3 m开间。鸡舍长度视成年鸡舍的容鸡量所定的鸡位数，与之相应配套。如按3层鸡笼两列整架3条走道布列，为5 376个鸡位(图4-33)。育雏舍为33 m长，育成舍为54 m长。

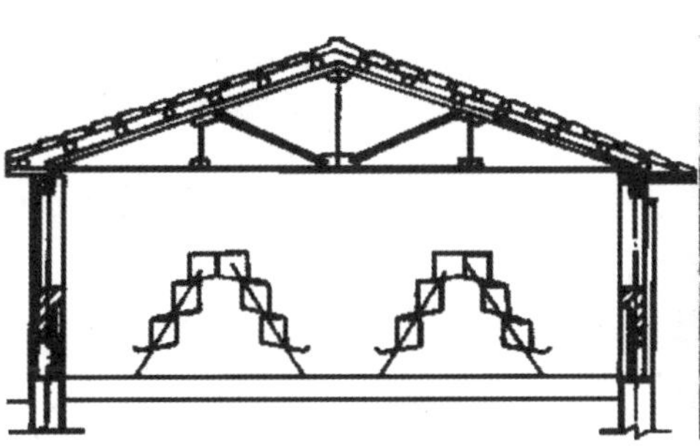

图 4-33　三层笼养蛋鸡开放型自然通风鸡舍

二、封闭型鸡舍建筑设计

封闭型鸡舍是养鸡场常见的一种类型，采光、通风、温控和湿控多为人工控制环境。常见的有 3 层和 4 层高密度高床笼养。如北京市某养鸡场为 4 层高密度笼养，甘肃省某养鸡场为 3 层高床笼养(图 4-34)。

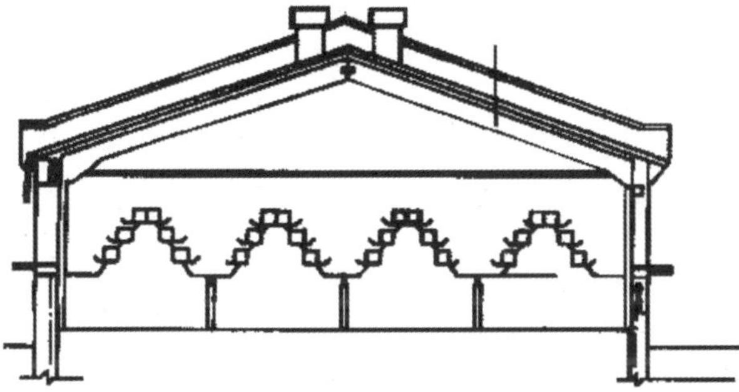

图 4-34　封闭型蛋鸡舍

封闭型鸡舍的光照为人工照明，免受自然光干扰，从而可根据产蛋曲线控制光照，封闭型鸡舍通风系统所有的开口，采用纵向通风，风机安装孔洞、应急窗、进气口等均需要有遮光装置，以便有效的控制鸡舍光照。另外，每日清粪、及时烘干、使用乳头饮水器能控制好鸡舍环境。

三、鸡舍建筑平面尺寸确定

(一)鸡舍跨度确定

平养鸡舍跨度≈n 个饲养区宽度＋m 个走道宽度。种鸡平养饲养区宽度一般在 10 m 左右，走道宽度一般取 0.6～1.0 m。笼养鸡舍跨度≈n 个鸡笼架宽度＋m 个走道宽度。通风方式与鸡舍跨度也有关系。开敞式鸡舍采用横向通风，跨度在 6 m 左右，通风效果较好，不宜超过 9 m；而从防疫和通风效果看，目前密闭式鸡舍均应采用纵向通风技术，对鸡舍跨度要求并不严格，但应考虑应急状态下应急窗的横向通风，故鸡舍跨度也不能一味扩大。生产中，三层全阶梯蛋鸡笼架的横向宽度在 2 100～2 200 mm，走道净距一般不小于 600 mm，若鸡舍跨度 9 m，一般可布置三列四走道，跨度 12 m 则可布置四列五走道，跨度 15 m 时则可布置五列六走道。

（二）鸡舍长度确定

鸡舍长度确定主要考虑以下几个方面。饲养量、选用的饲喂设备和清粪设备的布置要求及其使用效率、场区的地形条件与总体布置等。

平养鸡舍鸡饲养量与鸡舍长度关系可按下式计算。

$$\text{平养鸡舍饲养区面积}(A)=\text{单栋鸡舍每批饲养量}(Q)/\text{饲养密度}(q)$$

$$\text{鸡舍初拟长度}(L)=A/(B+nB_1)+L_1+2b$$

式中：L 为鸡舍初拟长度；B 为初拟饲养区宽度；n 为走道数量；B_1 为走道宽度；L_1 为工作管理间宽度（开间）；b 为墙的厚度。

以 10 万只蛋鸡场为例，根据饲养工艺，育成鸡饲养量 $Q=9\,800$ 只/批，网上平养饲养密度 $q=12$ 只/m^2，平面布置为二列双走道，$B=10$ m，$n=2$，$B_1=0.8$ m，$L_1=3.6$ m，$b=0.12$ m，则

$$A=Q/q=9\,800/12\approx816.7(m^2)$$

$$L=A/(B+nB_1)+L_1+2b=816.7/(10+2\times0.8)+3.6+2\times0.12\approx74.2(m)$$

四、鸡舍的剖面设计

鸡舍的剖面设计内容包括剖面形式的选择、剖面尺寸确定和窗洞、通风口的形式与设置。

（一）剖面形式的选择

根据具体情况可选择单坡、双坡、拱式或其他剖面形式。

（二）剖面尺寸确定

一般剖面的高跨比取 1.4～1.5，炎热地区及采用自然通风的鸡舍跨度要求大些，寒冷地区和采用机械通风系统的鸡舍要求小些。通常开放式平养鸡舍高度取 2.4～2.8 m，密闭式平养鸡舍取 1.9～2.4 m。

决定笼养鸡舍剖面尺寸的因素主要有设备高度、清粪方式以及环境要求等。如三层阶梯鸡笼，采用链式喂料器，若为人工拣蛋，则可选用低架笼，笼架高度 1 615 mm；若为机械集蛋，则选用高架笼，笼架高度 1 815 mm。清粪方式对鸡舍剖面尺寸的影响如图 4-35 所示。鸡舍内上层笼顶之上须留有一定的空间以利于通风换气。无吊顶时，上层笼顶面距屋顶结构下表面不小于 0.4 m，有吊顶时则距吊顶不小于 0.8 m。

（三）窗洞、通风口的形式与设置

开放式和有窗式鸡舍的窗洞口设置以满足舍内光线均匀为原则。开放舍中设置的采光带，以上下布置两条为宜；有窗舍的窗洞开口应每开间设立式窗，或采用上下层卧式窗，这样可获得较好的光照效果。

鸡舍通风洞口设置应使自然气流通过鸡只的饲养层面，以利于夏季降低舍温和鸡只温度。平养鸡舍的进风口下标高应与网面相平或略高于网面，笼养鸡舍为 0.3～0.5 m，上标高最好高出笼架。

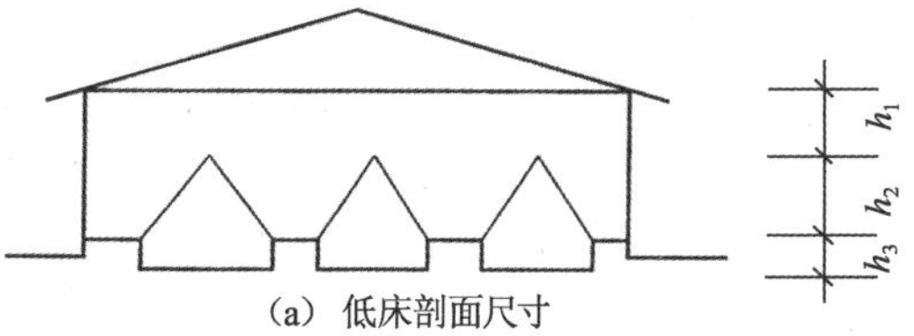

(a) 低床剖面尺寸

无吊顶 $h_1 \geq 0.4$ m，有吊顶 $h_1 \geq 0.8$ m；

牵引式 $h_3=0.2 \sim 0.35$ m，自走式 $h_3=0.5 \sim 0.7$ m

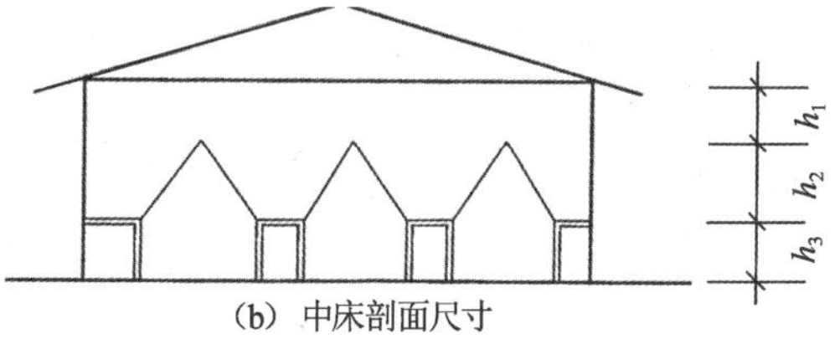

(b) 中床剖面尺寸

h_1、h_2 同（a）所注；$h_3=1.2$ m

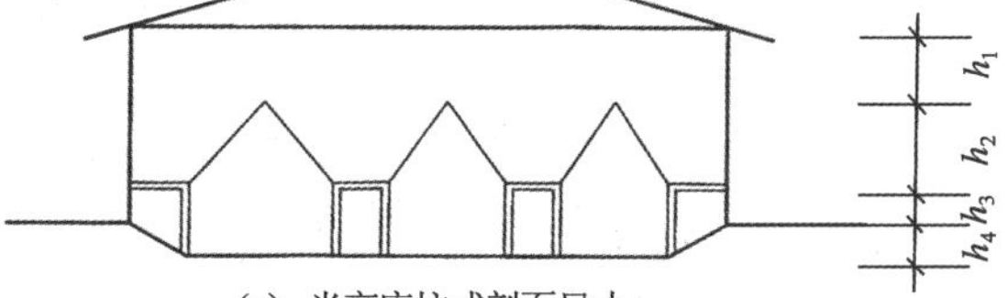

(c) 半高床坑式剖面尺寸

h_1、h_2 同（a）所注；$h_1+h_2=1.2 \sim 1.6$ m；$h_3+h_4=1.2 \sim 1.6$ m

h_1—鸡笼顶距天棚高度；h_2—鸡笼架高度；h_3—鸡笼下牵引式刮粪机粪沟的深度；h_4—鸡笼深入地面下的深度

图 4-35　笼养鸡舍剖面图

任务 5　牛舍建筑设计

学习目标

针对畜禽场管理岗位技术任务要求，学会奶牛舍建筑设计、肉牛舍建筑设计实践操作技术。

任务实施

一、奶牛舍建筑设计

(一)双坡对称式

夏季门窗面积增大可增强通风换气量，冬季关闭门窗有利保温，该舍建造简单，投资较小，可利用面积大且较为实用(图 4-36)。

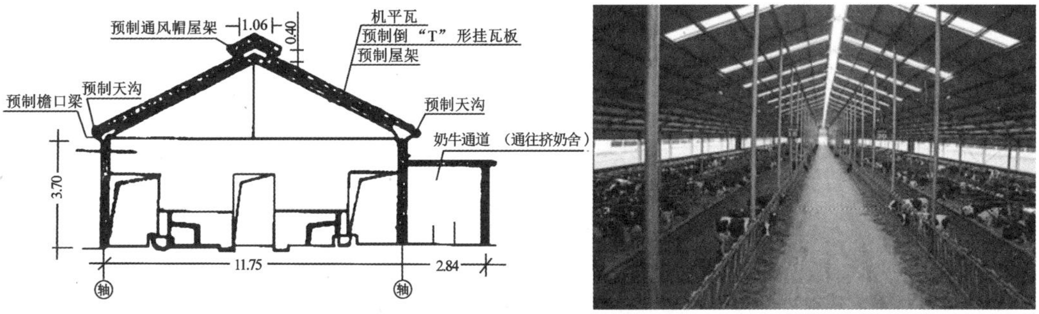

图 4-36　双坡对称式奶牛舍(单位：m)

(二)双坡不对称钟楼式

"天窗"有利于舍内采光、防暑,其采光面积取决于"天窗"的高度、窗面材料和窗户上下缘的倾斜角度,但构造比较复杂(图 4-37)。

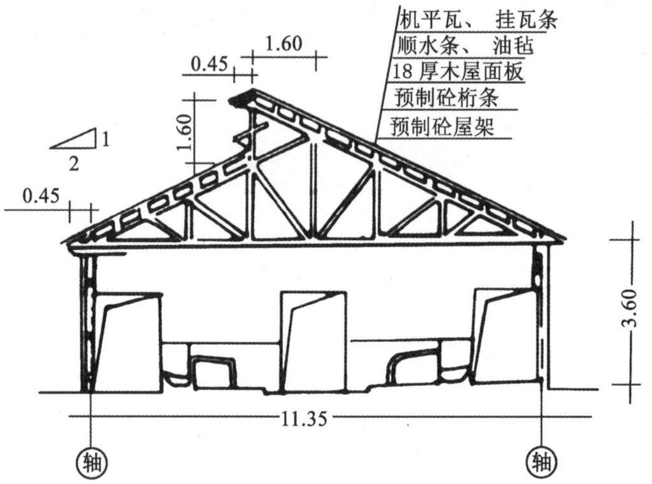

图 4-37 双坡不对称钟楼式牛舍(单位:m)

(三)双坡对称钟楼式

"天窗"可增加舍内光照系数,有利于舍内空气的对流,夏季防暑效果较好,但冬季"天窗"失热较多,尤其是关闭不严失热更为严重,不利于冬季防寒保温。同时构造复杂,造价高(图 4-38)。

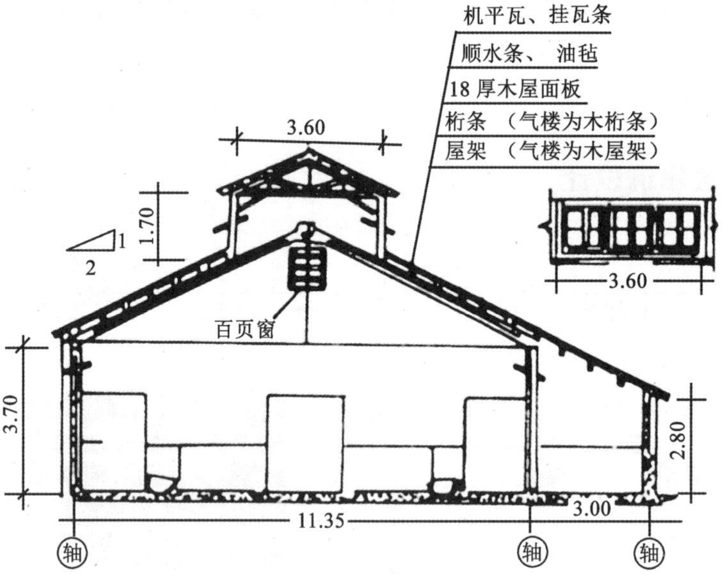

图 4-38 双坡对称钟楼式带走廊牛舍(单位:m)

(四)奶牛舍内平面布局

成年牛舍:牛床排列形式有单列、双列和四列。双列式牛床排列又有两种不同的方式,即对尾式和对头式。对尾式中间有除粪通道，两边各有一条喂饲通道。下面以对头式牛床排列为例说明牛舍内平面布局：如一栋102头牛床位的牛舍，舍内双列对头饲养，管道式机械挤奶，挤出的奶通过挤奶器直接送入自动制冷奶罐，牛舍面积为86.69×12.24=1 061.09(m^2)(图4-39)。

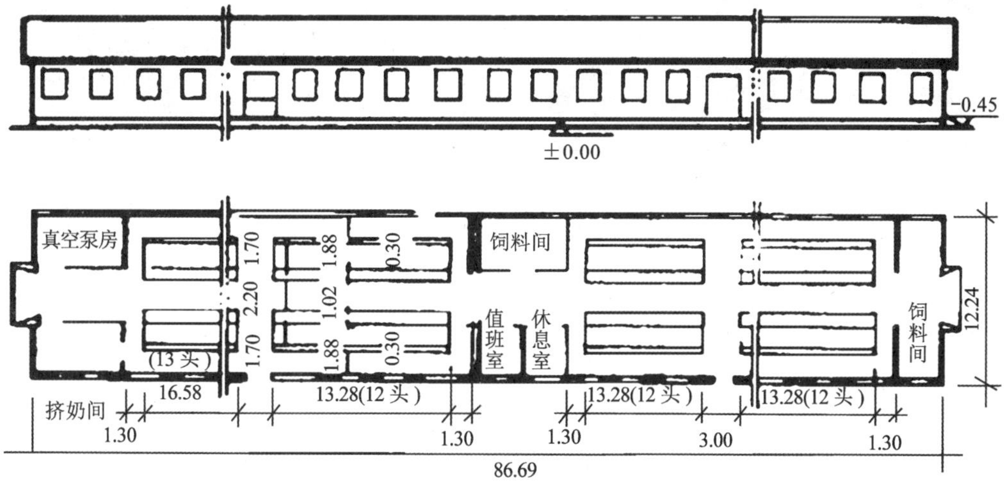

图4-39　双坡式牛舍内平面布局示意图(单位：m)

产牛舍和犊牛舍：产牛舍床位应占成年牛数量的10%～15%，一般产牛舍多与犊牛的保育间合建为一栋。在舍内隔开，相对独立。因犊牛出生后立即离开母牛，为了便于隔离运送和哺喂初乳，也可以与哺乳期犊牛间合建一幢，在舍内隔开为一单元。犊牛舍一般采取在舍内设置犊牛笼或可采用组装移动犊牛饲养栏，一犊一栏(犊牛运动与犊牛间为一整体)可拆卸、可任意变动饲养位置。青年牛和育成牛舍，对牛舍的要求能达到防寒防暑，舍内拴系饲喂、刷拭即可。

(五)散放式饲养的奶牛舍建筑

散放式饲养场主要包括休息区、饲喂区、待挤区和挤奶区等。母牛可在休息区和饲喂区自由活动，在挤奶区集中挤奶。散放式牛舍牛只在运动场活动情况(图4-40)。

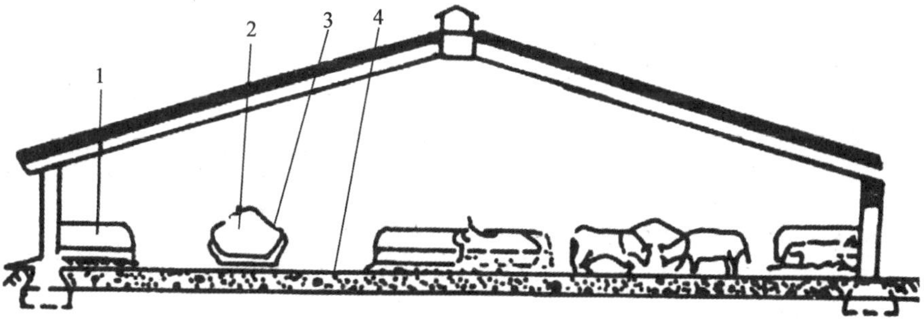

图4-40　内部配置有隔栏的散放牛舍

1. 隔栏　2. 饲槽　3. 饮水塔　4. 采食饲料通道

散放式饲养的优点是劳动生产率高，其管理定额高，能有效地应用挤奶器集中挤奶，利于提高牛奶的质量。其不足之处是不易做到个别饲养和管理，共用饲槽和饮水设备，故传染疾病的机会较多。散放式饲养牛舍形式，因气候条件不同，可分为房舍式、棚舍式（图 4-41）和荫棚式（图 4-42）三种。

图 4-41 棚舍式牛舍示意图

图 4-42 荫棚式牛舍示意图

（六）奶牛舍内设施

牛舍内地面较多的为混凝土地面，在牛床和牛进出通道划线防滑。优点是这种地面有利于洗刷消毒，缺点是导热性强，冬季需铺垫草，同时肢蹄发病率高。

牛床的长度根据牛体形大小，拴系方式的不同分为长牛床、短牛床。长牛床牛有较大的活动范围，此种牛床的长度自饲槽后沿至排尿沟为 1.95～2.25 m，宽 1.3～1.6 m。短牛床适用于一般母牛，附有短链，牛床长度 1.6～1.9 m，宽 1.1～1.25 m。也可采取具有宽粪沟的短牛床，将宽粪沟用栅格板盖上，减少粪便对牛床的污染。牛床的坡度常采用 1.0%～1.5%。饲料通道要便于饲料运送和分发，饲喂通道 30～40 cm，前槽留高 20～25 cm（靠牛床），槽底部高出牛床 10～15 cm。这种饲槽有利于饲料车运送饲料，饲喂省力。牛采食不“窝气”，通风好。

（七）各类奶牛舍的平面设计

1. 成年奶牛舍

成年乳牛舍对环境的要求相对较高。拴系、散栏成年乳牛舍的平面形式可以根据牛床排列形式分为以下三种。①单列式牛舍。只有一排牛床，前为饲料道，后为清粪道。适用于饲养 25 头奶牛以下的小型牛舍。②双列式牛舍。两排牛床并列布置，稍具规模的奶牛场大都为双式牛舍，按两列牛床相对位置的不同又分为对尾式和对头式，且目前大多数奶牛场采用无食槽奶牛舍，饲料撒在水泥地面上饲喂（图 4-43、图 4-44）。③多列式牛舍。也分对头式或对尾式布置，适用于大型牛舍。

图 4-43 双列对头式带食槽乳牛舍

图 4-44 双列式无食槽乳牛舍

2. 产犊牛舍

产犊牛舍包括产床、产房、难产室、保育间及饲料间等部分。产床常排成单列、双列对尾式，采用长牛床，长为2.2～2.4 m，宽度也稍宽，为1.4～1.5 m，以便接产操作。大的产犊牛舍还设有单独的产房和难产室，以供个别精神紧张牛只需要。

待产母牛可以在通栏中饲养，每头牛占地8 m^2，但每个产栏最好不要超过30头牛；对于每头分娩奶牛，可以在产栏设置10 m^2 左右的单栏(最小尺寸要求：长3 m，宽3 m，高1.3 m)。产栏地面要防滑，并设置独立的排尿系统。

初生牛犊饲养在专设保育间的犊牛单栏内，犊牛单栏为箱形栏栅，长1.1～1.4 m，宽0.8～1.2 m，高0.9～1 m，底栏离地150～300 mm。最好制成活动式犊牛栏，以便可推到户外进行日光浴，同时也便于舍内清扫。

3. 犊牛舍

犊牛在舍内按月龄分群饲养。

(1)单栏　0.5～2月龄可在单栏中饲喂，但2月龄之后最好采用群栏饲养。在采用单栏饲养时，最好让其能够相互看见和听见。犊牛栏与栏之间的隔墙应为敞开式或半敞开式，竖杆间距8～10 cm，为清洗方便，底部20 cm可做成实体隔栏。犊牛栏尺寸见表4-10。

表4-10　犊牛栏尺寸

体重/kg	建议面积/m^2	犊牛栏最小面积/m^2	犊牛栏最小长度/m^2	犊牛栏最小宽度/m	犊牛栏最小侧面高度/m
60及以下	1.70	1.20	1.20	1.00	1.00
60以上	2.00	1.40	1.40	1.00	1.00

(2)群栏　2～6月龄犊牛可养于群栏中，舍内和舍外均要有适当的活动场地。犊牛通栏布置也有单排栏、双排栏等，最好采用三条通道对头式，把饲料通道和清粪通道分开。中间饲料通道宽以90～120 cm为宜。清粪道兼供犊牛出入运动场的通道，以140～150 cm为宜。群栏大小按每群饲养量决定。每群2～3头，3.0 m^2/头；每群4～5头，1.8～2.5 m^2/头；围栏高度1.2 m。

4. 青年牛舍、育成牛舍

6～12月龄青年牛养于通栏中，为了训练育成牛上槽饲养，育成牛采用与成年奶牛相同的颈枷。这两类牛由于身体尚未完全成熟并且在牛床上没有挤奶操作过，故牛床可小于成年奶牛床，因此青年牛舍和育成牛舍比成年奶牛舍稍小，通常采用单列或双列对头式饲养。每头牛占4～5 m^2，牛床、饲槽和粪沟大小比成年奶牛稍小或采用成年奶牛的底限。其平面布置与成年奶牛舍相同，床位尺寸略小于成年奶牛舍(表4-11)。

表4-11　牛床尺寸和坡度

牛的类别	拴系式饲养			牛的类别	散栏式饲养		
	长度/m	宽度/m	坡度/%		长度/m	宽度/m	坡度/%
成年奶牛	1.7～1.9	1.1～1.3	1.0～1.5	育成牛	1.5～1.6	0.8	1.0～1.5
青年牛	1.6～1.8	1.0～1.1	1.0～1.5	犊牛	1.2～1.5	0.5	1.0～1.5

续表4-11

牛的类别	拴系式饲养			牛的类别	散栏式饲养		
	长度/m	宽度/m	坡度/%		长度/m	宽度/m	坡度/%
大牛种	2.1～2.2	1.22～1.27	1.4～2.2	8～18月龄	1.6～1.8	0.9～1.0	1.0～3.0
中牛种	2.0～2.1	1.12～1.22	1.0～4.0	5～7月龄	0.75	1.5	1.0～2.0
小牛种	1.8～2.0	1.02～1.12	1.0～4.0	1.5～4月龄	0.65	1.4	1.0～2.0
青年牛种	1.8～2.0	1.0～1.15	1.0～4.0				

(八)奶牛舍的剖面设计

牛舍的剖面设计需要考虑牛舍净高、窗台高度、室内外地面高度差以及牛舍内部设施与设备高度、门窗的设置等。

1. 牛舍高度

砖混结构双坡式奶牛舍脊高4.0～4.5 m,前后檐高3.0～3.5 m。温暖地区砖墙的厚度24 cm,寒冷地区砖墙厚度前墙为37 cm,后墙为50 cm。

2. 门窗高度

门高2.1～2.2 m,宽2～2.5 m,高寒地区一般设保温推拉门或双开门。封闭式牛舍窗应大一些,宽1.5 m,高1.5 m,窗台高距地面1.5 m为宜。

二、肉牛舍建筑设计

(一)肉牛舍平面设计

肉牛舍分为双列式(图4-45)和单列式两种。双列式跨度为10～12 m,高2.8～3 m;单列式跨度为6.0 m,高2.8～3 m。每25头牛设一个门,其大小为(2～2.2)m×(2～2.3)m,不设门槛。窗面积占地面积的1/16～1/10,窗台距地面1.2 m以上,其大小为1.2 m×(1.0～1.2)m。母牛床(1.8～2.0)m×(1.2～1.3)m,育成牛床(1.7～1.8)m×1.2 m;送料通道宽1.2～2.0 m,除粪通道宽1.4～2.0 m,两端通道宽1.2 m。

图4-45　双列式肉牛舍

最好建成粗糙的防滑水泥地面,向排粪沟方向倾斜1%。牛床前面设固定水泥槽,饲槽宽60～70 cm,槽底为“U”字形。排粪沟宽30～35 cm,深10～15 cm,并向暗沟倾斜,通向粪池。

(二)肉牛舍建筑设计

用于饲养肉牛的封闭式牛舍都是有窗台,一般采用拴系饲养。成年牛舍有单列和两列两种。单列式牛舍,适用于小型牛场(少于25头)。这种类型的牛舍跨度小,易于建造,通风良好,但散热面积也大,双列式牛舍有两排牛床,一般以100头左右建一栋牛舍,分左右两个单元，跨度 10～12 m，能满足自然通风的要求，基础深 80～130 cm。墙壁，砖墙厚 25～38 cm。从地面算起，需做 100 cm 高的墙裙。屋檐距地面 280～330 cm，过高不利于保温，过低影响舍内采光和通风。通气孔设在屋顶，单列式牛舍为 70 cm×70 cm，双列式牛舍为 90 cm×90 cm，北方牛舍通气孔总面积为牛舍面积的 0.15%左右。通气孔上设活门，可以自由启闭，通气孔高于屋脊 0.5 m 或在房的顶部(图 4-46)。

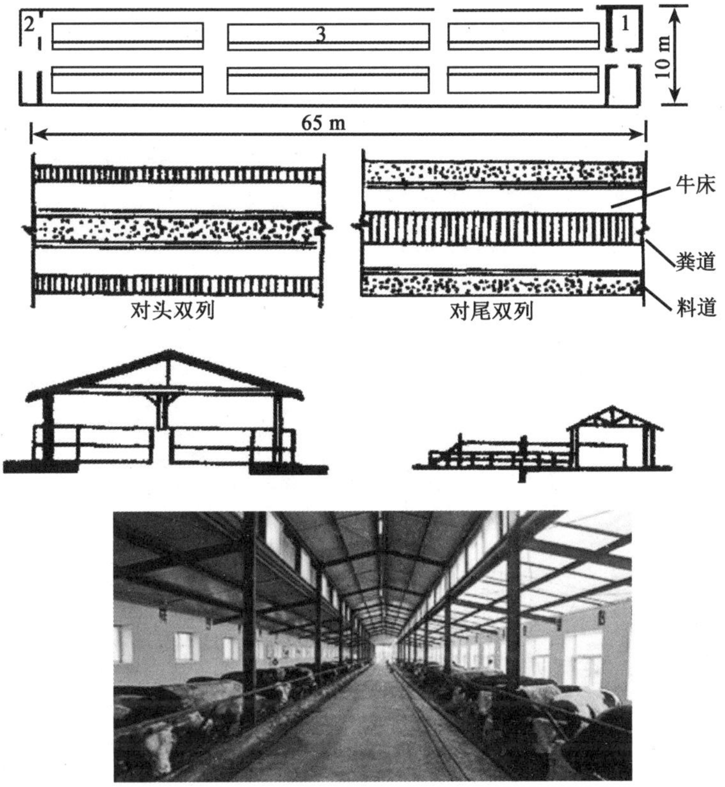

图 4-46　封闭式肉牛舍(110 头)

1. 精料间　2. 粗料间　3. 牛床

(三)肉牛舍平面建筑设计要求

肉牛舍一般由饲养间和辅助用房组成。其中辅助用房包括饲料间、更衣室、机器间、干草间、工具间和值班室等。

1. 牛床

牛床是肉牛采食、挤奶和休息的地方。牛床宽度取决于肉牛的体型大小。一般肉牛的肚宽为 75 cm 左右，牛床不宜太窄，常采用 1.2～1.3 m 宽的牛床。

2. 饲喂设备

(1)饲料通道　一般人工送料时通道宽 1.2 m 左右，机械送料时宽 2.8 m 左右。饲料通道要高出牛床床面 10～20 cm，以便于饲料分发。

(2)食槽尺寸　拴系饲养生产工艺一般都通过人工送料，将精料、粗料、青贮料等分开饲喂，食槽多为一般的固定食槽，其长度和牛床宽度相同。食槽的上沿宽度为 70～80 cm，底部宽度60～70 cm，前沿高60 cm（靠走道一侧），后沿高30 cm（靠牛床一侧）。

（3）清粪通道与粪沟 清粪通道应根据清粪工艺不同进行具体设计。对头式双列式牛舍，通道宽度以饲料车能通过为原则。人工推车饲喂，中间饲喂通道宽度以1.4～1.8 m（不含料槽宽）为宜。粪沟宽以常规铁锹推行宽度为宜，宽0.25～0.3 m，深0.15～0.3 m，坡度1%～2%。

生态文明建设

坚持良好生态环境是最普惠的民生福祉。这是我国生态文明建设的宗旨要求。习近平总书记指出："良好生态环境是最公平的公共产品，是最普惠的民生福祉。"随着我国社会主要矛盾转化为人民日益增长的美好生活需要和不平衡不充分的发展之间的矛盾，人民群众对优美生态环境的需要已经成为这一矛盾的重要方面。加强生态文明建设是人民群众追求高品质生活的共识和呼声。必须落实以人民为中心的发展思想，解决好人民群众反映强烈的突出环境问题，提供更多优质生态产品，让人民过上高品质生活。

思考与训练

1. 如何选择理想的畜禽场场址？
2. 畜禽场按功能划分为哪几个区？每个区有何作用？
3. 如何对猪、蛋鸡、奶牛生产工艺流程进行设计？
4. 封闭式、半开放式、开放式结构各有何特点？
5. 如何对猪舍进行建筑设计？

模块一　畜禽舍环境控制技术(试卷)

一、名词解释(每题 5 分,共 20 分)

1. 集中式采暖

2. 热调节

3. 采光系数

4. 负压通风

二、填空题(每空 1 分,共 20 分)

1. 发泡剂喷涂保温材料使用较多为聚氨酯,可以达到国家________防火标准,因其高温下________、____________、低烟雾等特性,在现代化猪场建设中较多使用。

2. 采用喷雾降温时,水温越________、空气越________,则降温效果越好。

3. 采取合理的营养措施,提高畜禽的饲料利用率,可减少畜禽粪尿中____、______的排出量,减少畜禽场恶臭气体,是控制畜禽场空气污染的有效途径。

4. 直燃式热风机分为________和________两种。

5. 压力式温度计的优点是结构______,机械强度高,________震动,价格低廉,不需要外部________。

6. 畜禽舍温度等环境智能监测系统主要由____________系统、自动化控制系统、____________、现场传感器等部分组成。

7. 畜禽舍湿度控制主要是根据畜禽舍环境的需要进行______或______处理。

8. 利用水蒸发要吸热降温,而蒸发的________是和当时空气的相对湿度有关这一原理制成的。

9. 一般认为,如雏禽光照偏弱,易引起生长不良,死亡率______;生长阶段光照较弱,可使性成熟______,并使禽类保持安静,能防止或减少啄羽、啄肛等恶癖。

10. 轻音乐可以使鸡安静,减少因突然的声响或人员走动所引起的________现象。

三、单项选择题(每小题 2 分,共 30 分,把正确答案的符号填在括号内)

1. 湿帘进风口加装遮阳网的作用是(　　)。

A. 防止病毒进入　B. 防鼠　C. 降温　D. 美观

2. 成年猪生长的适宜温度是(　　)。

A. 15～21 ℃　B. 11～15 ℃　C. 20～25 ℃　D. 13～18 ℃

3. 下面哪一项不是畜禽舍内空气的热量主要来源?(　　)

A. 照明灯　B. 畜禽个体　C. 流入的空气　D. 粪肥或垫草

4. 畜禽舍局部采暖设备是(　　)。

A. 柴油热风机　B. 水暖暖气片　C. 热风炉　D. 电热板

5. 下面哪一项不是畜禽舍防寒保暖措施?(　　)

A. 保持舍内干燥　B. 增加垫料

C. 降低饲养密度　D. 做好畜禽舍的密封

6. 我们常用的玻璃管温度计主要有(　　)。

A. 柴油温度计　B. 水银温度计

C. 金属温度计　D. 热电偶温度计

7. 哪一项不是热成像仪在猪场使用中的作用?(　　)

A. 检查猪场的密封性能　B. 清点猪只头数

C. 检查水帘表面温度均匀性　D. 检查吊顶是否无热桥和冷桥

8. 气温与畜体的热调节描述正确的是(　　)。

A. 当气温低时,皮肤血管扩张,大量的血液流向皮肤,使皮温升高

B. 汗腺分泌加强,呼吸频率加快,以增加机体的蒸发散热量

C. 随气温的升高,非蒸发散热逐渐增加

D. 当气温等于皮温时,蒸发散热完全失效,全部代谢产热需由非蒸发散热

9. 气温对种公畜的影响描述正确的是(　　)。

A. 高温期可以促进种公畜的新陈代谢

B. 在持续高温环境中,引起种公畜精液品质下降

C. 低温期种公畜采食量下降

D. 种公畜在秋季配种效果更佳

10. 持续高温对蛋鸡影响描述不正确的是(　　)。

A. 产蛋量下降　B. 单个蛋重增加　C. 蛋壳变薄　D. 采食量降低

11. 畜禽舍控制湿度的有效措施不正确的一项是(　　)。

A. 用水冲洗栏圈　B. 通风换气

C. 提高温度　D. 加装冷凝装置

12. 畜禽舍人工光源措施有(　　)。

A. 窗户　B. 透明瓦　C. 节能灯　D. 手电筒

13. 紫外线的作用描述错误的是(　　)。

A. 杀菌消毒　B. 保暖供暖　C. 抗佝偻病　D. 色素沉着

14. 下面哪一项不是负压通风方式？(　　)

A. 屋顶送风　　B. 侧壁排风　　C. 地下风道排风　　D. 屋顶排风

15. 下面哪一项不是畜禽舍有害气体的成分？(　　)

A. 二氧化碳　　B. 一氧化碳　　C. 硫化氢　　D. 氮气

四、判断题(每题 1 分，共 5 分，正确的打√，错误的打×)

1. 确定屋顶隔热的原则是屋面的最下层铺设导热系数较小的材料，中间层为蓄热系数较大材料，最上层是导热系数大的建筑材料。(　　)

2. 当气温高时，皮肤血管扩张，大量的血液流向皮肤，使皮温升高，以增加皮温与气温之差，提高蒸发散热量。(　　)

3. 畜禽舍污水排出系统一般由畜床、排尿沟、沉淀池、地下排水管及污水池组成。(　　)

4. 空气越干燥(即湿度越低)，蒸发越慢，不断地吸取汽化热，使湿球所示的温度升高，而与干球间的差增大。(　　)

5. 畜禽舍的方位直接影响畜禽舍的自然采光及防寒防暑，为增加舍内自然光照强度，畜禽舍的长轴方向应尽量与纬度垂直。(　　)

五、简答题(共 25 分)

1. 什么是水帘通风系统？如何做好水帘进风口遮阳处理？(5 分)

2. 畜禽舍防寒保暖的措施有哪些？(5 分)

3. 畜禽舍内有害气体的控制措施有哪些？（7 分）

4. 动物应激是什么？应激原及其类型有哪些？（8 分）

模块二　畜禽场环境保护技术(试卷)

一、名词解释(每题5分,共25分)

1. 腐熟堆肥

2. 动物福利

3. 地上式发酵床

4. 总有机碳

5. 总大肠菌群

二、填空题(每空1分,共20分)

1. 通过沼气管输送至沼气利用装置,沼液通过溢流口流出,污水在沼气池内的停留时间一般为________天。

2. 沼渣液________________是生态养殖的关键点。

3. 影响沼气池处理效果的因素主要有____________、____________、______________等。

4. 水中大肠菌群的数量,一般用__________或__________来表示。

5. 氨氮是指水中以________和__________形式存在的氮。其测定方法有____________、______________、____________。

6. 根据土壤污染物中________________或__________的平均含量超过本底值的程度,划分污染等级指标,评价土壤环境质量。

7. 对畜禽粪便进行无害化处理,减少__________________和______________的使用,是减少土壤污染,提高____________________的重要措施。

8. 土壤中的生物包括______________、____________和______________。

三、选择题(不定项,共10分,每小题2分,把正确答案的符号填在括号内)

1. 进行悬浮物测定实验时,下列哪种仪器不会被使用?(　　)

A. 离心机　　B. 烘箱　　C. 抽滤器　　D. 分析天平

2. 使用重铬酸钾法进行化学需氧量的测定时,下列选项的试剂使用顺序正确的是(　　)。

A. 重铬酸钾标准溶液,硫酸亚铁铵标准溶液,试亚铁灵指示剂,硫酸-硫酸银溶液,硫酸汞

B. 重铬酸钾标准溶液,试亚铁灵指示剂,硫酸亚铁铵标准溶液,硫酸-硫酸银溶液,硫酸汞

C. 重铬酸钾标准溶液,硫酸-硫酸银溶液,硫酸汞,硫酸亚铁铵标准溶液,试亚铁灵指示剂

D. 重铬酸钾标准溶液,硫酸汞,试亚铁灵指示剂,硫酸-硫酸银溶液,硫酸亚铁铵标准溶液

3. 测定污水总有机碳时,水样采集后正确的保存方法是(　　)。

A. 贮存于透明玻璃瓶中　　B. 放在阳光下进行灭菌

C. 放于烧杯中方便随时取用　　D. 贮存于棕色玻璃瓶中

4. 下列哪个不是黏土的物理特性?(　　)

A. 颗粒细小　　B. 透气透水性能强

C. 容水量大　　D. 吸湿性大

5. 对畜禽场绿化植物的选择方面,错误的是(　　)。

A. 可供环境绿化的树种除要求适应当地的水土光热环境外,同时要具有抗污染、吸收有害气体等功能。

B. 绿篱植物生长较快,要经常整形,一般高度以100～120 cm,宽度以50～100 cm为宜。

C. 蔓篱的选择可用地锦、金银花、葡萄等,落叶绿篱可用榆树、小叶黄杨等。

D. 紫花苜蓿、无芒雀麦、草地早熟禾都可作为牧草选择。

四、判断题(每题1分,共5分,正确的打√,错误的打×)

1. 浑浊度是仅表示水中悬浮颗粒对光线透析阻碍程度的物理量。(　　)

2. 水质pH由其所含氢离子及氢氧根离子的多少决定。(　　)

3. 地面水和地下水的温度随季节和气候变化而变化。(　　)

4. 对土壤的自净具有重大作用且是有机物分解所必需的微生物是土壤深层的厌氧性细菌。(　　)

5. 黏土具有潮湿时膨胀、干燥时收缩的特性。(　　)

五、简答题(每题 10 分,共 40 分)

1. 简述畜禽舍雾霾的来源和种类有哪些? 畜禽舍雾霾的危害有哪些? 畜禽场净化雾霾的措施有哪些?

2. 简述发酵床垫料有哪些及如何制作?

3. 畜禽粪污的清理方式有哪些? 各有何特点? 如何加强饲养管理来减少粪污产量?

4. 影响堆肥效率的因素有哪些?

模块三　畜禽场环境管理技术(试卷)

一、名词解释(每题 5 分,共 20 分)

1. 畜禽场化尸池发酵法

2. 终末消毒

3. 突击消毒

4. 饲养密度

二、填空题(每空 1 分,共 30 分)

1. 病死畜禽尸体无害化处理方式有______、______、______。

2. 畜禽场大门入口处应设立______,内放______氢氧化钠溶液,每______天更换一次。

3. 发现可疑患病动物或死亡的动物,应迅速报告______,并立即对______和______进行消毒,______按照相关规定进行消毒处理。

4. ______选择灭鼠药要选择对人畜安全的______药物。

5. 灭鼠药分为______和______两类。

6. 烧碱溶液的比例在______的用于消毒养殖场,______的用于消毒芽孢污染区域。

7. 漂白粉的消毒作用与______含量有关,有效含氯量一般为______,低于______时不适用于消毒。

8. 百毒杀实际应用中浓度为______可用于圈舍、环境喷洒;浓度为______在传染病发生季节时用于圈舍消毒。

9. 消灭蚊蝇的物理方法有______、______、______、______。

10. 化学灭蚊蝇时,通常选择______的场所,比如______、______、______等环境施行喷洒。

11. 畜禽场药物速效灭蝇常用的药物有______、______、______。

三、选择题(不定项,共 20 分,每小题 2 分,把正确答案的符号填在括号内)

1. 畜禽场的物理消毒方法包括(　　)。
   A. 日光消毒　　B. 辐射消毒　　C. 高温消毒　　D. 熏蒸法
2. 垫料的种类有(　　)。
   A. 秸秆类　　B. 刨花　　C. 干土　　D. 泥炭
3. 垫料应该满足的条件(　　)。
   A. 导热性好　　B. 吸水性好　　C. 来源充足　　D. 成本低
4. 病死畜禽尸体化尸池选择(　　)。
   A. 远离住宅　　B. 动物饲养场　　C. 交通要道　　D. 水源
5. 传染病正在发生时采用的消毒方法是(　　)。
   A. 经常性消毒　　B. 定期消毒　　C. 突击性消毒　　D. 终末消毒
6. 属于强碱性消毒药的是(　　)。
   A. 生石灰　　B. 烧碱　　C. 高锰酸钾　　D. 都不是
7. 病死畜禽尸体焚烧地点的选择需要注意(　　)。
   A. 远离居民区　　B. 上面不能有电线
   C. 地下不能有燃气管道　　D. 位于主风向下方
8. 建畜禽场时,最理想的土质是(　　)。
   A. 砂土　　B. 粘土　　C. 壤土　　D. 腐植土
9. 器械捕杀蚊蝇时常用的器械有(　　)。
   A. 捕蝇笼　　B. 黏蝇纸　　C. 毒蝇绳　　D. 毒饵
10. 常用的灭鼠药有(　　)。
    A. 敌鼠钠　　B. 大隆　　C. 卫公灭鼠剂　　D. 杀鼠灵

四、判断题(每题 1 分,共 5 分,正确的打√,错误的打×)

1. 在用生石灰消毒时,可以直接将生石灰撒布在干燥地面上。(　　)
2. 饲养密度决定了每头畜禽活动面积的大小,还决定了畜禽相互发生接触和争斗机会的多少。(　　)
3. 深埋法是处理畜禽病害肉尸的一种常用、可靠、简易的方法。(　　)
4. 掩埋物的顶部距离坑面的不得少于 2 m。(　　)
5. 把尸体横放在火床上,较小的动物在底部,较大的动物在上部。(　　)

五、简答题(每题 5 分,共 25 分)

1. 什么是化学消毒?畜禽场化学消毒的方法有哪些?

2. 突击性消毒采取的措施有哪些？

3. 畜禽场建筑防鼠的措施有哪些？

4. 病死畜禽尸体深埋的掩埋步骤有哪些？

5. 病死畜禽尸体焚烧需要注意什么？

模块四　畜禽场建场设计技术(试卷)

一、名词解释(每题 5 分,共 20 分)

1. 净道

2. 污道

3. 封闭舍

4. 开放舍

二、填空题(每空 1 分,共 30 分)

1. 建立一个畜禽场,必须从____________、__________以及____________等多方面综合考虑,合理设计,为畜禽生产创造一个良好的环境。

2. 具有一定规模的畜禽场,通常分为四个功能区,即______________、______________、______________、和______________。

3. 按畜禽舍内畜禽栏的排列方式,可将畜禽舍分为______________、______________和____________三个类型。

4. 按畜禽舍外维护结构封闭的程度大小,可将畜禽舍分为____________、_____________和______________三大类型。

5. 确定畜禽舍间距主要从__________、__________、__________、________和__________等多方面综合考虑。

6. 隔离区包括______________、______________、______________、______________等。

7. 根据走道和饲养区的布置形式,平养鸡舍平面布置可分为______________________、__________________、___________________、___________________、__________________等形式。

8. 现代化猪场的猪栏多为栅栏式,适用于__________、______________和____________猪群的饲养。

三、选择题(不定项,共20分,每小题2分,把正确答案的符号填在括号内)

1. 选择畜禽场的场址应考虑的自然条件包括(　　)。
A. 地势地形　B. 土质　C. 水源水质　D. 用地面积
2. 按照畜禽场建设标准,要求距离铁路、高速公路、交通干线不小于(　　)。
A. 1 000 m　B. 500 m　C. 2 000 m　D. 3 000 m
3. 通常将下列哪类畜群安排在生产区的上风处和地势较高处?(　　)
A. 青年畜禽群　B. 生产畜群　C. 幼畜群　D. 种畜群
4. 隔离区应设在场区的最下风和地势较低处,并于畜禽舍保持(　　)以上的卫生间距。
A. 500 m　B. 300 m　C. 100 m　D. 1 000 m
5. 根据我国的地理特性,畜禽舍的朝向宜采取(　　)。
A. 南向　B. 北向　C. 东向　D. 西向
6. 畜禽舍建筑的防火间距要求是(　　)。
A. 6～8 m　B. 3～5 m　C. 10～12 m　D. 无要求
7. 寒冷地区畜禽舍高度一般以(　　)为宜。
A. 3.3～3.6 m　B. 2.2～2.7 m　C. 2.7～3.3 m　D. 2.1～2.5 m
8. 猪舍饲喂走道宽度一般为(　　)。
A. 2.2～2.7 m　B. 0.5～1.0 m　C. 1.2～1.5 m　D. 1.6～1.9 m
9. 现代化猪场的猪栏多为栅栏式,适用于(　　)等猪群的饲养。
A. 公猪　B. 母猪　C. 生长育肥猪　D. 哺乳仔猪
10. 单体限位栏适用于(　　)等猪群的饲养。
A. 空怀母猪　B. 妊娠母猪　C. 生长育肥猪　D. 保育猪

四、判断题(每题1分,共5分,正确的打√,错误的打×)

1. 为防止畜禽场受到周围环境的污染,选址时应避开居民点的污水排出口,不能将场址选在有环境污染企业的下风处。(　　)

2. 畜禽场环境的好坏,对畜禽舍内空气环境质量和畜牧生产的组织影响不大。(　　)

3. 畜禽场禁止建在生活饮用水的水源保护区、风景名胜区,以及自然保护区的核心区和缓冲区。(　　)

4. 生活区应位于畜禽场的下风向和地势较低的地段。(　　)

5. 畜禽场建设必须考虑畜禽的粪尿、污水及其他废弃物的处理和利用,符合清洁生产的要求。(　　)

五、简答题(每题5分,共25分)

1. 如何选择理想的畜禽场场址?

2. 简述畜禽场各功能区的作用。

3. 如何对猪、蛋鸡、奶牛生产工艺流程进行设计?

4. 封闭式、半开放式、开放式结构各有何特点?

5. 简要介绍猪栏的种类及其适用范围。

参考文献

[1]刘卫东,孔庆友．家畜环境卫生学[M]．北京:中国农业大学出版社,2001
[2]颜培实,李如治．家畜环境卫生学[M].4版．北京:高等教育出版社,2011
[3]李如治．家畜环境卫生学[M].3版．北京:中国农业出版社,2003
[4]李震钟．家畜生态学[M].2版．北京:农业出版社,2002
[5]钱易,唐孝炎．环境保护与可持续发展[J]．北京:高等教育出版社,2000
[6]丁桑岚．环境评价概论[M]．北京:化学工业出版社,2004
[7]李玉文．环境分析与评价[M]．哈尔滨:东北林业大学出版社,2011
[8]黄昌澍．家畜气候学[M]．南京:江苏科学技术出版社,1989
[9]王新谋．家畜粪便学[M]．上海:上海交通大学出版社,1997
[10]蒋展鹏．环境工程学[M]．北京:高等教育出版社,2013
[11]赵希彦,刘翠芝．畜禽环境卫生[M].2版．北京:化学工业出版社,2020
[12]杨敏,邓继辉．养殖场环境卫生与畜禽健康生产[M]．重庆:重庆大学出版社,2020
[13]赵涛,赵良虎．智能养殖[M]．北京:中国农业大学出版社,2023
[14]刘凤华．家畜环境卫生学[M].2版．北京:中国农业大学出版社,2021
[15]刘波,王阶平,蓝江林,等．畜禽养殖微生物发酵床理论与实践．北京:化学工业出版社,2022